Préparation à l'oral
de l'Agrégation

LEÇONS D'ANALYSE

CAPES/AGREG

MATHÉMATIQUES

collection dirigée par Jacques MOISAN

Préparation à l'oral de l'Agrégation

LEÇONS D'ANALYSE

Karine MADÈRE

Agrégée de mathématiques
Professeur en classes préparatoires

ellipses

Dans la même collection

- ■ *Mathématiques pour le CAPES et l'Agrégation Interne*, J. de Biasi, 1995.
- ■ *L'épreuve sur dossier à l'oral du CAPES. I. Géométrie*, A. Robert, 1995.
- ❑ *L'épreuve sur dossier à l'oral du CAPES. II. Analyse*, T. Lambre, *à paraître*.
- ■ *Algèbre et géométrie pour le CAPES et l'Agrégation*, P. Mazet, 1996.

Agrégation

- ■ *Cours d'Algèbre*, D. Perrin, 1996.
- ■ *Thèmes d'Analyse pour l'Agrégation. I. Topologie et analyse fonctionnelle*, S. Gonnord et N. Tosel, 1996.
- ❑ *Thèmes d'Analyse pour l'Agrégation. II. Calcul différentiel et fonctions holomorphes*, S. Gonnord et N. Tosel, *à paraître*.
- ❑ *Thèmes d'Analyse pour l'Agrégation. III. Intégration et analyse de Fourier*, S. Gonnord et N. Tosel, *à paraître*.
- ■ *Développements d'analyse. Préparation à l'oral de l'Agrégation.* K. Madère, 1997.
- ❑ *L'épreuve d'exercices à l'oral de l'Agrégation interne. I. Algèbre et Géométrie*, L. Albert et M. Pagès, *à paraître*.
- ❑ *L'épreuve d'exercices à l'oral de l'Agrégation interne. II. Analyse*, L. Albert et M. Pagès, *à paraître*.

ISBN 2-7298-5707-9

A ma mère.

Merci à...

• *Olivier*, pour son soutien quotidien,

• *Mes parents*, pour leur enthousiasme,

• *Alain et Michèle*, pour leurs encouragements,

• *Jean-Marie Chevallier*, sans qui je n'aurais pas eu tant de plaisir à préparer l'agrégation,

• *Antoine Landart*, pour ses cours de mathématiques inoubliables,

• *Bertrand Hauchecorne et Jacques Moisan*, pour leur relecture attentive,

• Tous les *professeurs et étudiants* d'Orléans ayant participé à la préparation à l'Agrégation 1996,

• *Ellipses*, pour son acceuil chaleureux.

PRÉFACE

L'oral de l'Agrégation de Mathématiques est une épreuve à laquelle le cursus universitaire standard ne prépare pas, et que nombre d'étudiants découvre au début de l'année de préparation. Les meilleurs d'entre eux s'organisent pour un travail de fond, d'autres se noient dans les bibliographies, les photocopies et les livres d'exercices, la culture mathématique à acquérir, la nécessaire vision transversale qui brise les partitions classiques des unités de licence et de maîtrise.

Melle Karine Madère a, dès le début de sa préparation, fait la preuve de remarquables capacités de synthèse et d'exposition, ainsi que d'une puissance de travail peu commune, préparant ou reconstruisant elle-même pratiquement toutes les leçons figurant au rapport du jury.

Il y a à Orléans une tradition : l'étudiant qui a exposé une leçon devant ses camarades doit, après les questions, critiques et mises au point de l'enseignant présent, rédiger de nouveau l'exposé, avec bibliographie et démonstrations essentielles. Après relecture, cette rédaction est tirée et distribuée aux étudiants comme aide pour leur préparation à l'oral.

C'est de l'ensemble des leçons qu'avait rédigé Melle Madère qu'est né un premier projet : étoffer ces rédactions et en faire une aide pour les étudiants à venir. Ce projet a été assez vite transformé, grâce à Jacques Moisan, en un projet d'ouvrage, ce qui nécessitait, bien sûr, une reprise et une révision complètes.

Voici le fruit de ce travail important : 2 tomes contenant les leçons d'analyse du rapport 1994 du jury d'Agrégation, dont elle m'a fait l'honneur de demander une préface.

Que les lecteurs ne se trompent pas : il n'y a ici aucun ready-made les dispensant de leur propre travail (acharné, bien sûr) de fond. Mais ils trouveront des plans à comparer aux leurs, des conseils, des supports bibliographiques, et des développements commentés et clairs (nombre de ces développements étant d'ailleurs des quasi-questions de cours d'écrit, pouvant assurer des points bien utiles...).

Que les lecteurs n'oublient pas les conseils essentiels contenus dans plusieurs rapports de jury.

• Ne surtout pas négliger les propriétés simples, dont la démonstration peut réserver des surprises.

• Avoir, pour la plupart des énoncés, exemples et contre-exemples simples bien maîtrisés.

• Avoir fait et refait tous les calculs, en en maîtrisant les stratégies (l'énoncé «*un calcul simple montre que...* » peut réserver bien des surprises).

• Maîtriser absolument le contenu de ses développements (quelquefois, il vaut mieux «*moins, mais mieux !*»).

Ces conseils suivis, je suis persuadé que les livres de Karine Madère rendront de grands services à la majorité des candidats.

Jean-Marie Chevallier

SOMMAIRE

INTRODUCTION

A) Déroulement de l'oral

• L'oral de l'Agrégation Externe de Mathématiques est composé de deux épreuves, identiques en tous points sur la forme : une épreuve d'analyse et une épreuve d'algèbre.

L'ordre - analyse puis algèbre ou algèbre puis analyse - n'est pas déterminé *a priori*. Il est communiqué sur la convocation aux épreuves orales.

Il y a une ou deux journées de libre entre les deux épreuves, tout dépend de l'heure de la première épreuve.

• Chaque épreuve se déroule de la manière suivante.

i) On tire au sort une enveloppe (parmi plus d'une centaine) dans laquelle se trouve un couplage de leçons ([1]). On décide alors, assez rapidement, de la leçon que l'on va traiter ([2]).

ii) Puis, on s'installe pour trois heures dans une salle de travail où planchent aussi d'autres candidats. On dispose alors de tous les livres de la bibliothèque de l'Agrégation ([3]) et bien sûr de tous les livres - non interdits et non annotés - apportés sur place.

iii) A la fin des trois heures, l'épreuve orale proprement dite commence. Elle dure de 45 à 50 minutes.

([1]) Les leçons sont imposées par le jury. Leur intitulé peut varier légérement d'une année sur l'autre. De plus, de nouvelles leçons peuvent apparaître ou bien au contraire, d'anciennes leçons peuvent disparaître.

Afin de se faire une idée des leçons à préparer, il est bon de lire le rapport du jury de l'année précédant votre concours. Cela donne déjà un bon aperçu des différentes leçons à préparer.

([2]) Une longue hésitation entraîne en effet une perte de temps sur la préparation.

([3]) La liste des livres de la bibliothèque de l'Agrégation est disponible dans le rapport du jury.

On passe devant un jury de quatre personnes qui attend le travail suivant :

⋆ Ecrire au tableau un plan détaillé de la leçon choisie, plan qui doit respecter les deux impératifs suivants : tenir sur le tableau (les tableaux étant de taille variable d'une salle à l'autre, il faut penser, dès le départ, à bien gérer l'espace disponible) et exposer son plan en 15 à 18 minutes.

Dans cette partie, le jury n'intervient pas.

⋆ Proposer au moins deux développements ([4]) «intéressants» qu'on est capable d'exposer par la suite.
Il va de soi qu'une proposition dont la démonstration est établie en moins de 5 minutes n'est pas attendue à ce niveau. De même, des développements assez longs peuvent parfois être très délicats à exposer.

Le jury décide alors du développement qu'il veut voir exposé entièrement au tableau.

La règle du jeu est de laisser ses notes au bureau et donc de traiter le développement «sans filet».
En moyenne, un développement dure de 15 à 20 minutes.

Dans cette partie, le jury peut intervenir pour demander un éclaircissement, un point de détail...

⋆ Enfin, dans le temps restant, le jury pose une série de questions. Celles-ci peuvent être sur le plan de la leçon, mais elles peuvent aussi consister en des exercices faisant appel aux notions évoquées dans la leçon.
Surtout, ne vous pressez pas pour répondre ! La réponse que vous donnerez doit être réfléchie et cohérente, c'est là une règle essentielle.

• Résumons. La préparation à l'oral de l'Agrégation se divise donc en deux parties.

La première partie est consacrée à une réflexion approfondie sur les plans des différentes leçons : c'est là le but majeur de ce livre.

La seconde partie consiste en un travail méthodique sur les développements illustrant les leçons : c'est ce que propose le manuel «Préparation à l'oral de l'Agrégation de Mathématiques - Développements d'analyse».

B) Comment préparer une leçon ?

• Avant tout, il faut bien comprendre le titre de la leçon à étudier. Est-ce une leçon d'exemples ? Doit-il y avoir des applications ?... Il est indispensable de se poser ce genre de questions avant de commencer la rédaction d'un plan.

([4]) Un développement est une démonstration mathématique d'un ou plusieurs résulat(s) exposé(s) dans la leçon.
Contrairement aux leçons, les développements ne sont pas imposés par le jury. Le candidat peut pratiquement illustrer sa leçon comme il l'entend !

Une fois le titre bien assimilé, on peut commencer à étudier les livres traitant du sujet.
En général, seuls quelques livres suffisent. Mais ce choix de livres est tout à fait personnel. Il dépend notamment de votre passé mathématique et il va s'affiner au fur et à mesure de votre préparation. Les livres proposés dans ce manuel sont donc donnés à titre indicatif.

Pour ne pas perdre de temps, il est important, le jour J, de ne pas hésiter sur les livres de travail. C'est pourquoi l'année de préparation doit permettre de mieux connaître tous ces livres.

On peut alors jeter des idées sur le papier.

Ces idées doivent ensuite être agencées de manière logique. Par exemple, en partie A), on n'énoncera pas une proposition utilisant un résultat figurant en C). Il faut donc réfléchir à la logique sous-jacente du plan.

Ceci sous-entend qu'il faut avoir une vague idée des démonstrations ([5]) de tous les résultats proposés dans une leçon. Cette connaissance succincte des preuves permettra non seulement d'éviter des erreurs « chronologiques » mais elle permettra aussi de pouvoir répondre à certaines questions indiscrètes que pourrait poser le jury.

• Il existe des leçons nettement plus difficiles, qui nécessitent une attention particulière. Ce sont les leçons de synthèse. Entrent par exemple dans cette catégorie les leçons suivantes :
⋆ Utilisation de la notion de compacité en analyse.
⋆ Utilisation de la continuité uniforme en analyse.
⋆ Utilisation de la dénombrabilité en analyse.
⋆ Utilisation de la notion de partie dense en analyse.
⋆ Interversion d'une limite et d'une intégrale. Exemples et applications.
⋆ Comparaison d'une série et d'une intégrale. Exemples et applications.
⋆ Exemples de problèmes d'interversion de limites.
⋆ Exemples d'étude de problèmes conduisant à des équations différentielles.

Ces leçons un peu particulières nécessitent non seulement une mise en œuvre de beaucoup de domaines mathématiques mais aussi un agencement méthodique de notions extrêmement variées. Ces leçons ne peuvent donc pas s'improviser et leur préparation est nécessairement longue.

C) Comment faire bon usage de ce livre ?

• Ce livre traite la quasi-totalité des leçons d'analyse générale. Les leçons de probabilité ou d'analyse numérique ne sont en effet pas présentées.

La liste des leçons traitées dans ce manuel se trouve page 247.

([5]) Seul le schéma de la preuve suffit.

• Pour chaque leçon de ce livre, vous trouverez les rubriques suivantes.

⋆ Le numéro de la leçon.

⋆ La difficulté de la leçon.

Le codage adopté est le suivant.
♣ Leçon facile.
♣ ♣ Leçon de niveau moyen.
♣ ♣ ♣ Leçon difficile mettant en œuvre des domaines variés.

⋆ Le titre de la leçon

Ce titre est celui donné dans le rapport de jurys 1996.

⋆ Les développements.

On y trouve deux ([6]) numéros de développements qui renvoient directement au livre «Préparation à l'oral de l'Agrégation de Mathématiques - Développements d'analyse».

Bien évidemment, ce ne sont que des *propositions* de développements !

⋆ La bibliographie.

On y trouve les codes de tous les livres utilisés pour faire la leçon.

Ces codes sont expliqués page 249.

⋆ Le plan de la leçon.

Le plan est entièrement détaillé, c'est-à-dire qu'il pourrait être recopié au tableau sans supplément.

De plus, tout est référencé ([7]).

Dans les encadrés, on trouvera des commentaires de différentes natures : des compléments pouvant être traités oralement, des pièges à éviter, des petites erreurs se trouvant dans les manuels de référence ([8]), des remarques de jurys...

Bien évidemment, les plans proposés dans ce manuel ne sont pas LA solution, loin de là. Ces plans ne sont que suggestifs. A vous de les exploiter afin de faire VOTRE propre leçon.

⋆ Les remarques.

On y trouve des extraits de rapports de jurys, des compléments sur des points un peu délicats...

⋆ Les questions.

Ce sont deux petits exercices portant sur la leçon.

Ces exercices pourraient tout à fait être posés lors de la dernière partie de la planche orale.

([6]) Quelques rares fois, on trouvera trois numéros de développements.

([7]) Tout ce qui est exposé ici possède une référence claire afin de pouvoir retrouver rapidement, le jour de l'oral, ce qui est présenté dans cet ouvrage.

([8]) Mais attention : comme tout livre, ce manuel possède *au moins une erreur*. Soyez attentif !

• Afin d'optimiser l'utilisation de ce livre, je vous conseillerais vivement de travailler votre leçon SEUL dans un premier temps, puis de confronter votre plan à celui proposé dans ce manuel.

Cette attitude constructive vous permettra, par exemple, de mieux comprendre les points essentiels que vous auriez pu omettre ou encore de mieux assimiler les points délicats que vous auriez, involontairement, passés sous silence.

D) Derniers conseils

• Les oraux de l'Agrégation sont publics. Des spectateurs ([9]) peuvent assister à l'oral d'un candidat, à moins que celui-ci ne s'y oppose fermement.

Assister à ces oraux est très profitable, surtout pour l'étudiant en fin de maîtrise qui souhaite préparer l'Agrégation. En effet, suivre une planche d'oral permet de se rendre vraiment compte de la nature de cette épreuve.

Pour voir un oral, il suffit de se rendre au lycée où se déroulent les épreuves ([10]). On consulte alors les couplages tirés au sort ([11]) et l'on décide de l'oral auquel on veut assister.
Mais attention : comme il y a deux leçons par couplage, on ne peut jamais être sûr de la leçon choisie par le candidat !

Les horaires de début de planche sont les suivants : 10^h, 11^h, 12^h et 16^h, 17^h, 18^h, ce qui signifie, au passage, que certains candidats sont convoqués à 7^h du matin !

• Il est très enrichissant de lire les rapports de jurys des dernières années. On y trouve notamment des commentaires précis sur certaines leçons. Ces commentaires mettent parfois le doigt sur une faute classique ou bien donnent une idée trop souvent oubliée par les candidats.

Ces rapports sont en vente dans les différents CRDP ou bien au CNDP à Paris.

• Il existe un règle d'or qui peut éviter bien des surprises. Il est en effet vivement recommandé de toujours se placer à un niveau de connaissances bien maîtrisées.

Par exemple, pour une leçon traitant des espaces compacts, le cadre de travail peut être le cadre des espaces métriques seulement. Ne feront appel aux espaces topologiques généraux que les étudiants qui s'y sentent parfaitement à l'aise.

En revanche, on peut, lors d'une leçon, énoncer un théorème difficile (le théorème des nombres premiers par exemple) tout en précisant bien oralement qu'on n'en connaît pas la démonstration. Le résultat est alors donné à simple titre culturel.

([9]) 6 personnes au maximum.

([10]) Lycée Saint-Louis en 1995 - Lycée Janson de Sailly en 1996 et 1997.

([11]) Aller voir un oral quelques jours avant sa propre planche peut aussi permettre de se faire une idée des différents couplages, ces couplages variant d'une année sur l'autre.

La lecture des couplages permet enfin de voir quelques nouveaux intitulés de leçons.

• En conclusion, je rappellerai simplement que cette épreuve est une épreuve *orale*. La présence au tableau, la gestion de votre espace et de votre temps, la façon dont vous répondez aux questions du jury sont autant d'éléments à ne pas négliger.

Bon courage !

L01 ♣♣♣

Utilisation de la notion de compacité en analyse.

DÉVELOPPEMENTS : D01 - D02

BIBLIOGRAPHIE : [AF2] [Gdg] [Gdy] [LS4] [MT] [MV] [P] [QZ]

Tous les espaces considérés seront des espaces métriques.

A) Utilisation de la propriété de Borel-Lebesgue

Théorème 1 : premier théorème de Dini.

Soit (f_n) une suite croissante de fonctions réelles définies et continues sur le compact $[a,b]$. Si (f_n) converge simplement vers une fonction $f : [a,b] \longrightarrow \mathbb{R}$, continue sur $[a,b]$, alors la convergence est uniforme [Gdy p 229].

Application 1 : soit X un compact et ϕ un morphisme d'algèbres de $\mathcal{C}(X,\mathbb{R})$ dans $\mathbb{R}$. Alors il existe $s \in X$ tel que pour tout $f \in \mathcal{C}(X,\mathbb{R})$, $\phi(f) = f(s)$ [Gdg p 37].

B) Utilisation du théorème de Bolzano-Weierstrass

Application 2 : soit E un espace vectoriel normé et K un compact convexe non vide de E. Soit de plus $f : K \longrightarrow K$ une application continue vérifiant, pour tout $(x,y) \in K^2$, $\| f(x) - f(y) \| \leqslant \| x - y \|$. Alors f admet au moins un point fixe [Gdy p 51].

C) Continuité sur un compact

1) Le théorème fondamental

> On rappellera oralement le théorème suivant :
> *Soit E un espace compact, F un espace métrique et $f : E \longrightarrow F$ une application continue. Alors $f(E)$ est compact* [Gdy p 31].

Application 3 : soit (E,d) un espace compact et $f : E \longrightarrow E$ une application continue telle que

$$(\star) \qquad \forall (x,y) \in E^2,\ d(f(x),f(y)) \geqslant d(x,y).$$

Alors f est une isométrie bijective [LS4 p 89].

> On pourra signaler qu'une application f vérifiant ($\star$) est appelée dilatation de E.

2) A l'aide des extrema

> On rappellera oralement le théorème suivant :
> *Soit E un compact et $f : E \longrightarrow \mathbb{R}$ une application continue. Alors f est bornée et atteint ses bornes* Gdy p 31.

Théorème 2 : le théorème de Rolle.

Soit $f : [a,b] \longrightarrow \mathbb{R}$ une application continue sur $[a,b]$, dérivable sur $]a,b[$ et telle que $f(a) = f(b)$. Alors il existe $c \in]a,b[$ tel que $f'(c) = 0$ Gdy p 70.

Application 4 : un théorème de point fixe.

Soit (E,d) un espace compact et $f : E \longrightarrow E$ une application telle que pour tout $(x,y) \in E^2$ avec $x \neq y$, $d(f(x), f(y)) < d(x,y)$.
Alors f admet un unique point fixe α.
De plus, la suite récurrente (x_n) définie par $x_0 \in E$ et pour tout $n \in \mathbb{N}$, $x_{n+1} = f(x_n)$, converge vers le point fixe α Gdy p 34.

Application 5 : l'opérateur de Fredholm.

Soit $E = \mathcal{C}([0,1], \mathbb{R})$ muni de la norme $\| \ \|_\infty$. Soit $\phi : [0,1] \times [0,1] \longrightarrow \mathbb{R}$ une application continue.
On définit alors $\Phi : E \longrightarrow E$ par : pour tout $f \in E$ et pour tout $x \in [0,1]$,

$$(\Phi(f))(x) = \int_0^1 \phi(x,u) f(u) \, \mathrm{d}u.$$

Alors $\| \Phi \|_L = \max \left\{ \int_0^1 |\phi(x,u)| \mathrm{d}u \;\middle|\; x \in [0,1] \right\}$ MV p 19.

Théorème 3 :

Sur un $\mathbb{K}$-espace vectoriel de dimension finie, toutes les normes sont équivalentes Gdy p 49.

> On en déduira oralement que les compacts d'un $\mathbb{K}$-espace vectoriel normé de dimension finie E sont les parties fermées bornées de E.

Application 6 : soit E un espace vectoriel normé de dimension finie et F une partie fermée non vide de E. Alors, pour tout $x \in E$, il existe $x_F \in F$ tel que $\| x - x_F \| = d(x,F)$ P p 56.

Application 7 : $O(n) \times S_n^{++} \approx GL_n(\mathbb{R})$ MT p 19.

Théorème 4 : le théorème de D'Alembert-Gauss.

Soit $P \in \mathbb{C}[X]$ un polynôme de degré supérieur ou égal à 1.
Alors P a au moins une racine dans $\mathbb{C}$ P p 296.

Théorème 5 : le théorème d'Auerbach.

Soit E un espace vectoriel normé de dimension finie.
Alors il existe une base normée de E dont la base duale est elle aussi normée QZ p 160.

3) Application d'un critère d'homéomorphisme

> On rappellera oralement le théorème suivant :
> *Soit $f : E \longrightarrow F$ une bijection continue. Si E est compact, alors f est un homéomorphisme* [Gdy p 31].

Application 8 : toute injection continue de S^1 dans S^1 est un homéomorphisme [P p 42].

D) Utilisation du théorème de Heine

Théorème 6 : un théorème de continuité sous le signe intégral.

Soit (E, d) un espace métrique et F un $\mathbb{R}$−espace de Banach.
Soit $f : [a, b] \times E \longrightarrow F$ une application continue.
Alors $\Theta : E \longrightarrow F$, $x \longmapsto \Theta(x) = \displaystyle\int_a^b f(t, x)\,\mathrm{d}t$ est une application continue sur E [Gdy p 157].

> On pourra alors citer oralement un théorème de dérivation sous le signe intégral [Gdy p 158].

Application 9 : l'ensemble des fonctions en escalier d'un segment $[a, b]$ dans $\mathbb{R}$ est dense dans l'ensemble des fonctions continues de $[a, b]$ dans $\mathbb{R}$ [AF2 p 312].

Théorème 7 : les polynômes d'approximation de Bernstein.

Soit $f : [0, 1] \longrightarrow \mathbb{C}$ une application continue. On définit, pour $n \in \mathbb{N}$, les fonctions polynômes

$$B_n(f) : [0, 1] \longrightarrow \mathbb{C},\ x \longmapsto \sum_{k=0}^{n} \mathrm{C}_n^k f\left(\frac{k}{n}\right) x^k (1 - x)^{n-k}.$$

Alors la suite de fonctions $(B_n(f))_{n\in\mathbb{N}}$ converge uniformément vers f sur $[0, 1]$ [Gdy p 230].

> ▲ Attention : dans [Gdy], les polynômes de Bernstein sont mal définis.

Application 10 : le théorème de Weierstrass.

Soit $f \in \mathcal{C}([a, b], \mathbb{C})$. Alors f est limite uniforme sur $[a, b]$ d'une suite de fonctions polynômes [Gdy p 225].

Théorème 8 : deuxième théorème de Dini.

Soit (f_n) une suite de fonctions croissantes, réelles, définies et continues sur le compact $[a, b]$. Si (f_n) converge simplement vers une fonction $f : [a, b] \longrightarrow \mathbb{R}$, continue sur $[a, b]$, alors la convergence est uniforme [Gdy p 229].

REMARQUES :

- On n'écrira pas au tableau les grands théorèmes cités, à savoir la proprité de Borel-Lebesgue, le théorème de Bolzano-Weierstrass ou le théorème de Heine. Toutefois, on les rappellera rapidement oralement.

- On s'efforcera, le plus souvent possible, de mentionner - oralement bien sûr - le ou les espace(s) compact(s) mis en jeu dans les applications.

- Une des difficultés de cette leçon consiste à agencer les différents théorèmes et applications : il faut notamment s'efforcer de ne pas utiliser, implicitement, les théorèmes découlant de la continuité sur un compact sans les avoir cités au préalable. C'est d'ailleurs pour cette raison qu'on ne fera pas appel à la caractérisation des compacts dans les espaces vectoriels normés de dimension finie tant que celle-ci n'aura pas été exposée : on réfléchira, par exemple, à la place de l'application 8 dans le plan, qui utilise la compacité de S^1, compacité prouvée par le caractère fermé et borné de S^1.

- Le théorème de Riesz, qui donne une caractérisation de la dimension finie grâce à la compacité, pourrait très bien figurer dans cette leçon. Mais le jury, relativement lassé par ce théorème, attend au moins une application non triviale (*cf* pages 32, 69 et 76).

- Il est à noter que l'application 7, les théorèmes 4 et 5 peuvent très bien faire l'objet d'un développement.

QUESTIONS :

- ***Soit (E, d) un espace métrique. De plus, soit K un compact de E et F un fermé de E tels que $F \cap K = \emptyset$. Montrer alors que $d(F, K) > 0$.***
Ce résultat subsiste-t-il si l'on suppose seulement K fermé ?

■ L'application $\delta : K \longrightarrow \mathbb{R}^+$, $x \longmapsto d(x, F)$ étant continue (elle est d'ailleurs 1−lipschtzienne) sur le compact K, il existe donc $x_K \in K$ tel que

$$\delta(x_K) = \min\{\, \delta(x) \mid x \in K \,\} = d(K, F) \geqslant 0.$$

Si $\delta(x_K) = 0$, cela signifie que $x_K \in \overline{K} = K$ puisque K est fermé.

Bref, on aurait alors $x \in F \cap K$, ce qui est absurde par hypothèse. Finalement, on a bien $\delta(x_K) = d(F, K) > 0$.

■ Montrons que ce résultat ne subsiste pas si K est seulement supposé fermé.

Considérons $K = \{\,(x, y) \in \mathbb{R}^2 \mid y \leqslant 0\}$ et $F = \{\,(x, y) \in \mathbb{R}^2 \mid y \geqslant \exp(-x)\,\}$. Alors K et F sont tous deux fermés, disjoints mais il est clair que $d(F, K) = 0$.

- ***Soit $f : (E, d) \longrightarrow (F, \delta)$ une application injective qui transforme tout espace compact en un espace compact. Montrer que f est continue.***

Soit $x \in E$ et (x_n) une suite de E qui converge vers x.

Posons $K = \{x_n,\ n \in N\} \cup \{x\}$. On sait alors que K est un compact de E.

Soit $\phi : K \longrightarrow f(K),\ x \longmapsto f(x)$: par injectivité de f, l'application ϕ est une bijection de K sur $f(K)$.

Montrons alors que ϕ^{-1} est continue sur $f(K)$. Pour cela, montrons que l'image réciproque par ϕ^{-1} de tout fermé de K est un fermé de $f(K)$.

Soit donc F un fermé de K.
Notons que F, fermé inclus dans un espace compact, est compact Ainsi, par hypothèse, $f(F)$ est compact et a fortiori fermé.
Or, la bijectivité de ϕ donne $f(F) = \phi(F) = (\phi^{-1})^{-1}(F)$, ce qui prouve bien que $(\phi^{-1})^{-1}(F)$ est un fermé de $f(K)$.
Ainsi, ϕ^{-1} est continue sur $f(K)$.

Bref, d'après le critère d'homéomorphisme vu plus haut, on obtient donc la continuité de $\phi = (\phi^{-1})^{-1}$ et alors $f(x) = \phi(x) = \lim\limits_{n\to\infty} \phi(x_n) = \lim\limits_{n\to\infty} f(x_n)$, ce qui prouve bien la continuité de f en x.

En conclusion, f est continue sur E.

L02 ♣♣

Espaces connexes. Exemples et applications.

DÉVELOPPEMENTS : D03 - D04

BIBLIOGRAPHIE : [Gdy] [MT] [P]

A) Espaces connexes

1) Définitions

Théorème 1 :

Soit E un espace topologique. Les propositions suivantes sont alors équivalentes :
i) il n'existe pas de partition de E en deux ouverts disjoints non vides ;
ii) il n'existe pas de partition de E en deux fermés disjoints non vides ;
iii) les seules parties ouvertes et fermées de E sont $\emptyset$ et E ;
iv) toute application continue $f : E \longrightarrow \{0,1\}$, où $\{0,1\}$ est muni de la distance discrète, est constante [Gdy pp 38 - 39].

Définition 1 :

Si un espace topologique E vérifie l'une des assertions précédentes, E est dit connexe [Gdy p 38].

> On pourra mentionner oralement que la notion de connexité est une notion purement topologique et non une notion métrique [Gdy p 38].

Définition 2 :

Une partie A de l'espace topologique E est connexe si et seulement si A muni de la topologie induite est connexe [Gdy p 38].

A partir de maintenant, tous les espaces considérés seront des espaces métriques.

2) Propriétés

Propriété 1 : soit $f : E \longrightarrow F$ une application continue. Si E est connexe alors $f(E)$ est connexe [Gdy p 39].

Propriété 2 : soit A une partie d'un espace E et B une partie de E telle que $A \subset B \subset \overline{A}$. Si A est connexe alors B est connexe [Gdy p 39].

Propriété 3 : soit $(C_i)_{i\in I}$ une famille d'espaces connexes de l'espace E. On suppose qu'il existe $n_0 \in I$ tel que pour tout $i \in I$, $C_i \cap C_{n_0} \neq \emptyset$. Alors l'ensemble $\bigcup_{i\in I} C_i$ est un espace connexe [Gdy p 39].

Propriété 4 : soit $n \in \mathbb{N}^*$ et pour $i \in [\![1, n]\!]$, considérons un espace non vide E_i. Alors l'espace produit $E_1 \times \ldots \times E_n$ est connexe si et seulement si pour tout $i \in [\![1, n]\!]$, E_i est un espace connexe [Gdy p 40].

3) Exemples

Exemple 1 : les parties connexes de $\mathbb{R}$ sont les intervalles [Gdy p 40].

Exemple 2 : soit (E, d) un espace métrique compact et (u_n) une suite de E telle que $\lim\limits_{n \to \infty} d(u_n, u_{n+1}) = 0$. Alors l'ensemble des valeurs d'adhérence de la suite (u_n) est un espace connexe [Gdy p 45].

4) Les composantes connexes

Définition 3 :

Sur un espace E, on considère la relation $\mathcal{R}$ définie par $x\mathcal{R}y$ si et seulement s'il il existe une partie connexe C de E tel que $x \in C$ et $y \in C$ [Gdy p 40].

Propriété 5 : $\mathcal{R}$ est une relation d'équivalence sur E. Si $\dot{x}$ désigne la classe d'un élément x de E alors $\dot{x}$ est le plus grand connexe de E contenant x, appelé composante connexe de E. L'espace $\dot{x}$ est un fermé de E.
De plus, les composantes connexes de E forment une partition de E [Gdy p 40].

5) Connexité par arcs

Définition 4 :

Un espace E est connexe par arcs si et seulement si pour tout $(x, y) \in E^2$, il existe un arc inclus dans E d'origine x et d'extrémité y [Gdy p 41].

Propriété 6 : si E est connexe par arcs alors E est connexe [Gdy p 41].

> On signalera oralement que la réciproque de cette propriété est *en général* fausse [Gdy p 43].
> La proposition ci-après donne malgré tout un cas où la réciproque est vraie.

Propriété 7 : tout ouvert connexe d'un espace vectoriel normé est connexe par arcs [P p 73].

Exemple 3 : $SL_n(\mathbb{K})$ et $GL_n(\mathbb{C})$ sont connexes par arcs. $GL_n^+(\mathbb{R})$ et $GL_n^-(\mathbb{R})$ sont deux connexes par arcs homéomorphes [MT p 34].

B) Applications

1) Critère de non-homéomorphisme

Exemple 4 : $\mathbb{R}$ n'est pas homéomorphe à $\mathbb{R}^2$ [P p 41].

Exemple 5 : S^1 n'est homéomorphe à aucune partie de $\mathbb{R}^2$ [P p 42].

2) Analyse réelle

Théorème 2 : le théorème des valeurs intermédiaires.

Soit I un intervalle de $\mathbb{R}$ et $f : I \longrightarrow \mathbb{R}$ une application continue. Alors $f(I)$ est un intervalle [Gdy p 41].

Théorème 3 :

Soit I un intervalle de $\mathbb{R}$ et $f : I \longrightarrow \mathbb{R}$ une application continue. Alors f est injective si et seulement si f est strictement monotone [P p 75].

Théorème 4 : le théorème de Darboux.

Soit I un intervalle de $\mathbb{R}$ et $f : I \longrightarrow \mathbb{R}$ une application dérivable. Alors $f'(I)$ est un intervalle [Gdy p 46].

> On pourra signaler oralement que ce théorème revient à dire qu'une fonction dérivée vérifie le théorème des valeurs intermédiaires.

Théorème 5 : le théorème de Sunyer y Balaguer.

Soit $f : \mathbb{R} \longrightarrow \mathbb{R}$ une application de classe $\mathcal{C}^\infty$ telle que pour tout $x \in \mathbb{R}$, il existe $n_x \in \mathbb{N}$ tel que $f^{(n_x)}(x) = 0$. Alors f est une fonction polynôme sur $\mathbb{R}$ [Gdy p 396].

3) Différentiabilité

Théorème 6 :

Soit E et F deux espaces vectoriels normés, U un ouvert connexe de E et $f : U \longrightarrow F$ une application de classe $\mathcal{C}^1$ sur U telle que pour tout $x \in U$, $df_x = 0$. Alors f est constante sur U [Gdy p 304].

Théorème 7 :

Soit $(\mathcal{E}, \langle .,. \rangle)$ un espace euclidien et $f \in \mathcal{C}^1(\mathcal{E}, \mathcal{E})$. On suppose f strictement monotone : il existe $k \in \mathbb{R}_*^+$ tel que pour tout $(x,y) \in E^2$,

$$\langle f(x) - f(y), x - y \rangle \geqslant k \| x - y \|^2.$$

Alors f est un $\mathcal{C}^1-$ difféomorphisme de $\mathcal{E}$ sur $\mathcal{E}$ [Gdy p 324].

4) Analyse complexe

Théorème 8 : le principe des zéros isolés.

Soit Ω un ouvert connexe de $\mathbb{C}$ et $f : \Omega \longrightarrow \mathbb{C}$ une fonction analytique sur Ω, non constante. Alors les zéros de f forment un ensemble de points isolés [P p 357].

Remarques :

• Une des difficultés de cette leçon réside dans le choix des applications de la connexité. Il faut s'efforcer, en effet, de trouver des domaines d'étude variés, et surtout, ne pas se restreindre à l'analyse réelle. D'autre part, dès qu'une application est citée, il est presque indispensable de savoir à quel moment de la démonstration la connexité intervient : c'est le cas surtout des théorèmes 5 et 8.

QUESTIONS :

• *Donner un exemple de partie de $\mathbb{R}^2$, connexe et non convexe.*

Soit $A = \Big([-1,1] \times \{0\}\Big) \cup \Big(\{0\} \times [-1,1]\Big)$.

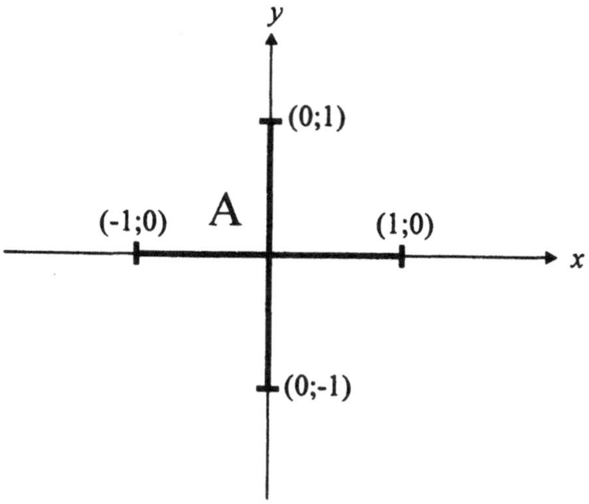

A est connexe comme réunion de deux parties connexes ayant une intersection non vide. Mais A n'est pas convexe : en effet, $x = (1,0) \in A$ et $y = (0,1) \in A$ mais $z = \frac{1}{2}x + \frac{1}{2}y = \left(\frac{1}{2}, \frac{1}{2}\right) \notin A$..

> ▲ Attention : dans le cas réel, parties connexes et parties convexes coïncident ; ce sont les intervalles de $\mathbb{R}$.

• *Soit E un espace métrique. Montrer que les assertions suivantes :*
$i)$ E est connexe ;
$ii)$ pour toute partie A non triviale de E ($A \neq \emptyset$ et $A \neq E$), la frontière de A est non vide,
sont équivalentes.

■ Montrons $i) \Longrightarrow ii)$.

Supposons E connexe.

Soit A une partie non triviale de E. Si $Fr(A) = \overline{A} \setminus \overset{\circ}{A} = \emptyset$, alors $\overline{A} = \overset{\circ}{A}$ et comme on a toujours la double inclusion $\overset{\circ}{A} \subset A \subset \overline{A}$, il viendrait $A = \overline{A} = \overset{\circ}{A}$. Ainsi, A serait ouvert et fermé dans E. Par connexité de E, on aurait alors $A = \emptyset$ ou $A = E$, ce qui est absurde par hypothèse.

Finalement, $Fr(A) \neq \emptyset$.

■ Montrons $ii) \Longrightarrow i)$.

Vérifions que les seuls espaces ouverts et fermés de E sont E et $\emptyset$.

Soit donc A une partie ouverte et fermée de E : $\overline{A} = A$ et $\mathring{A} = A$ et ainsi, $Fr(A) = \emptyset$. L'hypothèse $ii)$ montre alors qu'on a nécessairement $A = E$ ou $A = \emptyset$.

On en conclut donc la connexité de E.

L03 ♣♣♣

Espaces homéomorphes. Exemples et contre-exemples.

DÉVELOPPEMENTS : D05 - D06

BIBLIOGRAPHIE : [AF2] [Bz] [Gdy] [H] [LS4] [MT] [P] [QZ] [RODx1] [Wx]

A) Généralités

1) Définitions et conséquences

Définition 1 :

Soit E et F deux espaces topologiques. Un homéomorphisme f de E sur F est une bijection f de E sur F telle que f et f^{-1} soient continues [AF2 p 556].

Définition 2 :

Les espaces E et F sont dits homéomorphes si et seulement s'il existe au moins un homéomorphisme de E sur F. On note alors $E \approx F$ [AF2 p 556].

Proposition 1 :

Les propriétés topologiques de deux espaces homéomorphes sont identiques [P p 41].

> A cet effet, on signalera oralement les points suivants :
> • Si E est un espace compact (ou connexe...) homéomorphe à l'espace F, F sera lui aussi compact (ou connexe...).
> • En revanche, la complétude, qui est une notion métrique, n'est pas automatiquement conservée par homéomorphisme. Pour s'en convaincre, il suffit de considérer l'application exponentielle réelle, qui réalise un homéomorphisme de $\mathbb{R}$, complet, sur $\mathbb{R}_*^+$, non complet.

2) Exemples triviaux

Exemple 1 : si E est un espace topologique, alors l'application identique id_E est un homéomorphisme de E sur E [AF2 p 556].

Exemple 2 : si f est un homéomorphisme, alors f^{-1} l'est aussi [AF2 p 556].

A partir de là, tous les espaces considérés seront des espaces métriques. Si aucune distance n'est précisée, l'espace sera automatiquement muni de sa distance canonique.

3) Une remarque essentielle

Remarque 1 :

Une bijection continue n'est pas forcément un homéomorphisme.
Soit f une bijection quelconque de $\mathbb{Z}$ sur $\mathbb{Q}$. Alors f est continue bien que f^{-1} ne le soit pas `H p 61`.

> On signalera qu'il existe bien une bijection de $\mathbb{Z}$ sur $\mathbb{Q}$ car ces deux ensembles sont dénombrables.

B) Exemples dans les espaces métriques

Dans cette section, n désignera un entier naturel non nul.

1) Une condition suffisante d'homéomorphisme

Théorème 1 :

Soit $f : E \longrightarrow F$ une bijection continue. Si E est compact alors f est un homéomorphisme `Gdy p 31`.

2) A propos de certains sous-ensembles de $\mathbb{R}^n$

Exemple 3 : deux intervalles de $\mathbb{R}$ sont homéomorphes si et seulement s'ils sont tous deux ouverts, ou tous deux semi-ouverts ou bien enfin tous deux compacts `AF2 p 556`.

Exemple 4 : toute partie dénombrable dense dans $\mathbb{R}$ est homéomorphe à $\mathbb{Q}$ `Wx p 2`.

Exemple 5 : $\mathbb{R}$ n'est pas homéomorphe à $\mathbb{R}^2$ `P p 41`.

Exemple 6 : S^1 n'est homéomorphe à aucune partie de $\mathbb{R}$ `P p 42`.

Application 1 : toute injection continue de S^1 dans S^1 est un homéomorphisme `P p 42`.

Théorème 2 :

Soit $a = (0, \ldots, 0, 1) \in \mathbb{R}^{n+1}$.
La projection stéréographique réalise un homéomorphisme de $S^n \setminus \{a\}$ sur l'hyperplan $P_n = \{ x = (x_1, \ldots, x_{n+1}) \in \mathbb{R}^{n+1} \mid x_{n+1} = 0 \}$ `RODx1 p 35`.

3) A propos des espaces de matrices

Exemple 7 : $O(n) \times S_n^{++} \approx GL_n(\mathbb{R})$ `MT p 19`.

Exemple 8 : $GL_n^+(\mathbb{R}) \approx GL_n^-(\mathbb{R})$ `MT p 20`.

Exemple 9 : $GL_n(\mathbb{C}) \approx \mathbb{C}^* \times SL_n(\mathbb{C})$ `MT p 34`.

4) Sur la complétude

Proposition 2 : tout ouvert d'un espace métrique complet est homéomorphe à un espace métrique complet `Wx p 50`.

5) Sur la compacité

Proposition 3 :

Tout espace métrique compact (F, d) est homéomorphe à un sous-espace de $\left([0,1]^{\mathbb{N}}, \delta\right)$ où δ est la distance définie par

$$\forall x = (x_n) \in [0,1]^{\mathbb{N}},\ \forall y = (y_n) \in [0,1]^{\mathbb{N}},\ \delta(x,y) = \sum_{n \geqslant 0} \frac{|x_n - y_n|}{2^{n+1}}$$

LS4 p 93.

C) Exemples dans les espaces vectoriels normés

1) Sur la convexité

Proposition 4 : soit K_1 et K_2 deux convexes compacts d'intérieur non vide d'un espace vectoriel normé E. Alors $K_1 \approx K_2$, la frontière de K_1 étant homéomorphe à celle de K_2 LS4 p 126.

2) A propos de dualité

Exemple 10 : si $(\ell^1)'$ désigne le dual topologique de ℓ^1 alors $(\ell^1)' \approx \ell^\infty$ LS4 p 122.

Exemple 11 : $(L^p)' \approx L^q$ où $1 < p < +\infty$ et $\dfrac{1}{p} + \dfrac{1}{q} = 1$ Bz p 61.

Théorème 3 :

Si H est un espace de Hilbert, son dual H' lui est homéomorphe QZ p 210.

> On retrouve ainsi que $(L^2)' \approx L^2$, homéomorphisme qui a déjà été vu à l'exemple 10.

3) Le théorème de Banach

Théorème 4 :

Soit E et F deux espaces de Banach et T une application linéaire continue, bijective de E sur F. Alors T est un homéomorphisme de E sur F Gdy p 397.

REMARQUES :

- Comme toute leçon d'exemples, cette leçon nécessite un véritable travail personnel : en effet, le choix d'une gamme assez large d'exemples ne s'improvise pas !

QUESTIONS :

• *Un espace vectoriel normé de dimension finie peut-il être homéomorphe à un espace vectoriel normé de dimension infinie ?*

La réponse est non.

En effet, soit E un espace vectoriel normé de dimension finie, F un espace vectoriel normé de dimension infinie.
Supposons qu'il existe un homéomorphisme g de E sur F. Notons h la bijection réciproque de g.
Comme $g\left(B_E\left(0_E,\frac{1}{2}\right)\right) = h^{-1}\left(B_E\left(0_E,\frac{1}{2}\right)\right)$, $g\left(B_E\left(0_E,\frac{1}{2}\right)\right)$ est un ouvert de F comme image réciproque d'un ouvert par une application continue.
Il existe donc $r > 0$ tel que $B_F(g(0_E), r) \subset g\left(B_E\left(0_E,\frac{1}{2}\right)\right)$.

Bref, $B_F^f\left(g(0_E),\frac{r}{2}\right) \subset g\left(B_E\left(0_E,\frac{1}{2}\right)\right) \subset g(B_E^f(0_E,1))$.

Mais g est continue et $B_E^f(0_E,1)$ est compacte car E est de dimension finie, donc $g(B_E^f(0_E,1))$ est compacte.
Ainsi, $B_F^f\left(g(0_E),\frac{r}{2}\right)$ est une boule fermée incluse dans un compact, c'est donc une boule compacte : ceci est absurde d'après le théorème de Riesz car F est de dimension infinie.

On pourra se souvenir de cet exemple comme une application possible du théorème de Riesz.

• *Soit deux entiers naturels n et m, non nuls, avec $n \neq m$. Peut-il exister un $\mathcal{C}^1$-difféomorphisme de $\mathbb{R}^n$ sur $\mathbb{R}^m$?*

La réponse est non.

En effet, supposons qu'il existe un $\mathcal{C}^1$-difféomorphisme g de $\mathbb{R}^n$ sur $\mathbb{R}^m$. Notons h la bijection réciproque de g.
On a alors $g \circ h = id_{\mathbb{R}^m}$ et $h \circ g = id_{\mathbb{R}^n}$.

Soit $x \in \mathbb{R}^m$.
En différentiant les égalités précédentes, il vient

$$dg_{h(x)} \circ dh_x = id_{\mathbb{R}^m} \text{ et } dh_x \circ dg_{h(x)} = id_{\mathbb{R}^n}.$$

Ces égalités prouvent que les deux applications linéaires $dg_{h(x)}$ et dh_x sont inversibles (elles sont d'ailleurs inverses l'une de l'autre) : ce caractère bijectif impose finalement que les dimensions des deux espaces en jeu soient les mêmes, c'est-à-dire $n = m$, ce qui est absurde.

En fait, on peut montrer (mais c'est un résultat beaucoup plus difficile) que $\mathbb{R}^m$ est homéomorphe à $\mathbb{R}^n$ si et seulement si $n = m$.

L04 ♣ ♣ ♣

Espaces complets. Exemples et applications.

DÉVELOPPEMENTS : D04 - D07 - D08

BIBLIOGRAPHIE : [Bz] [Gdy] [Gx3] [LS4] [P] [QZ] [S]

Dans toute cette leçon, (E, d) désignera toujours un espace métrique.

A) Espaces complets

1) Définitions

Définition 1 :

Soit (x_n) une suite de (E, d). La suite (x_n) est une suite de Cauchy si et seulement si

$$\forall \varepsilon > 0,\ \exists N \in \mathbb{N},\ \forall (p, q) \in \mathbb{N}^2,\ (p,\ q \geqslant N \Longrightarrow d(x_p, x_q) \leqslant \varepsilon)$$

[Gdy p 20].

Définition 2 :

L'espace (E, d) est un espace complet si toute suite de Cauchy de E converge [Gdy p 20].

> On pourra signaler oralement que la notion de complétude est une notion purement métrique et non topologique.
> En effet, considérons $E_1 = (\mathbb{R}, |\ \ |)$ et $E_2 = (\mathbb{R}, d)$ où pour tout $(x, y) \in \mathbb{R}^2$, $d(x, y) = |\arctan x - \arctan y|$: E_1 et E_2 définissent la même topologie mais E_1 est complet alors que E_2 ne l'est pas. Pour montrer ce dernier point, il suffit de considérer la suite (u_n) de E_2 définie par : pour tout $n \in \mathbb{N}$, $u_n = n$. Alors (u_n) est une suite de Cauchy de E_2 mais non convergente dans E_2 [P p 44].

Définition 3 :

Un espace de Banach est un espace vectoriel normé complet [Gdy p 20].

2) Propriétés

Propriété 1 : toute partie complète de (E, d) est fermée [Gdy p 20].

Propriété 2 : toute partie fermée d'un espace complet est complète [Gdy p 20].

Propriété 3 :

Soit (E,d) un espace complet et (F_n) une suite décroissante de fermés non vides de E telle que $\lim_{n\to\infty} \operatorname{diam}(F_n) = 0$. Alors il existe $\alpha \in E$ tel que $\bigcap_{n\in\mathbb{N}} F_n = \{\alpha\}$ Gdy p 20.

Propriété 4 :

Soit $(E_i,d_i)_{i=1\ldots n}$ des espaces métriques. Alors l'espace produit $E_1\times\ldots\times E_n$, muni de la distance produit, est complet si et seulement si pour tout $i \in [\![1,n]\!]$, l'espace (E_i,d_i) est complet Gdy p 20.

3) Exemples

Exemple 1 : tout espace vectoriel normé de dimension finie est complet Gdy p 51.

Exemple 2 : soit X un ensemble quelconque ; on pose $E = \mathcal{B}(X,\mathbb{C})$ le $\mathbb{C}$−espace vectoriel des fonctions bornées de X dans $\mathbb{C}$. Alors $(E, \|\ \|_\infty)$ est un espace de Banach P p 45.

Exemple 3 : si c_0 désigne le $\mathbb{C}$−espace vectoriel des suites complexes de limite nulle, alors $(c_0, \|\ \|_\infty)$ est un espace de Banach P p 47.

Exemple 4 : soit E l'espace des fonctions lipschitziennes de $[0,1]$ dans $\mathbb{R}$ muni de la norme N où pour tout $f \in E$,

$$N(f) = \|f\|_\infty + \sup\left\{ \left| \frac{f(x)-f(y)}{x-y} \right| \,\middle|\, (x,y)\in[0,1]^2,\ x\neq y \right\}.$$

Alors (E,N) est un espace de Banach LS4 p 83.

Exemple 5 : soit E un espace vectoriel normé et F un espace de Banach. Alors $(L_c(E,F), \|\ \|_L)$ est un espace de Banach P p 46.

Exemple 6 : pour $1 \leqslant p \leqslant +\infty$, $(L^p, \|\ \|_p)$ est un espace de Banach Bz p 57.

Exemple 7 : soit $(a,b)\in\mathbb{R}^2$ avec $a<b$. Soit de plus $E = \mathcal{C}^\infty([a,b],\mathbb{R})$ muni de la distance

$$d(f,g) = \sum_{k=0}^{+\infty} \frac{1}{2^k} \frac{\|f^{(k)} - g^{(k)}\|_\infty}{1 + \|f^{(k)} - g^{(k)}\|_\infty}.$$

Alors (E,d) est un espace métrique complet LS4 p 81.

B) Les grands théorèmes des espaces complets

1) Une condition nécessaire et suffisante de compacité

Théorème 1 :

Un espace métrique est compact si et seulement s'il est précompact et complet Gdy p 32.

Exemple 8 : on munit $E = [0,1]^{\mathbb{N}}$ de la distance d définie par

$$\forall x = (x_n) \in E, \forall y = (y_n) \in E,\ d(x,y) = \sum_{n \geqslant 0} \frac{|x_n - y_n|}{2^{n+1}}.$$

Alors (E,d) est compact [LS4 p 93].

2) Un théorème de prolongement

Théorème 2 :

Soit E et F des espaces métriques, avec F complet. Soit X une partie de E dense dans E et $f : X \longrightarrow F$ une application uniformément continue. Alors il existe une unique application $g : E \longrightarrow F$ continue telle que $g_{|X} = f$. De plus, g est uniformément continue [Gx2 p 117].

> On pourra signaler oralement les points suivants :
> • Supposer F complet est essentiel : considérer $X = F = \mathbb{Q}$, $E = \mathbb{R}$ et $f = id_{\mathbb{Q}}$;
> • Supposer f uniformément continue est essentiel : considérer $E = \overline{\mathbb{R}}$ muni de sa distance usuelle (type 'arctan'), $X = \mathbb{R}$, $F = \mathbb{R}$ muni de sa distance usuelle et $f = id_{\mathbb{R}}$ [S p 134].

Application 1 : construction de l'intégrale de Riemann des fonctions réglées de $[a,b]$ dans $\mathbb{R}$ [P p 49].

3) Un théorème de projection

Théorème 3 :

Soit K un convexe fermé non vide d'un espace de Hilbert H. Soit $x \in H$. Alors
i) il existe un unique $p_K(x) \in K$ tel que $d(x,K) = \| x - p_K(x) \|$;
ii) $p_K(x)$ est caractérisé par

$$\forall v \in K,\ \mathcal{R}e\langle x - p_K(x), v - p_K(x) \rangle \leqslant 0$$

[QZ p 210].

> ▲ Attention : [QZ] ne précise pas que le convexe considéré doit être non vide : c'est bien évidemment une hypothèse qu'il faut rajouter.

Application 2 : soit H un espace de Hilbert et F un sous-espace fermé non trivial de H. Alors il existe une projection continue p_F de H sur F telle que $\| p_F \|_{\mathrm{L}} = 1$ [QZ p 210].

4) Le théorème du point fixe

Théorème 4 : le théorème du point fixe de Picard.

Soit (E,d) un espace métrique complet et $f : E \longrightarrow E$ une application contractante. Alors f admet un unique point fixe α. De plus, la suite récurrente (x_n) définie par $x_0 \in E$ et pour tout $n \in \mathbb{N}$, $x_{n+1} = f(x_n)$, converge vers le point fixe α [P p 76].

Application 3 : le théorème de Cauchy-Lipschitz.

Soit E un $\mathbb{R}$−espace vectoriel normé de dimension finie, U un ouvert de $\mathbb{R} \times E$ et $f : U \longrightarrow E$ une application continue et localement lipschitzienne en la seconde variable au point (t_0, y_0) de U. Alors l'équation différentielle $y'(t) = f(t, y(t))$ admet au moins une solution locale telle que $y(t_0) = y_0$ Gx3 p 396.

Application 4 : le théorème d'inversion locale.

Soit E et F deux espaces de Banach, U un ouvert de E et $f \in \mathcal{C}^1(U, F)$.
Supposons qu'il existe $a \in U$ tel que $df_a \in GL_c(E, F)$.
Alors il existe un voisinage ouvert V de a et un voisinage ouvert W de $f(a)$ tels que
i) $f_{|V} = g$ soit une bijection de V sur W ;
ii) $g^{-1} \in \mathcal{C}^1(W, V)$ Gdy p 315.

Application 5 : le théorème de Stampacchia.

Soit H un espace de Hilbert réel et $a : H \times H \longrightarrow \mathbb{R}$ une forme bilinéaire continue.
On suppose de plus a cœrcive : il existe $\alpha \in \mathbb{R}_*^+$ tel que pour tout $u \in H$, $a(u, u) \geqslant \alpha \| u \|^2$.
Soit K un convexe fermé non vide de H et soit enfin $\phi \in H'$. Alors il existe un unique $u \in K$ tel que pour tout $v \in K$, $a(u, v - u) \geqslant \phi(v - u)$.
De plus, si a est symétrique, le point u est caractérisé par :

$$u \in K \text{ et } \frac{1}{2}a(u, u) - \phi(u) = \inf\left\{ \frac{1}{2}a(v, v) - \phi(v) \;\middle|\; v \in K \right\}$$

Bz p 83.

5) Le théorème de Baire

Théorème 5 :

Soit (E, d) un espace métrique complet et (O_n) une suite d'ouverts denses dans E, alors $\bigcap_{n \in \mathbb{N}} O_n$ est dense dans E : on dit que E est un espace de Baire

Gdy p 391.

Application 6 : un espace vectoriel normé à base dénombrable n'est jamais complet Gdy p 393.

Application 7 : le théorème de Sunyer y Balaguer.

Soit $f : \mathbb{R} \longrightarrow \mathbb{R}$ une application de classe $\mathcal{C}^\infty$ telle que pour tout $x \in \mathbb{R}$, il existe $n_x \in \mathbb{N}$ tel que $f^{(n_x)}(x) = 0$. Alors f est une fonction polynôme sur $\mathbb{R}$ Gdy p 396.

REMARQUES :

• **Extrait du rapport du jury 1994**

La précompacité et le théorème de projection sur un convexe complet d'un espace préhilbertien sont fréquemment oubliés.

• Cette leçon est très riche, aussi faut-il faire des choix : par exemple, on ne peut pas énoncer tous les grands théorèmes découlant du théorème de Baire, comme le théorème de l'application ouverte ou le théorème de Banach-Steinhaus. Toutefois, ceux-ci peuvent-être cités, oralement, en conclusion. Il faut noter tout de même que le fait de les citer implique malgré tout un minimum de connaissances sur ces théorèmes (schémas des démonstrations, applications possibles ...). A vous donc de juger si vous décidez d'en parler ou non !...

• Le fait que la notion de complétude soit une notion purement *métrique* et non topologique est un point à bien assimiler : pour cela, l'exemple proposé au cours du plan permet de bien comprendre ce point délicat.

• Enfin, il faut bien prendre garde à énoncer le théorème 3 avant le théorème du point fixe, car le théorème de Stampacchia, conséquence de ce dernier, fait appel au théorème de projection.

QUESTIONS :

• *Soit E l'ensemble des suites réelles dont les termes sont tous nuls à partir d'un certain rang. On munit E de la distance d où*

$$\forall x = (x_n) \in E, \forall y = (y_n) \in E, \ d(x,y) = \max\Big\{ \, |x_n - y_n| \, \Big| \, n \in \mathbb{N} \Big\}.$$

Soit $u^{(n)} \in E$ définie par $u^{(n)} = \left(1, \frac{1}{2}, \dots, \frac{1}{n}, 0, \dots\right)$. Montrer que $(u^{(n)})_{n\in\mathbb{N}}$ est une suite de Cauchy de E, non convergente.

Soit $\varepsilon > 0$ et N_0 un entier tel que $N_0 > \frac{1}{\varepsilon}\cdot$

Pour $p > q \geqslant N_0$, on a $d(u^{(p)}, u^{(q)}) = \dfrac{1}{q+1} < \varepsilon$, ce qui traduit bien que $(u^{(n)})_{n\in\mathbb{N}}$ est une suite de Cauchy de E.

Supposons que $(u^{(n)})_{n\in\mathbb{N}}$ converge vers $u \in E$.
Notons $\ell = \max\{ \, k \in \mathbb{N} \mid u_k \neq 0 \, \}$.

> L'indice ℓ existe bien car $u \in E$ et donc la suite (u_n) est nulle à partir d'un certain rang.

Alors pour $n > \ell$, on a $d(u, u^{(n)}) \geqslant \dfrac{1}{\ell+1}$, ce qui prouve finalement que la suite $(u^{(n)})$ ne peut converger, d'où la contradiction.

Bref, (E, d) n'est pas complet.

• *Soit (E,d) et (F,δ) deux espaces métriques. Soit de plus $f : E \longrightarrow F$ une application uniformément continue et (u_n) une suite de Cauchy de E. Que peut-on dire de la suite $(f(u_n))$? Que peut-on en déduire ?*

Montrons que $(f(u_n))$ est une suite de Cauchy de F.

Soit $\varepsilon > 0$.

Par uniforme continuité de f, il existe $\eta > 0$ tel que pour tout $(x, y) \in E^2$, $(d(x, y) < \eta \Longrightarrow \delta(f(x), f(y)) < \varepsilon)$. La suite (u_n) étant une suite de Cauchy, il existe $N_0 \in \mathbb{N}$ tel que pour tout p, $q > N_0$, $d(u_p, u_q) < \eta$.

Ainsi, avec ce qui précède, $\delta(f(u_p), f(u_q)) < \varepsilon$.

Bref, $(f(u_n))$ est une suite de Cauchy de F.

Finalement, on en déduit la proposition suivante : si d et δ sont deux distances uniformément équivalentes sur un espace E, (E, d) est complet si et seulement si (E, δ) l'est aussi.

L05 ♣♣♣

Théorème(s) du point fixe. Applications.

DÉVELOPPEMENTS : D08 - D09 - D10

BIBLIOGRAPHIE : [Bz] [CMOS1] [Gdy] [Gx3] [P]

Tous les espaces considérés dans cette leçon seront non vides.

A) Cas réel

Théorème 1 :

Soit $f : [a,b] \longrightarrow \mathbb{R}$ une application continue telle que

$$[a,b] \subset f([a,b]) \text{ ou } f([a,b]) \subset [a,b].$$

Alors f a au moins un point fixe dans $[a,b]$ [P p 76].

Théorème 2 :

Soit $f : [a,b] \longrightarrow [a,b]$ une application croissante.
Alors f a au moins un point fixe dans $[a,b]$ [P p 79].

> On pourra signaler oralement que le théorème précédent n'est pas valable dans le cas où f est décroissante.
> En effet, considérons l'application $f : [0,1] \longrightarrow [0,1]$ telle que pour $x \in \left[0, \frac{1}{2}\right]$, $f(x) = 1$ et pour $x \in \left]\frac{1}{2}, 1\right]$, $f(x) = 0$. Alors f est décroissante et il est clair que f n'a pas de point fixe dans $[0,1]$ [CMOS1 p 114].

B) Cas des espaces complets

1) Théorèmes

Définition 1 :

Soit (E,d) un espace métrique et $f : E \longrightarrow E$ une application.
Alors f est dite contractante s'il existe $k \in]0,1[$ tel que

$$\forall (x,y) \in E^2,\ d(f(x), f(y)) \leqslant k d(x,y)$$

[Gdy p 21].

Théorème 3 : le théorème du point fixe de Picard.

Soit (E, d) un espace métrique complet et $f : E \longrightarrow E$ une application contractante. Alors f admet un unique point fixe α.
De plus, la suite récurrente (x_n) définie par $x_0 \in E$ et pour tout $n \in \mathbb{N}$, $x_{n+1} = f(x_n)$, converge vers le point fixe α [P p 76].

> Il est capital de bien faire figurer la convergence de la suite (x_n).
>
> De plus, on pourra signaler oralement qu'il est essentiel de supposer l'application f contractante.
> En effet, si $f : E \longrightarrow E$ est une application vérifiant seulement : pour tout $(x, y) \in E^2$, $d(f(x), f(y)) < d(x, y)$, f n'admet pas nécessairement de point fixe, ce qui est le cas, par exemple, de la fonction $g : \mathbb{R} \longrightarrow \mathbb{R}$ définie par $g(x) = 1$ si $x < 0$ et $g(x) = x + \dfrac{1}{1+x}$ si $x \geqslant 0$ [Gdy p 35].

Théorème 4 :

Soit (E, d) un espace métrique complet et une application $f : E \longrightarrow E$.
On suppose qu'il existe $r \in \mathbb{N}^*$ tel que l'application itérée f^r soit contractante.
Alors f admet un unique point fixe [Gdy p 23].

Théorème 5 : le théorème du point fixe à paramètre.

Soit (X, δ) et (E, d) deux espaces métriques, avec E complet.
Soit aussi $H : X \times E \longrightarrow E$, $(\lambda, x) \longmapsto H(\lambda, x)$ une application continue et contractante en la seconde variable, c'est-à-dire telle qu'il existe $k \in]0, 1[$ tel que pour tout $\lambda \in X$ et pour tout $(x, y) \in E^2$, $d(H(\lambda, x), H(\lambda, y)) \leqslant kd(x, y)$.
Alors pour tout $\lambda \in X$, l'application $g_\lambda : E \longrightarrow E$, $x \longmapsto H(\lambda, x)$ admet un unique point fixe α_λ.
De plus, $f : X \longrightarrow E$, $\lambda \longmapsto \alpha_\lambda$ est continue [Gdy p 23].

2) Applications

Application 1 : soit la suite (u_n) définie par $u_0 \in \mathbb{R}$ et pour tout $n \in \mathbb{N}$, $u_{n+1} = \cos(u_n)$. Alors la suite (u_n) est convergente vers l'unique point fixe de la fonction cosinus sur $\mathbb{R}$ [P p 77].

Théorème 6 : le théorème de Cauchy-Lipschitz.

Soit E un $\mathbb{R}-$espace vectoriel normé de dimension finie, U un ouvert de $\mathbb{R} \times E$ et $f : U \longrightarrow E$ une application continue et localement lipschitzienne en la seconde variable au point (t_0, y_0) de U.
Alors l'équation différentielle $y'(t) = f(t, y(t))$ admet au moins une solution locale telle que $y(t_0) = y_0$ [Gx3 p 396].

> ▲ Attention : le théorème de Cauchy-Lipschitz est énoncé ici avec un espace vectoriel normé de dimension finie et non avec un espace de Banach quelconque comme le fait [Gx3].
> En effet, il est bon de prendre les hypothèses les plus utiles : rencontre-t-on souvent des équations différentielles en dimension infinie ?...

Théorème 7 : le théorème d'inversion locale.

Soit E et F deux espaces de Banach, U un ouvert de E et $f \in \mathcal{C}^1(U, F)$. Supposons qu'il existe $a \in U$ tel que $df_a \in GL_c(E, F)$. Alors il existe un voisinage ouvert V de a et un voisinage ouvert W de $f(a)$ tels que
i) $f_{|V} = g$ soit une bijection de V sur W ;
ii) $g^{-1} \in \mathcal{C}^1(W, V)$ `Gdy p 315`.

Théorème 8 : le théorème de Stampacchia.

Soit H un espace de Hilbert réel et $a : H \times H \longrightarrow \mathbb{R}$ une forme bilinéaire continue et cœrcive. Soit K un convexe femé non vide de H et soit enfin $\phi \in H'$. Alors il existe un unique $u \in K$ tel que pour tout $v \in K$, $a(u, v-u) \geqslant \phi(v-u)$.
De plus, si a est symétrique, le point u est caractérisé par :

$$u \in K \text{ et } \frac{1}{2}a(u,u) - \phi(u) = \inf\left\{ \frac{1}{2}a(v,v) - \phi(v) \;\middle|\; v \in K \right\}$$

`Bz p 83`.

C) Cas des espaces compacts

Théorème 9 :

Soit (K, d) un espace métrique compact non vide et $f : K \longrightarrow K$ une application telle que

$$\forall (x,y) \in K^2,\ (x \neq y \implies d(f(x), f(y)) < d(x,y)).$$

Alors f admet un unique point fixe α.
De plus, la suite récurrente (x_n) définie par $x_0 \in K$ et pour tout $n \in \mathbb{N}$, $x_{n+1} = f(x_n)$, converge vers le point fixe α `Gdy p 34`.

Théorème 10 :

Soit E un espace vectoriel normé et K un compact convexe non vide de E. Soit de plus $f : K \longrightarrow K$ une application continue vérifiant, pour tout $(x,y) \in K^2$, $\| f(x) - f(y) \| \leqslant \| x - y \|$. Alors f admet au moins un point fixe `Gdy p 51`.

Théorème 11 : le théorème de Brouwer.

Soit E un espace vectoriel normé de dimension finie et K un compact convexe non vide de E. Soit de plus $f : K \longrightarrow K$ une application continue. Alors f admet au moins un point fixe `P p 79`.

> On signalera oralement que le théorème de Brouwer est simplement donné à titre culturel : on n'est alors pas obligé de connaître, même approximativement, sa démonstration.
> Toutefois, dans le cas de la dimension 1, le théorème de Brouwer devient évident avec le théorème 1 vu initialement.

REMARQUES :

• Le titre de la leçon, notamment le *s* entre parenthèses suggère l'existence de plusieurs théorèmes de point fixe : il ne faut donc pas se limiter au théorème classique des espaces complets. Bien au contraire, on essaiera de varier les domaines étudiés.

QUESTIONS :

• *Soit $\mathcal{E}$ un espace affine euclidien et f une similitude de rapport k différent de 0 et 1. L'application f admet-elle un point fixe ?*

La réponse est oui.

Notons déjà que $\mathcal{E}$ est un espace complet car c'est un espace euclidien.
Comme f est une similitude, on a, pour tout $(a, b) \in \mathcal{E}^2$, $\| f(a) - f(b) \| = k \| a - b \|$.

■ Si $k < 1$, f est une contraction de $\mathcal{E}$: on peut donc lui appliquer le théorème 3 et ainsi, f admet un point fixe.

■ Si $k > 1$, f^{-1} est une contraction de $\mathcal{E}$ (car f^{-1} est une similitude de rapport $\frac{1}{k} < 1$). Ainsi, toujours avec le théorème 3, f^{-1} admet un point fixe α : $f^{-1}(\alpha) = \alpha$.
En composant par f, il vient $\alpha = f(f^{-1}(\alpha)) = f(\alpha)$. Bref, α est un point fixe de f.

• *Soit l'application* $f : [1, +\infty[\longrightarrow \mathbb{R}$, $x \longmapsto \frac{x}{2} + \frac{1}{x}$. *Monter que f admet un unique point fixe.*

Si f possède un point fixe α, celui-ci vérifie alors l'équation $\alpha^2 - 2 = 0$ soit $\alpha = \sqrt{2}$, car on doit avoir $\alpha \in [1, +\infty[$. On vérifie alors que $\sqrt{2}$ est bien un point fixe, et ce qui précède prouve qu'il est unique.

> Cet exercice, très simple, est là uniquement pour montrer qu'il n'est pas forcément utile de chercher à utiliser les théorèmes vus dans la leçon !... Toutefois, on peut montrer, à l'aide du théorème des accroissements finis, que f est $\frac{1}{2}$−lipschitzienne et donc contractante sur $[1, +\infty[$. Le théorème du point fixe de Picard donne alors immédiatement le résultat recherché.

L06 ♣♣♣

Prolongement de fonctions. Exemples.

DÉVELOPPEMENTS : D07 - D11

BIBLIOGRAPHIE : [C] [Gdy] [Gx2] [P] [QZ] [S]

On peut toujours prolonger une fonction donnée, de manière tout à fait arbitraire. On sait par exemple que la fonction Γ d'Euler interpole, à une translation près, la fonction factorielle définie sur $\mathbb{N}$, mais on aurait pu choisir tout autre prolongement... Prolonger devient délicat lorsque l'on impose des conditions sur ce prolongement : par exemple, des conditions sur la continuité, la dérivabilité ou encore l'holomorphie.

A) Prolongement et continuité

1) En un point

Exemple 1 : soit $f : \mathbb{R}^* \longrightarrow \mathbb{R}$, $x \longmapsto \dfrac{\sin x}{x}\cdot$ Alors f, continue sur $\mathbb{R}^*$, se prolonge en une fonction continue sur $\mathbb{R}$, $\hat{f}$, avec $\hat{f}_{|\mathbb{R}^*} = f$ et $\hat{f}(0) = \lim\limits_{\substack{x \to 0 \\ x \neq 0}} f(x) = 1$.

> Comme il est très facile de construire un exemple similaire à celui ci-dessus, aucune référence n'a été donnée...

2) A partir d'un espace fermé : le théorème de Tietze-Urysohn

Théorème 1 :

Soit (E, d) un espace métrique, A un fermé de E et $f : A \longrightarrow \mathbb{R}$ continue et bornée. Alors il existe $g : E \longrightarrow \mathbb{R}$, continue, telle que $g_{|A} = f$ et $\sup\limits_{x \in E} g(x) = \sup\limits_{y \in A} f(y)$ et $\inf\limits_{x \in E} g(x) = \inf\limits_{y \in A} f(y)$ [Gdy p 64].

3) A partir d'un espace dense

Théorème 2 :

Soit E et F des espaces métriques, avec F complet. Soit X une partie de E dense dans E et $f : X \longrightarrow F$ une application uniformément continue. Alors il existe une unique application $g : E \longrightarrow F$ continue telle que $g_{|X} = f$. De plus, g est uniformément continue [Gx2 p 117].

> On pourra signaler oralement les points suivants :
> • Supposer F complet est essentiel : considérer $X = F = \mathbb{Q}$, $E = \mathbb{R}$ et $f = id_{\mathbb{Q}}$;
> • Supposer f uniformément continue est essentiel : considérer $E = \overline{\mathbb{R}}$ muni de sa distance usuelle (type 'arctan'), $X = \mathbb{R}$, $F = \mathbb{R}$ muni de sa distance usuelle et $f = id_{\mathbb{R}}$ [S p 134].

Application 1 : construction de l'intégrale de Riemann des fonctions réglées de $[a, b]$ dans $\mathbb{R}$ [P p 49].

> **Extrait du rapport du jury 1993**
> *Il faut donner des applications du théorème de prolongement, au moins savoir l'appliquer au prolongement d'une fonction uniformément continue sur un intervalle borné ouvert.*

4) Cas des applications linéaires : théorème de Hahn-Banach

Théorème 3 :

Soit E un espace vectoriel normé, F un sous-espace vectoriel de E et $f \in L_c(F, \mathbb{K})$. Alors il existe un prolongement linéaire continu g de f, de norme égale à celle de f [P p 66].

Application 2 : soit F un sous-espace vectoriel de l'espace vectoriel normé E. Alors F est dense dans E si et seulement si toute forme linéaire continue qui s'annule sur F s'annule sur E [P p 67].

B) Prolongement et dérivabilité réelle

1) En un point

Théorème 4 :

Soit E un $\mathbb{R}$−espace de Banach et $F : [a, b[\longrightarrow E$ une application continue, dérivable sur $]a, b[$ telle que $\lim\limits_{x \to a,\, x > a} F'(t)$ existe et vaut ℓ.
Alors F est dérivable en a et $F'(a) = \ell$ [Gdy p 73].

Application 3 : soit $f : \mathbb{R} \longrightarrow \mathbb{R}$ telle que $f(x) = 0$ si $x \leqslant 0$ et $f(x) = e^{-\frac{1}{x}}$ si $x > 0$. Alors f est de classe $\mathcal{C}^\infty$ sur $\mathbb{R}$ [Gdy p 75].

Théorème 5 : le théorème de Borel.

Soit (a_n) une suite de $\mathbb{K}$. Il existe alors une infinité de fonctions $f : \mathbb{R} \longrightarrow \mathbb{K}$ de classe $\mathcal{C}^\infty$ sur $\mathbb{R}$ pour lesquelles : pour tout entier k, $f^{(k)}(0) = a_k$ [C p 110].

2) Polynômes interpolateurs de Lagrange

Théorème 6 :

Soit $n \in \mathbb{N}^*$.
Soit $a_1, \ldots, a_n$ des complexes distincts et $b_1, \ldots, b_n$ des complexes quelconques. Alors, il existe un unique polynôme $P \in \mathbb{C}[X]$ de degré inférieur ou égal à $n - 1$ tel que pour tout entier $i \in [\![1, n]\!]$, $P(a_i) = b_i$ [P p 175].

3) Prolongement des solutions d'équations différentielles : le théorème des bouts

Théorème 7 :

Soit $f :]a, b[\times \mathbb{R}^n \longrightarrow \mathbb{R}^n$ *continue. Soit* (x, J) *une solution maximale de* $y'(t) = f(t, y(t))$ où $J =]\alpha, \beta[$.
Alors, ou bien $\beta = b$ *ou bien* $\beta < b$ *et* $\lim_{t \to \beta,\ t<\beta} \| x(t) \| = +\infty$.
De même, ou bien $\alpha = a$ *ou bien* $\alpha > a$ *et* $\lim_{t \to \alpha,\ t>\alpha} \| x(t) \| = +\infty$ [QZ p 364].

▲ Attention : [QZ] suppose seulement la continuité de f.
Dans ce cas, on sait qu'il existe des solutions maximales de l'équation différentielle $y'(t) = f(t, y(t))$, mais la démonstration de cette existence étant délicate, mieux vaut peut-être simplifier les choses en supposant f de classe $\mathcal{C}^1$.

Application 4 : soit $f :]a, b[\times \mathbb{R}^n \longrightarrow \mathbb{R}^n$ continue et bornée. Alors toute solution maximale de $y'(t) = f(t, y(t))$ est globale [QZ p 366].

C) Prolongement et holomorphie

1) La fonction exponentielle

Exemple 2 : la fonction exponentielle complexe, définie pour tout $z \in \mathbb{C}$ par $\exp(z) = \sum_{n=0}^{\infty} \frac{z^n}{n!}$, est holomorphe sur $\mathbb{C}$ et elle prolonge la fonction exponentielle réelle - celle-ci étant, par définition, la bijection réciproque de la fonction logarithme [Gdy p 240].

2) La fonction Γ d'Euler

Exemple 3 : pour $t > 0$, on définit la fonction Γ d'Euler par

$$\Gamma(t) = \int_0^{+\infty} x^{t-1} \mathrm{e}^{-x} \mathrm{d}x.$$

Alors cette fonction se prolonge en une fonction holomorphe dans l'ouvert $\mathbb{C} \setminus \mathbb{Z}^-$ [QZ p 306].

3) La fonction ζ de Riemann

Exemple 4 : pour $t > 1$, on définit la fonction ζ de Riemann par

$$\zeta(t) = \sum_{n=1}^{\infty} \frac{1}{n^t}.$$

Alors cette fonction se prolonge en une fonction holomorphe dans l'ouvert $\mathbb{C} \setminus \{1\}$ [QZ p 28].

4) Prolongement et séries entières

Théorème 8 :

Soit $\sum a_n z^n$ une série entière de rayon de convergence égal à 1. Notons f la somme de cette série entière sur le disque unité ouvert $\mathfrak{D}$. Notons $\mathfrak{C}$ le cercle unité.
Soit $a \in \mathfrak{C}$: a est dit régulier s'il existe un disque ouvert $\mathfrak{D}_a$ centré en a tel que f admette un prolongement analytique dans $\mathfrak{D} \cup \mathfrak{D}_a$; a est dit singulier si a n'est pas régulier.
Alors, il y a au moins un point singulier sur $\mathfrak{C}$ QZ p 51.

REMARQUES :

• Une des difficultés majeures de cette leçon réside dans l'agencement des exemples et des théorèmes qui peuvent être proposés : l'organisation la plus naturelle, utilisée dans le plan ci-dessus, consiste à mettre en avant les différentes conditions imposées au prolongement.

QUESTIONS :

• *L'égalité $\cos^2 z + \sin^2 z = 1$ est-elle vraie pour tout complexe de $\mathbb{C}$?*

La réponse est oui.

> Tout repose sur le théorème des zéros isolés :
> *Soit f une fonction holomorphe sur un ouvert connexe U, non identiquement nulle. Alors les zéros de f sont isolés.*

Soit donc $f : \mathbb{C} \longrightarrow \mathbb{C}, \ z \longmapsto \cos^2 z + \sin^2 z - 1$.

Bien évidemment, f est holomorphe sur $\mathbb{C}$.
De plus, pour tout réel x, on a $f(x) = 0$.

Par conséquent, d'après le théorème des zéros isolés, f est la fonction identiquement nulle sur $\mathbb{C}$, ce qui se traduit par : pour tout $z \in \mathbb{C}$, $\cos^2 z + \sin^2 z = 1$.

• *Soit $f : \mathbb{R} \longrightarrow \mathbb{R}$ une application continue vérifiant :*

$$(\star) \qquad \forall (x, y) \in \mathbb{R}^2, \ f(x + y) = f(x) + f(y).$$

Donner la forme de f.

Si l'on pose $a = f(1)$, montrons que

$$(\star\star) \qquad \forall x \in \mathbb{R}, \ f(x) = ax.$$

Procédons par étapes :

i) $(\star\star)$ est vraie pour tout $x \in \mathbb{N}$: en effet, comme $f(0) = 0$ (faire $x = y = 0$ dans $(\star)$), une récurrence simple permet de conclure ;

ii) $(\star\star)$ est vraie pour tout $x \in \mathbb{Z}$: il suffit de faire $y = -x$ dans $(\star)$ et d'appliquer *i*) ;

iii) $(\star\star)$ est vraie pour tout $x \in \mathbb{Q}$: soit $x = \frac{p}{q}$, avec $(p, q) \in \mathbb{Z} \times \mathbb{N}^*$. On a $ap = f(p) = f\left(q\frac{p}{q}\right) = qf\left(\frac{p}{q}\right)$ et ainsi $f\left(\frac{p}{q}\right) = \frac{p}{q}a$;

iv) $(\star\star)$ est vraie pour tout $x \in \mathbb{R}$: soit $x \in \mathbb{R}$. Comme $\mathbb{Q}$ est dense dans $\mathbb{R}$, il existe une suite (x_n) de $\mathbb{Q}$ qui converge vers x : d'après *iii*), pour tout entier n, $f(x_n) = ax_n$.

La continuité de f donne ainsi $f(x) = \lim_{n \to \infty} f(x_n) = \lim_{n \to \infty} ax_n = ax$.

L07 ♣ ♣

Utilisation de la continuité uniforme en analyse.

DÉVELOPPEMENTS : D02 - D07 - D12

BIBLIOGRAPHIE : [Gdy] [Gx2] [P] [Pr3] [QZ] [S]

Citons le théorème de Heine qui est à la base de la majeure partie des théorèmes ci-après :

> *Soit (E, d) et (F, δ) deux espaces métriques et $f : E \longrightarrow F$ une application continue. Si E est compact alors f est uniformément continue* [Gdy p 31].

A) Quelques applications en intégration

1) Etude de la régularité des intégrales simples à paramètre

Théorème 1 : un théorème de continuité.

> *Soit (E, d) un espace métrique et F un $\mathbb{R}$–espace de Banach.*
> *Soit $f : [a, b] \times E \longrightarrow F$ une application continue.*
> *Alors $\Theta : E \longrightarrow F$, $x \longmapsto \Theta(x) = \int_a^b f(t, x)\,dt$ est une application continue sur E* [Gdy p 157].

Théorème 2 : un théorème de dérivabilité.

> *Soit I un intervalle de $\mathbb{R}$ et F un $\mathbb{R}$–espace de Banach.*
> *Soit $f : [a, b] \times I \longrightarrow F$, $(t, x) \longmapsto f(t, x)$ une application continue telle que l'application $\dfrac{\partial f}{\partial x}$ existe et soit continue sur $[a, b] \times I$.*
> *Alors $\Theta : I \longrightarrow F$, $x \longmapsto \Theta(x) = \int_a^b f(t, x)\,dt$ est une application de classe $\mathcal{C}^1$ sur I telle que pour tout $x \in I$, $\Theta'(x) = \int_a^b \dfrac{\partial f}{\partial x}(t, x)\,dt$* [Gdy p 158].

> ▲ Attention : dans [Gdy], il manque l'hypothèse de continuité sur f.

Application 1 : soit $f \in \mathcal{C}^\infty(\mathbb{R}, \mathbb{R})$. On définit alors l'application $g : \mathbb{R}^2 \longrightarrow \mathbb{R}$ telle que si $x \neq y$, $g(x, y) = \dfrac{f(x) - f(y)}{x - y}$ et $g(x, x) = f'(x)$. Alors $g \in \mathcal{C}^\infty(\mathbb{R}^2, \mathbb{R})$ [Gdy p 307].

> ▲ Attention : [Gdy] étudie le cas où f est simplement supposé de classe $\mathcal{C}^2$ mais la généralisation à f de classe $\mathcal{C}^\infty$ est évidemment immédiate.

2) Etude du comportement aux bornes

Théorème 3 :

Soit $f : \mathbb{R}^+ \longrightarrow \mathbb{R}$ *une application uniformément continue telle que l'intégrale* $\displaystyle\int_0^{+\infty} f(x)\,\mathrm{d}x$ *converge. Alors* $\displaystyle\lim_{x\to+\infty} f(x) = 0$ `Gdy p 148`.

> Bien évidemment, ce théorème est faux si l'on suppose seulement f continue...

Application 2 :

Soit $f \in \mathcal{C}^1(\mathbb{R}^+, \mathbb{R})$ *une application telle que les intégrales* $\displaystyle\int_0^{+\infty} f(x)\,\mathrm{d}x$ *et de* $\displaystyle\int_0^{+\infty} (f'(x))^2\,\mathrm{d}x$ *convergent. Alors* $\displaystyle\lim_{x\to+\infty} f(x) = 0$ `P p 154`.

B) Des théorèmes d'approximation

1) A partir des fonctions en escalier

Théorème 4 :

L'ensemble des fonctions en escalier d'un segment $[a, b]$ *dans* $\mathbb{R}$ *est dense dans l'ensemble des fonctions continues de* $[a, b]$ *dans* $\mathbb{R}$ `Pr3 p 84`.

Application 3 : le lemme de Riemann-Lebesgue.

Soit $f \in \mathcal{C}([a, b], \mathbb{R})$ *alors* $\displaystyle\lim_{n\to\infty} \int_a^b f(t)\cos(nt)\,\mathrm{d}t = 0$ `Pr3 p 175`.

2) A partir des polynômes

Théorème 5 : les polynômes d'approximation de Bernstein.

Soit $f : [0, 1] \longrightarrow \mathbb{C}$ *une application continue. On définit, pour* $n \in \mathbb{N}$, *les fonctions polynômes*

$$B_n(f) : [0,1] \longrightarrow \mathbb{C},\ x \longmapsto \sum_{k=0}^{n} \mathrm{C}_n^k f\left(\frac{k}{n}\right) x^k (1-x)^{n-k}$$

Alors la suite de fonctions $(B_n(f))_{n\in\mathbb{N}}$ *converge uniformément vers* f *sur* $[0, 1]$ `Gdy p 230`.

> ▲ Attention : dans `Gdy`, les polynômes de Bernstein sont mal définis.

Théorème 6 : le théorème de Weierstrass.

Soit $f \in \mathcal{C}([a, b], \mathbb{C})$. *Alors* f *est limite uniforme sur* $[a, b]$ *d'une suite de fonctions polynômes* `Gdy p 225`.

Application 4 : le premier théorème des moments.

Soit $f : [0,1] \longrightarrow \mathbb{C}$ une application continue telle que pour tout $n \in \mathbb{N}$, $\int_0^1 f(t)t^n \, dt = 0$. Alors f est la fonction nulle [Gdy p 281].

3) A partir des polynômes trigonométriques

Théorème 7 : le théorème de Féjer.

Soit $f : \mathbb{R} \longrightarrow \mathbb{C}$ une application continue 2π-périodique.
Posons, pour $n \in \mathbb{N}^*$, $\sigma_n(f) = \frac{1}{n}\sum_{k=0}^{n-1} S_k(f)$, où, pour tout $(k,j) \in \mathbb{N} \times \mathbb{Z}$,

$$S_k(f) = \sum_{j=-k}^{k} c_j(f)e_j, \quad e_j : \mathbb{R} \longrightarrow \mathbb{C}, \ x \longmapsto \exp(ijx)$$

et $c_j(f)$ désigne le j-ème coefficient de Fourier.
Alors la suite de fonctions $(\sigma_n(f))$ converge uniformément vers f sur $\mathbb{R}$ [QZ p 81].

Application 5 : l'ensemble des polynômes trigonométriques est dense dans l'ensemble des fonctions de $\mathbb{R}$ dans $\mathbb{C}$, continues et 2π-périodiques [QZ p 83].

Application 6 : on peut déduire du théorème 7 une nouvelle démonstration du théorème de Weierstrass [QZ p 83].

> On pourra signaler oralement que la convolution, outil utilisé dans la démonstration du théorème de Féjer, peut être à l'origine d'une nouvelle démonstration du théorème de Weierstrass [Gdy p 279].

C) Un théorème de prolongement

Théorème 8 :

Soit E et F des espaces métriques, avec F complet. Soit X une partie de E dense dans E et $f : X \longrightarrow F$ une application uniformément continue. Alors il existe une unique application $g : E \longrightarrow F$ continue telle que $g_{|X} = f$. De plus, g est uniformément continue [Gx2 p 117].

> On pourra signaler les points suivants :
> - Supposer F complet est essentiel : considérer $X = F = \mathbb{Q}$, $E = \mathbb{R}$ et $f = id_{\mathbb{Q}}$;
> - Supposer f uniformément continue est essentiel : considérer $E = \overline{\mathbb{R}}$ muni de sa distance usuelle (type 'arctan'), $X = \mathbb{R}$, $F = \mathbb{R}$ muni de sa distance usuelle et $f = id_{\mathbb{R}}$ [S p 134].

Application 7 : construction de l'intégrale de Riemann des fonctions réglées de $[a,b]$ dans $\mathbb{R}$ [P p 49].

Extrait du rapport du jury 1993

Il faut donner des applications du théorème de prolongement, au moins savoir l'appliquer au prolongement d'une fonction uniformément continue sur un intervalle borné ouvert.

REMARQUES :

• L'essentiel du plan est quasiment donné par P p 49. Peut-être est-il bon de s'en souvenir !...

QUESTIONS :

• *Soit* (u_n) *et* (v_n) *deux suites à termes positifs. Etudier les implications entre*
i) $\lim\limits_{n\to\infty} u_n - v_n = 0$;
ii) $\lim\limits_{n\to\infty} \sqrt{u_n} - \sqrt{v_n} = 0$.

■ Montrons que *i)* $\Longrightarrow$ *ii)*.

Cette implication sera évidemment démontrée dès que l'on aura prouvé que la fonction $\sqrt{\ }$ est uniformément continue sur $\mathbb{R}^+$.

Soit $\varepsilon > 0$.

Par le théorème de Heine, $\sqrt{\ }$ est uniformément continue sur le compact $[0,1]$. Il existe donc $\eta_1 > 0$ tel que pour tout $(x,y) \in [0,1]^2$,

$$\left(|x-y| < \eta \Longrightarrow |\sqrt{x} - \sqrt{y}| < \frac{\varepsilon}{2}\right).$$

De plus, d'après le théorème des accroissements finis, la fonction *racine* est $\frac{1}{2}$–lipschitzienne sur $[1,+\infty[$. Il existe donc $\eta_2 > 0$ tel que

$$\forall (x,y) \in [1,+\infty[^2, \quad \left(|x-y| < \eta_2 \Longrightarrow |\sqrt{x} - \sqrt{y}| < \frac{\varepsilon}{2}\right).$$

Posons $\eta = \min\{\eta_1, \eta_2\}$. Soit alors $(x,y) \in \mathbb{R}^{+2}$.

Montrons que

(1) $$|x-y| < \eta \Longrightarrow |\sqrt{x} - \sqrt{y}| < \varepsilon.$$

a) Si $(x,y) \in [0,1]^2$ ou si $(x,y) \in [1,+\infty[^2$ alors, d'après l'étude précédente, (1) est vraie.

b) Examinons alors le cas où x et y sont de part et d'autre de 1 : soit donc $x \leqslant 1 \leqslant y$ tels que $|x-y| < \eta$. Alors on a $|x-1| < \eta \leqslant \eta_1$ et $|y-1| < \eta \leqslant \eta_2$.

Ainsi $|\sqrt{x} - \sqrt{y}| \leqslant |\sqrt{x} - \sqrt{1}| + |\sqrt{1} - \sqrt{y}| < \frac{\varepsilon}{2} + \frac{\varepsilon}{2} = \varepsilon$, ce qui permet de conclure.

■ Montrons que l'implication $ii) \Longrightarrow i)$ est fausse.

> Il suffit donc de trouver un contre-exemple.

Soit, pour $n \in \mathbb{N}$, $u_n = n+1$ et $v_n = n$.
Alors $u_n - v_n = 1$ et $\sqrt{u_n} - \sqrt{v_n} \underset{n\to\infty}{\sim} \dfrac{1}{2\sqrt{n}}$.

Ainsi, $ii)$ est vraie alors que $i)$ ne l'est pas.

> En fait, ceci provient du fait que la fonction $f : \mathbb{R}^+ \longrightarrow \mathbb{R}$, $x \longmapsto x^2$ n'est pas uniformément continue sur $\mathbb{R}^+$.

• *Soit $f : \mathbb{R}^+ \longrightarrow \mathbb{R}$ est une application uniformément continue.*
Montrer qu'il existe deux réels positifs a et b tels que pour tout $x \geqslant 0$, $|f(x)| \leqslant ax+b$.

Comme f est uniformément continue, il existe $\eta > 0$ tel que

$$\forall (x,y) \in (\mathbb{R}^+)^2, \ \big(|x-y| < \eta \Longrightarrow |f(x) - f(y)| < 1\big).$$

Soit alors $x \in \mathbb{R}^+$.
Posons $n = E\left(\dfrac{x}{\eta}\right)$. Alors on a

$$|f(x) - f(0)| \leqslant |f(x) - f(n\eta)| + \sum_{k=1}^{n} |f(k\eta) - f((k-1)\eta)| < 1 + n$$

et ainsi $|f(x)| \leqslant ax + b$ où $a = \dfrac{1}{\eta}$ et $b = |f(0)| + 1$.

> On peut par exemple montrer, à partir de cette majoration, que la fonction $f : \mathbb{R}^+ \longrightarrow \mathbb{R}$, $x \longmapsto x^2$ n'est pas uniformément continue sur $\mathbb{R}^+$.
>
> **Extrait du rapport du jury 1994**
>
> *...beaucoup de candidats sont incapables de résoudre les exercices les plus simples sur le comportement à l'infini des fonctions uniformément continues...*

L08 ♣♣♣

Utilisation de la dénombrabilité en analyse.

DÉVELOPPEMENTS : D04 - D13

BIBLIOGRAPHIE : [AF2] [BBR] [Gdy] [Gx3] [LS4] [P] [QZ]

> En introduction, on rappellera oralement l'importance de $\mathbb{N}$ comme prototype d'ensemble dénombrable.
> D'autre part, tous les espaces cités seront des espaces métriques.

A) Dénombrabilité et topologie

1) Caractérisation des ouverts de $\mathbb{R}$

Théorème 1 :

Tout ouvert de $\mathbb{R}$ est une réunion dénombrable d'intervalles ouverts disjoints de $\mathbb{R}$ [P p 24].

2) Adhérence

Théorème 2 :

Le point a de l'espace métrique E est adhérent à la partie A de E si et seulement si a est la limite d'une suite de points de A [P p 34].

Théorème 3 :

La partie A de l'espace E est dense dans E si et seulement si tout point de E est limite d'une suite de points de A [P p 36].

Exemple 1 : $\mathbb{Q}$ et $\mathbb{R} \setminus \mathbb{Q}$ sont denses dans $\mathbb{R}$ [P p 36].

Exemple 2 : $GL_n(\mathbb{R})$ est dense dans $M_n(\mathbb{R})$ [P p 36].

Exemple 3 : l'ensemble des matrices à coefficients complexes ayant n valeurs propres distinctes est dense dans $M_n(\mathbb{C})$ [P p 36].

Exemple 4 : le théorème de Weierstrass.

Toute application continue de $[a, b]$ dans $\mathbb{R}$ est la limite uniforme d'une suite de fonctions polynômes définies sur $\mathbb{R}$ à coefficients réels [Gdy p 225].

Application 1 : le théorème de Müntz.

Soit $H = L^2([0,1])$. Soit $(a_n)_{n\in\mathbb{N}^*}$ une suite strictement croissante de réels strictement positifs. Alors $\langle x \longmapsto x^{a_n}\rangle_{n\in\mathbb{N}^*}$ est une famille totale de $(H, \| \ \|_2)$ si et seulement si la série $\sum \frac{1}{a_n}$ diverge [Gdy p 286].

3) Compacité

Théorème 4 : le théorème de Bolzano-Weierstrass.

Soit E un espace métrique. Alors E est compact si et seulement si de toute suite de E, on peut extraire une sous-suite convergente [P p 53].

Application 2 : tout espace métrique compact (F, d) est homéomorphe à un sous-espace de $([0,1]^{\mathbb{N}}, \delta)$ où δ est la distance définie par $\delta(x,y) = \sum_{n \geqslant 0} \frac{|x_n - y_n|}{2^{n+1}}$, $x = (x_n)$ et $y = (y_n)$ étant deux éléments de $[0,1]^{\mathbb{N}}$ [LS4 p 93].

B) Le théorème de Baire

Théorème 5 :

Soit E un espace métrique complet. Alors toute intersection dénombrable d'ouverts denses dans E est dense dans E [Gdy p 391].

> Oralement, on citera l'énoncé dual : si E est un espace complet, alors toute réunion dénombrable de fermés d'intérieur vide de E est d'intérieur vide dans E.

Application 3 : un espace vectoriel normé à base dénombrable n'est jamais complet [Gdy p 393].

Application 4 : le théorème de Sunyer y Balaguer.

Soit $f : \mathbb{R} \longrightarrow \mathbb{R}$ une application de classe $\mathcal{C}^\infty$ telle que pour tout $x \in \mathbb{R}$, il existe $n_x \in \mathbb{N}$ tel que $f^{(n_x)}(x) = 0$. Alors f est une fonction polynôme sur $\mathbb{R}$ [Gdy p 396].

C) Dénombrabilité et continuité

1) Caractérisation de la continuité

Théorème 6 :

Soit une application $f : E \longrightarrow F$; f est continue au point a de E si et seulement si pour toute suite (a_n) de points de E de limite a, la suite $(f(a_n))$ est convergente [P p 39].

2) Négation de la continuité uniforme

Proposition 1 :

Soit (E,d) et (F,δ) deux espaces métriques.
Soit une application $f : E \longrightarrow F$; f n'est pas uniformément continue si et seulement si il existe deux suites (x_n) et (y_n) telles que $\lim_{n \to \infty} d(x_n, y_n) = 0$ et telles que la suite $(\delta(f(x_n, y_n))$ ne converge pas vers 0 [P p 59].

Exemple 5 : l'application $f : \mathbb{R} \longrightarrow \mathbb{R}$, $x \longmapsto \sin(x^2)$ n'est pas uniformément continue [P p 59].

Application 5 : le théorème de Heine.

Soit E et F deux espaces métriques et $f : E \longrightarrow F$ une application continue. Si E est compact alors f est uniformément continue [P p 60].

3) Un critère de convexité

Proposition 2 :

Soit $f : [a,b] \longrightarrow \mathbb{R}$ une application semi-convexe - c'est-à-dire telle que pour tous $x,\ y \in [a,b]$, $f\left(\dfrac{x+y}{2}\right) \leqslant \dfrac{f(x)+f(y)}{2}$ - et bornée, alors f est convexe sur $[a,b]$ [BBR p 79].

> ▲ Attention : la dénombrabilité n'étant pas clairement apparente dans l'énoncé de cette proposition, on gardera à l'esprit le schéma de la démonstration.

D) Construction d'objets mathématiques

1) Deux théorèmes de point fixe

Théorème 7 : le théorème du point fixe de Picard

Soit (E,d) un espace métrique complet et $f : E \longrightarrow E$ une application contractante. Alors la suite récurrente (x_n) définie par $x_0 \in E$ et pour tout $n \in \mathbb{N}$, $x_{n+1} = f(x_n)$, converge vers l'unique point fixe de f [P p 76].

> Ici, on insistera beaucoup plus sur la convergence de la suite récurrente que sur l'existence et l'unicité du point fixe de f.

Théorème 8 :

Soit (E,d) un espace métrique compact et $f : E \longrightarrow E$ une application telle que pour tout $(x,y) \in E^2$ avec $x \neq y$, $d(f(x),f(y)) < d(x,y)$. Alors la suite récurrente (x_n) définie par $x_0 \in E$ et pour tout $n \in \mathbb{N}$, $x_{n+1} = f(x_n)$, converge vers l'unique point fixe de f [Gdy p 34].

Application 6 : le théorème de Cauchy-Lipschitz linéaire.

Soit E un $\mathbb{K}$−espace vectoriel normé de dimension finie et I un intervalle ouvert non vide de $\mathbb{R}$. Soit de plus $a \in \mathcal{C}(I, L(E))$ et $b \in \mathcal{C}(I,E)$.
Soit enfin $(t_0, y_0) \in I \times E$.
Alors l'équation différentielle linéaire $y'(t) = a(t)(y(t)) + b(t)$ possède une unique solution définie sur I et de donnée initiale (t_0, y_0) [Gx3 p 402].

2) Le théorème de projection sur un convexe fermé non vide d'un espace de Hilbert

Théorème 9 :

Soit K un convexe fermé non vide de l'espace de Hilbert H et $x \in H$. Alors il existe un unique $p_K(x) \in K$ tel que $\| x - p_K(x) \| = d(x,K)$ [QZ p 210].

> Oralement, on précisera que le point $p_K(x)$ est obtenu comme limite d'une certaine suite de Cauchy de l'espace complet K.
> Il est donc bon d'avoir à l'esprit le principe de la démonstration de ce théorème.

3) La constante γ d'Euler

Proposition 3 : pour $n \in \mathbb{N}^*$, on pose $u_n = \left(\sum_{k=1}^{n} \frac{1}{k}\right) - \log n$. Alors la suite (u_n) est convergente et sa limite est appelée constante γ d'Euler [AF2 p 450].

4) Deux fonctions classiques

Proposition 4 : pour $s > 1$, la suite $\left(\sum_{k=1}^{n} \frac{1}{k^s}\right)_{n\in\mathbb{N}^*}$ est convergente. Sa limite est notée $\zeta(s)$ [Gdy p 278].

Proposition 5 : pour tout complexe z, la suite $\left(\sum_{k=0}^{n} \frac{z^k}{k!}\right)_{n\in\mathbb{N}}$ est convergente. Sa limite est notée $\exp(z)$ [Gdy p 240].

REMARQUES :

• Cette leçon est difficile. En effet, il faut s'efforcer de faire apparaître la notion de dénombrabilité lors de chaque énoncé. Aussi les suites tiennent-elles une place essentielle dans cette leçon.

QUESTIONS :

• *Un élément x de $\mathbb{C}$ est dit algébrique s'il existe un polynôme P à coefficients dans $\mathbb{Z}$ tel que $P(x) = 0$. Soit $\mathcal{A}$ l'ensemble des éléments algébriques de $\mathbb{C}$. Montrer que $\mathcal{A}$ est un ensemble dénombrable.*

Soit $P = \sum_{k=0}^{n} a_k X^k$ un polynôme à coefficients entiers. Notons $R(a_0, \ldots, a_n)$ l'ensemble des racines de P : $R(a_0, \ldots, a_n)$ est donc un ensemble fini de cardinal inférieur ou égal à n. D'autre part, il est clair que

$$\mathcal{A} = \bigcup_{n\in\mathbb{N}^*} \bigcup_{(a_0,\ldots,a_n)\in\mathbb{Z}^{n+1}} R(a_0, \ldots, a_n).$$

Ainsi, $\mathcal{A}$ est dénombrable comme réunion dénombrable d'ensembles finis.

• *Soit* $f : [a,b] \longrightarrow \mathbb{R}$ *une application continue telle que pour tout entier* n, $\int_a^b t^n f(t)\,\mathrm{d}t = 0$. *Que peut-on dire de* f *?*

On va montrer que l'application f est identiquement nulle sur $[a,b]$.

Soit $\varepsilon > 0$. D'après le théorème de Weierstrass, il existe un polynôme $P = \sum_{k=0}^{n} b_k X^k \in \mathbb{R}[X]$ tel que $\| f - P \|_\infty \leqslant \varepsilon$. Par hypothèse sur f, on a alors $\int_a^b P(t)f(t)\,\mathrm{d}t = \sum_{k=0}^{n} b_k \int_a^b t^k f(t)\,\mathrm{d}t = 0$. On en déduit donc que

$$\int_a^b (f(t))^2\,\mathrm{d}t = \int_a^b f(t)(f(t)-P(t))\,\mathrm{d}t + \int_a^b f(t)P(t)\,\mathrm{d}t = \int_a^b f(t)(f(t)-P(t))\,\mathrm{d}t.$$

L'application f, continue sur le compact $[a,b]$, est bornée sur $[a,b]$, et ainsi $\| f \|_\infty < +\infty$. On obtient donc

$$0 \leqslant \int_a^b (f(t))^2\,\mathrm{d}t \leqslant \int_a^b | f(t) | | f(t) - P(t) |\,\mathrm{d}t \leqslant \varepsilon \| f \|_\infty.$$

Finalement, l'encadrement précédent étant vrai pour tout $\varepsilon > 0$, il vient $\int_a^b (f(t))^2\,\mathrm{d}t = 0$. Mais l'application $t \longmapsto (f(t))^2$ est continue et positive sur $[a,b]$, c'est donc l'application nulle.
On en conclut bien que $f = 0$.

Le résultat ci-dessus est connu sous le nom de premier théorème des moments.

L09 ♣ ♣ ♣

Utilisation de la notion de partie dense en analyse.

DÉVELOPPEMENTS : D07 - D13

BIBLIOGRAPHIE : [B] [BBR] [CMOS1] [Gdy] [Gx2] [LS4] [MCDT] [P] [QZ] [S]

A) Utilisation de parties denses de $\mathbb{R}$

1) Densité de $\mathbb{Q}$ dans $\mathbb{R}$

Exemple 1 : soit $g : \mathbb{R} \longrightarrow \mathbb{R}$ une fonction continue telle que pour tous $x,\ y \in \mathbb{R}$, $g(x+y)+g(x-y) = 2(g(x)+g(y))$.
Alors pour tout $x \in \mathbb{R}$, $g(x) = ax^2$, où $a \in \mathbb{R}$ [CMOS1 p 145].

Exemple 2 : soit $f : [a,b] \longrightarrow \mathbb{R}$ une application semi-convexe - c'est-à-dire telle que pour tous $x,\ y \in [a,b]$, $f\left(\dfrac{x+y}{2}\right) \leqslant \dfrac{f(x)+f(y)}{2}$ - et bornée, alors f est convexe sur $[a,b]$ [BBR p 79].

2) Densité de $\mathbb{Z} + 2\pi\mathbb{Z}$ dans $\mathbb{R}$

Exemple 3 : l'ensemble des valeurs d'adhérence de la suite (u_n) définie par $u_n = \cos n$ est exactement le segment $[-1, 1]$ [MCDT p 51].

Exemple 4 : soit A et B deux parties d'un espace vectoriel normé.
Alors, si A est compacte et B est fermée, $A+B$ est fermée. Le résultat ne subsiste plus si l'on suppose seulement A fermée [Gdy p 51].

B) Utilisation du théorème de Weierstrass

1) Premier théorème des moments

Théorème 1 :

> *Soit $f : [0,1] \longrightarrow \mathbb{C}$ une application continue telle que pour tout $n \in \mathbb{N}$, $\displaystyle\int_0^1 f(t)t^n\,\mathrm{d}t = 0$. Alors f est la fonction nulle* [Gdy p 281].

Application 1 :

> *Soit $f : \mathbb{R}^+ \longrightarrow \mathbb{C}$ une application continue telle que l'intégrale $\displaystyle\int_0^{+\infty} f(t)\,\mathrm{d}t$ converge et telle que pour tout entier n, $\displaystyle\int_0^{+\infty} f(t)\mathrm{e}^{-nt}\,\mathrm{d}t = 0$. Alors f est la fonction nulle* [Gdy p 281].

2) Théorème de Müntz

Théorème 2 :

Soit (α_n) une suite à termes positifs, stictement croissante avec $\alpha_0 = 0$ et telle que $\lim_{n\to\infty} \alpha_n > 1$. Alors $\langle x \longmapsto x^{\alpha_n} \rangle_{n\in\mathbb{N}}$ est dense dans $\mathcal{C}^1([0,1],\mathbb{R})$ muni de $\|\ \|_\infty$ si et seulement si la série $\sum \frac{1}{\alpha_n}$ diverge [Gdy p 286].

3) Théorème de Weyl

Théorème 3 :

Soit $\alpha \in \mathbb{R} \setminus \mathbb{Q}$ et $f \in \mathcal{C}(\mathbb{R},\mathbb{C})$, 2π-périodique. Alors

$$\lim_{n\to\infty} \frac{1}{n}\sum_{k=1}^{n} f(2\pi k\alpha) = \frac{1}{2\pi}\int_0^{2\pi} f(t)\,\mathrm{d}t$$

[Gdy p 283].

Application 2 : si $\alpha \in \mathbb{R} \setminus \mathbb{Q}$, alors l'ensemble $\{n\alpha - E(n\alpha), n \in \mathbb{N}\}$ est dense dans $[0,1]$ [Gdy p 283].

C) Théorème du prolongement

Théorème 4 :

Soit E et F des espaces métriques, avec F complet. Soit X une partie de E dense dans E et $f : X \longrightarrow F$ une application uniformément continue. Alors il existe une unique application $g : E \longrightarrow F$ continue telle que $g_{|X} = f$. De plus, g est uniformément continue [Gx2 p 117].

On pourra signaler oramement les points suivants :
- Supposer F complet est essentiel : considérer $X = F = \mathbb{Q}$, $E = \mathbb{R}$ et $f = id_{\mathbb{Q}}$;
- Supposer f uniformément continue est essentiel : considérer $E = \overline{\mathbb{R}}$ muni de sa distance usuelle (type 'arctan'), $X = \mathbb{R}$, $F = \mathbb{R}$ muni de sa distance usuelle et $f = id_{\mathbb{R}}$ [S p 134].

Application 3 : construction de l'intégrale de Riemann des fonctions réglées de $[a,b]$ dans $\mathbb{R}$ [P p 49].

D) Théorème de Baire

Théorème 5 :

Soit (E,d) un espace métrique complet et (O_n) une suite d'ouverts denses dans E, alors $\bigcap_{n\in\mathbb{N}} O_n$ est dense dans E : on dit que E est un espace de Baire [Gdy p 391].

Application 4 : soit $f : \mathbb{R} \longrightarrow \mathbb{R}$ une application dérivable sur $\mathbb{R}$, alors l'application dérivée f' est continue sur un sous-ensemble dense de $\mathbb{R}$ [Gdy p 393].

Application 5 : le théorème de Sunyer y Balaguer.

Soit $f : \mathbb{R} \longrightarrow \mathbb{R}$ une application de classe $\mathcal{C}^\infty$ telle que pour tout $x \in \mathbb{R}$, il existe $n_x \in \mathbb{N}$ tel que $f^{(n_x)}(x) = 0$. Alors f est une fonction polynôme sur $\mathbb{R}$ [Gdy p 396].

E) Autres utilisations

1) Egalité de Parseval et séries de Fourier

Théorème 6 :

Soit $f \in L^2_{2\pi}$ alors

$$\sum_{n=-\infty}^{+\infty} |c_n(f)|^2 = \| f \|_2^2 = \frac{1}{2\pi} \int_0^{2\pi} |f(t)|^2 \mathrm{d}t,$$

où $(c_n(f))_{n \in \mathbb{Z}}$ représente la suite des coefficients de Fourier de f [QZ p 83].

Application 6 : soit $f \in L^1_{2\pi}$ alors $\lim_{n \to \pm\infty} c_n(f) = 0$ [QZ p 72].

▲ Attention : la référence proposée est là, uniquement pour l'énoncé. En effet, la démonstration de [QZ] n'utilise pas la densité de $L^2_{2\pi}$ dans $L^1_{2\pi}$, ce qui est-sous entendu au moment de cette application. Toutefois, [QZ] utilisant une partie totale de $L^1_{2\pi}$, c'est-à-dire un argument de densité, on pourra proposer cet exemple sans le présenter comme une application de l'égalité de Parseval.

2) Dualité

Exemple 5 : l'espace $(\ell^1)'$ est homéomorphe à l'espace ℓ^∞ [LS4 p 122].

3) Théorème d'Ascoli

Théorème 7 :

Soit K un métrique compact, séparable.
Alors une partie H de $\mathcal{C}(K, \mathbb{R})$ est relativement compacte si et seulement si H est bornée et équicontinue [B p 86].

▲ Attention : l'énoncé proposé par [B] n'utilise pas un espace métrique compact séparable, aussi sa démonstration ne fait-elle appel à aucun ensemble dense. Le fait de rajouter cette hypothèse sur le compact va alors donner lieu à une démonstration basée sur la densité.

Application 7 : le théorème de Cauchy-Arzela.

Soit $f : \mathbb{R} \times \mathbb{R}^n \longrightarrow \mathbb{R}^n$ une application continue. Alors, pour tout point $(t_0, x_0) \in \mathbb{R} \times \mathbb{R}^n$, il existe une solution de l'équation $y'(t) = f(t, y(t))$ telle que $y(t_0) = x(t_0)$ [QZ p 352].

REMARQUES :

• C'est une leçon relativement difficile, car il faut recenser les différents exercices, théorèmes... mettant en jeu la notion de densité. Attention : il ne s'agit en aucun cas de proposer ici une liste d'ensembles denses. L'essentiel est de bien montrer les utilisations possibles de ces ensembles. Pour chaque proposition, il est donc préférable de savoir quel ensemble dense intervient.

• Afin d'alléger un peu le plan proposé, qui est tout de même long, on peut supprimer quelques applications.

QUESTIONS :

• *Soit* $f \in \mathcal{C}(\mathbb{R}, \mathbb{R})$ *une application admettant* 1 *et* $\sqrt{2}$ *comme périodes. Que peut-on dire de* f *?*

Montrons que f est constante (égale à $f(0)$).

Posons $G = \mathbb{Z} + \sqrt{2}\mathbb{Z}$: on sait que G est un sous-groupe additif de $\mathbb{R}$, dense dans $\mathbb{R}$.
Soit $x \in \mathbb{R}$: il existe donc une suite (x_n) de G telle que $\lim\limits_{n\to\infty} x_n = x$.
Ecrivons, pour tout entier n, $x_n = p_n + \sqrt{2}q_n$ où $(p_n, q_n) \in \mathbb{Z}^2$. On a alors $f(x_n) = f(p_n + \sqrt{2}q_n)$, et par 1−périodicité, puis par $\sqrt{2}$−périodicité de f, il vient $f(x_n) = f(0)$.
L'application f étant continue, on obtient finalement $f(x) = \lim\limits_{n\to\infty} f(x_n) = f(0)$.

• *Soit* $E = \mathcal{C}([0,1], \mathbb{R})$, $g \in E$ *et* $\Phi : (E, \|\ \|_\infty) \longrightarrow (\mathbb{R}, |\ |)$, $f \longmapsto \displaystyle\int_0^1 f(t)g(t)\,dt$.
Déterminer $\| \Phi \|_{\mathrm{L}}$ *dans les cas suivants :*
i) $g \geqslant 0$ *;*
ii) g *polynomiale ;*
iii) g *quelconque.*

---

i) Premier cas : $g \geqslant 0$.

Pour $f \in E$, on a $|\Phi(f)| \leqslant \|f\|_\infty \displaystyle\int_0^1 g(t)\,dt$ donc Φ est continue et de plus

$$\| \Phi \|_{\mathrm{L}} \leqslant \int_0^1 g(t)\,dt = \| g \|_1 .$$

Prenons la fonction test $f(t) = 1$ pour tout $t \in [0,1]$.
Il vient $|\Phi(f)| = \| g \|_1 \leqslant \| \Phi \|_{\mathrm{L}} \| f \|_\infty = \| \Phi \|_{\mathrm{L}}$.
Bref, $\| \Phi \|_{\mathrm{L}} = \| g \|_1$.

ii) Deuxième cas : g polynomiale.

Il est clair qu'on a toujours $\| \Phi \|_{\mathrm{L}} \leqslant \| g \|_1$.

> Pour établir l'égalité, on aimerait prendre la fonction test f égale au signe de g, c'est-à-dire $f(t) = 1$ si $g(t) \geqslant 0$ et $f(t) = -1$ si $g(t) < 0$, comme ceci on aurait $| \Phi(f) | = \| g \|_1 \leqslant \| \Phi \|_{\mathrm{L}} \| f \|_\infty = \| \Phi \|_{\mathrm{L}}$. Mais ce choix n'est pas autorisé car f n'est pas continue : aussi va-t-on lisser cette fonction signe afin de se rapprocher de la configuration idéale vue ci-dessus.

Notons $x_1 < \ldots < x_k$ les zéros de g. Dans un premier temps, nous supposerons que ni 0, ni 1 ne sont racines de g.
Posons alors $x_0 = 0$ et $x_{k+1} = 1$.
Soit $d = \inf\{ x_{i+1} - x_i \mid i \in [\![0, k]\!] \}$ et $N \in \mathbb{N}$ tel que $\dfrac{1}{N} \leqslant \dfrac{d}{3}$.
Pour $n \in \mathbb{N}$, $n \geqslant N$, on définit alors les fonctions f_n de E par :
a) pour tout $i \in [\![0, k]\!]$, sur $\left[x_i + \dfrac{1}{n}, x_{i+1} - \dfrac{1}{n}\right] = J_i$, f_n vaut 1 si $g > 0$ sur J_i, -1 si $g < 0$ sur J_i ;
b) sur $\left[0, \dfrac{1}{n}\right]$, f_n est constante, égale à $f_n\left(\dfrac{1}{n}\right)$; de même, sur $\left[1 - \dfrac{1}{n}, 1\right]$, f_n est constante égale à $f_n\left(1 - \dfrac{1}{n}\right)$;
c) pour tout $i \in [\![0, k]\!]$, sur $\left[x_i - \dfrac{1}{n}, x_i + \dfrac{1}{n}\right]$, f_n est affine par morceaux de telle sorte que $f_n \in E$.

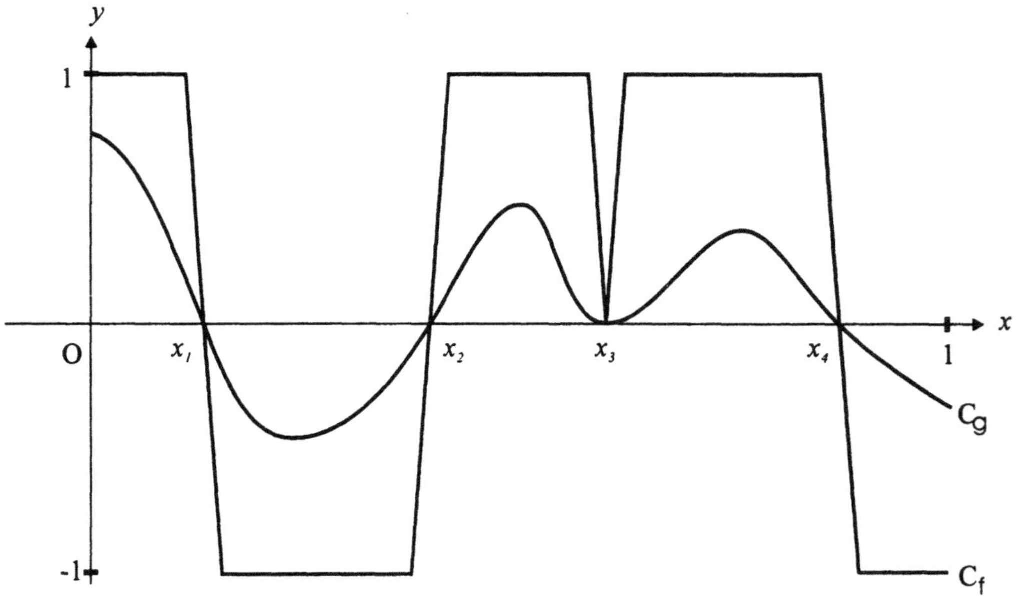

On obtient donc $| \Phi(f_n) | = | \| g \|_1 + \alpha_n |$ où $\alpha_n = \displaystyle\sum_{i=1}^{k} \int_{x_i - \frac{1}{n}}^{x_i + \frac{1}{n}} (f_n(t) g(t) - | g(t) |) \, dt$.

Notons que $|\alpha_n| \leqslant \frac{4k}{n} \| g \|_\infty$.

Ainsi, comme $| \| g \|_1 + \alpha_n | \leqslant \| \Phi \|_L \| f_n \|_\infty = \| \Phi \|_L$ et comme $\lim\limits_{n \to \infty} \alpha_n = 0$, on obtient $\| \Phi \|_L \geqslant \| g \|_1$ et finalement $\| \Phi \|_L = \| g \|_1$.

> Le cas où 0 ou 1 sont racines de g se traîte de manière similaire : il faut uniquement procéder à quelques modifications dans les notations ainsi que dans la définition des fonctions f_n.

iii) Dernier cas : g est un élément quelconque de E.

> Pour la suite, nous noterons Φ_g l'application étudiée.

Soit $\varepsilon > 0$.
D'après le théorème de Weierstrass, il existe une fonction polynomiale $P \in E$ telle que $\| g - P \|_\infty \leqslant \varepsilon$.
On obtient alors

$$\| g \|_1 \leqslant \| g - P \|_1 + \| P \|_1 \leqslant \| g - P \|_\infty + \| P \|_1 \leqslant \varepsilon + \| P \|_1.$$

De plus, d'après le deuxième cas, on a $\| P \|_1 = \| \Phi_P \|_L$.
Il vient donc

$$\| g \|_1 \leqslant \varepsilon + \| \Phi_P \|_L \leqslant \varepsilon + \| \Phi_{P-g} \|_L + \| \Phi_g \|_L.$$

Par ailleurs,

$$\| \Phi_{P-g} \|_L \leqslant \| P - g \|_1 \leqslant \| P - g \|_\infty \leqslant \varepsilon.$$

Ainsi donc,

$$\| g \|_1 \leqslant 2\varepsilon + \| \Phi_g \|_L.$$

Finalement, $\| g \|_1 \leqslant \| \Phi_g \|_L$ et comme $\| \Phi_g \|_L \leqslant \| g \|_1$, il vient ainsi

$$\| \Phi_g \|_L = \| g \|_1.$$

> Signalons tout de même que le calcul de la norme de Φ peut se faire directement : pour cela, il suffit, comme précédemment, de prendre une fonction-test dans E, aussi proche que possible de la fonction signe(g). Aussi étudiera-t-on directement $|\Phi(f_n)|$ où pour tout $t \in [0,1]$ et pour tout $n \in \mathbb{N}^*$, $f_n(t) = \dfrac{g(t)}{|g(t)| + \frac{1}{n}}$.

L10 ♣ ♣ ♣

Espaces vectoriels normés. Applications linéaires continues. Exemples et applications.

DÉVELOPPEMENTS : D14 - D15 - D16

BIBLIOGRAPHIE : [B] [BBR] [Bz] [Gdy] [LS4] [MV] [P] [QZ] [W]

Dans toute la leçon, n désignera un entier naturel non nul.

A) Généralités

1) Définitions

Définition 1 : on appelle $\mathbb{K}$−espace vectoriel normé tout $\mathbb{K}$−espace vectoriel muni d'une norme [Gdy p 47].

> Dans toute la suite de la leçon, on confondra $\mathbb{K}$−espace vectoriel normé et espace vectoriel normé.

Définition 2 : un espace de Banach est un espace vectoriel normé $(E, \|\ \|)$ complet pour la norme $\|\ \|$ [Gdy p 47].

2) Premiers exemples

Exemple 1 : soit $\alpha \geqslant 1$. Alors l'application

$$\|\ \| : \mathbb{K}^n \longrightarrow \mathbb{R}^+,\ (x_1, \ldots, x_n) \longmapsto \left(\sum_{k=1}^{n} |\, x_k\,|^\alpha \right)^{\frac{1}{\alpha}}$$

définit une norme sur $\mathbb{K}^n$ [Gdy p 47].

Exemple 2 : soit $(E, \|\ \|)$ un espace de Banach et X un ensemble quelconque non vide. On désigne par $\mathcal{B}(X,E)$ l'espace vectoriel des applications bornées de X dans E. Alors l'application $\|\ \|_\infty : \mathcal{B}(X,E) \longrightarrow \mathbb{R}^+,\ f \longmapsto \sup_{x\in X} \|\, f(x)\,\|$ définit une norme sur $\mathcal{B}(X,E)$.
De plus, $(\mathcal{B}(X,E), \|\ \|_\infty)$ est un espace de Banach [Gdy pp 221 - 222].

Exemple 3 : soit E le $\mathbb{R}$−espace vectoriel des applications lipschitziennes de $[0,1]$ dans $\mathbb{R}$. Alors l'application

$$N : E \longrightarrow \mathbb{R}^+,\ f \longmapsto \|\, f\,\|_\infty + \sup_{x\neq y} \left| \frac{f(x)-f(y)}{x-y} \right|$$

définit une norme sur E.
De plus, (E, N) est un espace de Banach `LS4 p 83`.

Exemple 4 : soit $E = \mathcal{C}([0,1], \mathbb{R})$. Alors l'application

$$\| \ \|_1 : E \longrightarrow \mathbb{R}^+, \ f \longmapsto \int_0^1 |f(t)| \, dt$$

définit une norme sur E.
De plus, l'espace $(E, \| \ \|_1)$ n'est pas complet `MV pp 10 - 29`.

3) Propriétés

a) A propos de complétude

Propriété 1 : un espace vectoriel normé à base dénombrable n'est jamais complet `Gdy p 393`.

Application 1 : il n'existe aucune norme rendant $\mathbb{K}[X]$ complet `MV p 18`.

Propriété 2 : un espace vectoriel normé E est complet si et seulement si toute série absolument convergente de E est convergente `Gdy p 51`.

Application 2 : pour tout $p \geqslant 1$, l'espace $(L^p, \| \ \|_p)$ est un espace de Banach `Bz p 51`.

> Dans cette application, on supposera connues la définition de l'espace L^p ainsi que celle de la norme $\| \ \|_p$.

b) A propos de connexité

Propriété 3 : tout ouvert connexe d'un espace vectoriel normé est connexe par arcs `P p 73`.

4) Applications linéaires continues

Dans cette section, $(E, \| \ \|_E)$, $(F, \| \ \|_F)$ et $(G, \| \ \|_G)$ désigneront des espaces vectoriels normés.

a) Propriétés générales

Propriété 4 :

Pour $f \in L(E,F)$, les propositions suivantes sont équivalentes :
i) f est continue ;
ii) f est bornée sur la sphère unité de E ;
iii) il existe $k > 0$ tel que pour tout $x \in E$, $\| f(x) \|_F \leqslant k \| x \|_E$ `Gdy p 47`.

> Oralement, on pourra citer quelques propriétés équivalentes.

Propriété 5 : l'ensemble des applications linéaires continues de E dans F est un espace vectoriel, noté $L_c(E,F)$. Lorsque $F = E$, on note $L_c(E,E) = L_c(E)$. De plus, l'application

$$\| \ \|_{\mathrm{L}} : L_c(E,F) \longrightarrow \mathbb{R}^+, \ f \longmapsto \sup_{x \in E, \ \| x \| = 1} \| f(x) \|_F$$

définit une norme sur $L_c(E,F)$, appelée norme linéaire. Enfin, si F est un espace de Banach, il en est de même de $L_c(E,F)$ Gdy p48.

> On signalera alors oralement que le calcul de la norme linéaire est motivé par la proposition suivante.

Proposition 1 : soit E un espace de Banach et $f \in L_c(E)$ vérifiant $\| f \|_L < 1$. Alors $id_E - f$ est inversible Gdy p 49.

Application 3 : $GL_c(E)$ est un ouvert de $L_c(E)$ Gdy p 49.

Exemple 5 : soit $E = \mathcal{C}([0,1],\mathbb{R})$. Soit alors l'application linéaire

$$\Delta : (E, \| \ \|_\infty) \longrightarrow (\mathbb{R}, | \ |),\ f \longmapsto \int_0^{\frac{1}{2}} f(t)\,\mathrm{d}t - \int_{\frac{1}{2}}^1 f(t)\,\mathrm{d}t.$$

Δ est continue et $\| \Delta \|_L = 1$ LS4 p 112.

> On pourra signaler que cette norme linéaire n'est pas atteinte.

Propriété 6 : soit $f \in L_c(E,F)$ et $g \in L_c(F,G)$. Alors $g \circ f \in L_c(E,G)$ et $\| g \circ f \|_L \leqslant \| g \|_L \ \| f \|_L$ Gdy p 48.

b) Cas des formes linéaires

Théorème 1 : le théorème de l'hyperplan fermé.

Soit $f \in L(E,\mathbb{K})$. Alors f est continue si et seulement si le noyau de f est fermé dans E Gdy p 54.

Théorème 2 : le théorème de Hahn-Banach.

Soit H un sous-espace vectoriel de E et $f \in L_c(H,\mathbb{K})$.
Alors il existe un prolongement $g \in L_c(E,\mathbb{K})$ de f tel que $\| g \|_L = \| f \|_L$ P p 66.

Application 4 : soit H un sous-espace vectoriel de E. Alors H est dense dans E si et seulement si toute forme linéaire continue qui s'annule sur H s'annule sur E P p 67.

> Oralement, on pourra donner une traduction géométrique de l'énoncé ci-dessus : tout sous-espace fermé de E est l'intersection des hyperplans qui le contiennent B p 49.

Théorème 3 : le théorème de séparation des convexes.

Soit E un $\mathbb{R}$–espace vectoriel normé, C un convexe fermé non vide de E et K un convexe compact non vide de E.
On suppose que $C \cap K = \emptyset$.
Alors il existe un hyperplan affine fermé séparant strictement K et C B p 50.

> On pourra signaler que ce théorème est en fait la forme géométrique du théorème de Hahn-Banach.

B) Les grands théorèmes des espaces de Banach

> En introduction, on pourra mentionner quelques conséquences immédiates de la complétude, notamment :
> *i*) le théorème du point fixe, qui est à l'origine du théorème de Cauchy-Lipschitz ou encore du théorème d'inversion locale - théorèmes qui, faute de temps, ne seront pas présentés ici ;
> *ii*) le théorème de Baire, qui est à l'origine des théorèmes exposés ci-après.

Dans toute cette section, sauf mentions contraires, $(E, \| \ \|_E)$ et $(F, \| \ \|_F)$ désigneront des espaces de Banach.

1) Le théorème de l'application ouverte

Théorème 4 :

Soit $f \in L_c(E,F)$ une application surjective.
Alors f est ouverte `Gdy p 397`.

Application 5 : le théorème de Banach.

Soit $f \in L_c(E,F)$ une application bijective.
Alors $f^{-1} \in L_c(F,E)$ `Gdy p 397`.

> En d'autres termes, toute application bijective de $L_c(E,F)$ est dans $GL_c(E,F)$.

2) Le théorème de Banach-Steinhaus

Dans cette partie, F n'est plus supposé complet.

Théorème 5 :

Soit A une partie non vide de $L_c(E,F)$. Alors
- *ou bien $(\| f \|_{\mathrm{L}})_{f\in A}$ est borné,*
- *ou bien il existe $x \in E$ tel que $\sup_{f\in A} \| f(x) \|_F = +\infty$* `Gdy p 398`.

Application 6 :

Soit (f_n) une suite de $L_c(E,F)$ convergeant simplement vers $f : E \longrightarrow F$.
Alors $f \in L_c(E,F)$ `Gdy p 398`.

Application 7 :

Il existe des fonctions continues qui diffèrent de la somme de leur série de Fourier `Gdy p 399`.

> On signalera alors que les deux sections suivantes vont permettre d'exhiber de nouveaux exemples d'espaces de Banach.

C) Cas des espaces vectoriels normés de dimension finie

1) Propriétés topologiques

Dans toute cette section, E désigne un espace vectoriel normé de dimension finie.

a) Théorème fondamental

Théorème 6 :

Sur E, toutes les normes sont équivalentes `Gdy p 49`.

Exemple 6 : sur $\mathbb{C}^n$, on considère la norme $\| (x_1, \ldots, x_n) \| = \left(\sum_{k=1}^{n} | x_i |^2 \right)^{\frac{1}{2}}$.

Soit alors la norme N définie sur $M_n(\mathbb{C})$ par :

$$\forall M \in M_n(\mathbb{C}),\ N(M) = \sup_{X \in \mathbb{C}^n,\ \| X \| \leqslant 1} \| MX \|.$$

On considère enfin la norme N_1 définie sur $M_n(\mathbb{C})$ par :

$$\forall M \in M_n(\mathbb{C}),\ N_1(M) = \sum_{i,j \in [\![1,n]\!]^2} | M_{ij} |.$$

Alors, pour tout $M \in M_n(\mathbb{C})$, $N(M) \leqslant N_1(M) \leqslant n^{\frac{3}{2}} N(M)$, les constantes étant optimales `QZ p 241`.

b) Corollaires

Proposition 2 :

i) Une partie de E est compacte si et seulement si elle est fermée bornée.
ii) E est complet.
iii) Toute application linéaire de E dans un espace vectoriel normé quelconque est continue. De plus, la norme linéaire est atteinte `Gdy p 50`.

Application 8 : soit G un espace vectoriel normé et F un sous-espace vectoriel de G de dimension finie. Alors il existe une projection linéaire continue P de G sur F et G est la somme directe des deux espaces fermés F et $\operatorname{Ker} P$ `QZ p 243`.

> ▲ Attention : `QZ` écrit à plusieurs reprises $\operatorname{Ker}(id_G - P)$ au lieu de $\operatorname{Ker} P$.

c) Autour du théorème d'Auerbach

Théorème 7 :

Soit E un espace vectoriel normé de dimension finie. Alors il existe une base normée de E dont la base duale est aussi normée `QZ p 160`.

Application 9 : soit G un espace vectoriel normé et F un sous-espace vectoriel de G de dimension finie n. Il existe alors une projection linéaire continue P de G sur F telle que $\| P \|_{\mathrm{L}} \leqslant n$ `QZ p 161`.

2) Propriétés géométriques

Théorème 8 :

Soit A une partie non vide de $\mathbb{K}^n$. Les propositions suivantes sont équivalentes :
$i)$ il existe une norme $\| \ \|_A$ sur $\mathbb{K}^n$ telle que $A = \{ x \in \mathbb{K}^n \mid \| x \|_A \leqslant 1 \}$;
$ii)$ A est une partie convexe équilibrée, compacte et contenant 0 comme point intérieur [QZ p 236].

3) Caractérisation des espaces vectoriels de dimension finie

> En introduction, on signalera que la boule unité fermée de $(\ell^2(\mathbb{N}), \| \ \|_2)$, B, n'est pas compacte. Il suffit en effet de considérer la suite (u_n) de B définie par : pour tout $p \in \mathbb{N}$, $u_n(p) = \delta_{n,p}$ (où $\delta_{n,p}$ désigne le symbole de Kronecker). Cette suite n'admet alors aucune sous-suite de Cauchy, et *a fortiori* aucune sous-suite convergente.

Théorème 9 : le théorème de Riesz.

Soit G un espace vectoriel normé. Alors la boule unité fermée de G est compacte si et seulement si G est de dimension finie [P p 69].

> ▲ Attention : si l'on cite le théorème de Riesz, il est indispensable d'exposer une application.

Application 10 : soit G un espace de Banach, f un opérateur compact de $L(G)$ et λ une valeur propre non nulle de f. Alors $\dim \mathrm{Ker}(f - \lambda id_G) < +\infty$ [BBR p 74].

D) Cas des espaces de Hilbert

Dans toute cette section, H désigne un espace de Hilbert.

1) Deux égalités particulières

Propriété 7 : l'égalité de la médiane.

Pour tout $(x, y) \in H^2$, on a $\| x - y \|^2 + \| x + y \|^2 = 2(\| x \|^2 + \| y \|^2)$ [W p 394].

> On pourra signaler oralement que l'égalité précédente caractérise les normes associées à un produit scalaire.

Propriété 8 : le théorème de Pythagore.

Soit $(x_i)_{i=1\ldots n}$ une famille de n vecteurs de H, deux à deux orthogonaux, alors $\left\| \sum_{i=1}^{n} x_i \right\|^2 = \sum_{i=1}^{n} \| x_i \|^2$ [W p 394].

2) Le théorème de projection

Théorème 10 :

Soit K un convexe fermé non vide de H et $x \in H$. Alors
i) il existe un unique $p_K(x) \in K$ tel que $\| x - p_K(x) \| = d(x, K)$;
ii) $p_K(x)$ est caractérisé par :

$$\forall u \in K,\ \mathcal{R}\mathrm{e}\langle x - p_K(x), u - p_K(x)\rangle \leqslant 0;$$

iii) l'application $p_K : H \longrightarrow K,\ x \longmapsto p_K(x)$ est 1-lipschitzienne QZ p 210.

Théorème 11 :

Soit F un sous-espace vectoriel fermé de H, différent de $\{0_H\}$. Alors il existe une projection linéaire continue p_F de H sur F telle que $\| p_F \|_{\mathrm{L}} = 1$. De plus, $\mathrm{Ker}\, p_F = F^\perp$ et $H = F \oplus F^\perp$ QZ p 210.

3) Le théorème de représentation de Riesz

Théorème 12 :

Soit $a \in H$. On définit l'application $\varphi_a : H \longrightarrow H,\ x \longmapsto \langle a, x\rangle$. Alors
i) $\varphi_a \in H'$ et $\| \varphi_a \|_{\mathrm{L}} = \| a \|$;
ii) pour tout $\phi \in H'$, il existe un unique $a \in H$ tel que $\phi = \varphi_a$ QZ p 211.

REMARQUES :

• Cette leçon de synthèse est extrêmement riche, c'est d'ailleurs une des plus longues. Bien évidemment, afin de gagner du temps, certains points points peuvent être passés sous silence, comme, par exemple la section A) 3) b). Par ailleurs, les résultats concernant la dimension finie peuvent se limiter à la section C) 1). Enfin, il n'est pas indispensable de donner ici une version générale du théorème de projection dans un espace de Hilbert.

• **Extrait du rapport du jury 1993**

Penser [...] à la forme géométrique du théorème de Hahn-Banach... Pour cette leçon encore plus que d'autres, le jury se lasse des grands théorèmes cités sans application.

QUESTIONS :

• *Soit $E = \mathbb{C}[X]$ muni de la norme $\| \ \|$ définie par : pour $P = \sum_{k=0}^{n} a_k X^k \in E$, $\| X \| = \max_{0 \leqslant k \leqslant n} | a_k |$. Soit de plus $x_0 \in \mathbb{C}$.*
On considère alors $f_{x_0} : (E, \| \ \|) \longrightarrow (\mathbb{C}, | \ |),\ P \longmapsto P(x_0)$. A quelles conditions sur x_0 l'application linéaire f_{x_0} est-elle continue ? Dans ce cas, calculer $\| f_{x_0} \|_{\mathrm{L}}$.

Soit $P = \sum_{k=0}^{n} a_k X^k \in E$. On a

$$(\star) \qquad |\, f_{x_0}(P)\,| = |\, P(x_0)\,| \leqslant \sum_{k=0}^{n} |\, a_k \,||\, x_0 \,|^k \leqslant \|\, P \,\| \sum_{k=0}^{n} |\, x_0 \,|^k.$$

Distinguons alors deux cas.

■ Premier cas : $|\, x_0 \,| < 1$.

Dans ce cas, la série $\sum |\, x_0 \,|^k$ est convergente et d'après ($\star$), on a alors

$$|\, f_{x_0}(P)\,| \leqslant \|\, P \,\| \sum_{k=0}^{\infty} |\, x_0 \,|^k = \frac{1}{1 - |\, x_0 \,|} \|\, P \,\|.$$

Cette inégalité prouve la continuité de l'application linéaire f_{x_0} avec, de plus, $\|\, f_{x_0} \,\|_{\mathrm{L}} \leqslant \dfrac{1}{1 - |\, x_0 \,|}$.

Il reste à minorer $\|\, f_{x_0} \,\|_{\mathrm{L}}$ avec de bons polynômes tests.

a) Supposons alors $x_0 \neq 0$. Pour $n \in \mathbb{N}$, on pose $Q_n = \sum_{k=0}^{n} \dfrac{\overline{x_0}^k}{|\, x_0 \,|^k} X^k \in E$. Alors $\|\, Q_n \,\| = 1$ et $|\, f_{x_0}(Q_n)\,| = \sum_{k=0}^{n} |\, x_0 \,|^k$. Ainsi, pour tout $n \in \mathbb{N}$, $\sum_{k=0}^{n} |\, x_0 \,|^k \leqslant \|\, f_{x_0} \,\|_{\mathrm{L}}$, soit, à la limite, $\dfrac{1}{1 - |\, x_0 \,|} \leqslant \|\, f_{x_0} \,\|_{\mathrm{L}}$.

Bref, $\|\, f_{x_0} \,\|_{\mathrm{L}} = \dfrac{1}{1 - |\, x_0 \,|}$.

b) Dans le cas où $x_0 = 0$, soit T le polynôme test égal à 1. Alors $\|\, T \,\| = 1$ et $|\, f_0(T)\,| = 1$. Ainsi, $\|\, f_0 \,\|_{\mathrm{L}} \geqslant 1$ et finalement $\|\, f_0 \,\|_{\mathrm{L}} = 1$.

En résumé, si $|\, x_0 \,| < 1$, on obtient toujours $\|\, f_{x_0} \,\|_{\mathrm{L}} = \dfrac{1}{1 - |\, x_0 \,|}$.

■ Deuxième cas : $|\, x_0 \,| \geqslant 1$.

Pour $n \in \mathbb{N}$, considérons toujours le polynôme $Q_n = \sum_{k=0}^{n} \dfrac{\overline{x_0}^k}{|\, x_0 \,|^k} X^k \in E$. Alors, comme $|\, f_{x_0}(Q_n)\,| = \sum_{k=0}^{n} |\, x_0 \,|^k$ et puisque $|\, x_0 \,| \geqslant 1$, $\lim_{n \to \infty} |\, f_{x_0}(Q_n)\,| = +\infty$. La suite (Q_n) est donc une suite de la sphère unité de E telle que la suite $(|\, f_{x_0}(Q_n)\,|)$ ne soit pas bornée. Bref, f_{x_0} n'est pas continue.

En conclusion, f_{x_0} est continue si et seulement si $|\, x_0 \,| < 1$. Dans ce cas, $\dfrac{1}{1 - |\, x_0 \,|} = \|\, f_{x_0} \,\|_{\mathrm{L}}$.

• *Soit E un sous-espace vectoriel non trivial de $\mathcal{C}([0,1],\mathbb{R})$. On suppose que les normes $\| \ \|_2$ et $\| \ \|_\infty$ sont équivalentes sur E. Montrer que E est de dimension finie.*

Les normes $\| \ \|_2$ et $\| \ \|_\infty$ étant équivalentes, il existe $(k,K) \in (\mathbb{R}_*^+)^2$ tel que $k\| \ \|_2 \leqslant \| \ \|_\infty \leqslant K\| \ \|_2$.

> Sur tout sous-espace de $\mathcal{C}([0,1],\mathbb{R})$, on a $\| \ \|_2 \leqslant \| \ \|_\infty$. C'est donc l'inégalité $\| \ \|_\infty \leqslant \| \ \|_2$ qui va être à l'origine du résultat.

Soit $(f_1,\dots,f_n)$ une famille libre de E - de telles familles existent bien car toute famille à 1 élément est libre.

> On va montrer que $n \leqslant K^2$, ce qui prouvera bien que E est de dimension finie.

D'après le procédé d'orthonormalisation de Schmidt, il existe une famille orthonormale $(h_1,\dots,h_n)$ dans l'espace préhilbertien $(E,\| \ \|_2)$.

■ Soit alors $(a_1,\dots,a_n) \in \mathbb{R}^n$ tel que $\sum_{i=1}^{n} a_i^2 = 1$.

Alors $\left\| \sum_{i=1}^{n} a_i h_i \right\|_\infty \leqslant K \left\| \sum_{i=1}^{n} a_i h_i \right\|_2$. Mais par orthonormalité des vecteurs $(h_1,\dots,h_n)$, on a $\left\| \sum_{i=1}^{n} a_i h_i \right\|_2^2 = \sum_{i=1}^{n} a_i^2 = 1$. Bref,

$$(\star\star) \qquad \forall (a_1,\dots,a_n),\ \sum_{i=1}^{n} a_i^2 = 1 \Longrightarrow \left\| \sum_{i=1}^{n} a_i h_i \right\|_\infty \leqslant K.$$

■ Soit alors $x \in [0,1]$. Montrons que $\sum_{i=1}^{n} (h_i(x))^2 \leqslant K^2$.

Si pour tout $i \in [\![1,n]\!]$, $h_i(x) = 0$, on a bien-sûr $\sum_{i=1}^{n} (h_i(x))^2 \leqslant K^2$.

Supposons alors qu'il exite $i_0 \in [\![1,n]\!]$ tel que $h_{i_0}(x) \neq 0$. Comme $\sum_{i=1}^{n} (h_i(x))^2 \neq 0$, pour tout $i \in [\![1,n]\!]$, on peut poser $a_i = \dfrac{h_i(x)}{\left(\sum_{i=1}^{n} (h_i(x))^2\right)^{\frac{1}{2}}}$.

On a alors

$$\left(\sum_{i=1}^{n} (h_i(x))^2\right)^{\frac{1}{2}} = \left| \sum_{i=1}^{n} a_i h_i(x) \right| \leqslant \left\| \sum_{i=1}^{n} a_i h_i \right\|_\infty.$$

Mais $\sum_{i=1}^{n} a_i^2 = 1$, ainsi, d'après $(\star\star)$, $\left(\sum_{i=1}^{n} (h_i(x))^2\right)^{\frac{1}{2}} \leqslant K$, soit encore $\sum_{i=1}^{n} (h_i(x))^2 \leqslant K^2$.

Finalement, pour tout $x \in [0,1]$, $\sum_{i=1}^{n} \left(h_i(x)\right)^2 \leqslant K^2$.

Intégrons cette inégalité entre 0 et 1. Comme pour tout $i \in [\![1,n]\!]$, $1 = \| h_i \|_2$, il vient $n \leqslant K^2$.

Bref, les familles libres de E ont au plus $E(K^2)$ éléments - $E(.)$ désignant la fonction partie entière.

Finalement, E est de dimension finie.

L11 ♣♣

Espaces vectoriels normés de dimension finie. Exemples et applications.

DÉVELOPPEMENTS : D15 - D16 - D17

BIBLIOGRAPHIE : BBR Gdg Gdy Gx2 Gx3 LS4 P Pr3 QZ RODx1 T

Un $\mathbb{K}$−espace vectoriel de dimension finie muni d'une norme est appelé espace vectoriel normé de dimension finie Gdy p 47.

A) Exemples

1) Normes sur $\mathbb{K}^n$, $n \in \mathbb{N}^*$

Exemple 1 : pour $p \in \mathbb{R}$, $p \geqslant 1$, l'application

$$\| \ \|_p : \mathbb{K}^n \longrightarrow \mathbb{R}^+, \ x = (x_1, \dots, x_n) \longmapsto \left(\sum_{k=1}^{n} |\, x_k \,|^p \right)^{\frac{1}{p}}$$

est une norme sur $\mathbb{K}^n$ Gdy p 8.

Exemple 2 : l'application $\| \ \|_\infty : \mathbb{K}^n \longrightarrow \mathbb{R}^+, \ x = (x_1, \dots, x_n) \longmapsto \max\limits_{1 \leqslant k \leqslant n} |\, x_k \,|$ est une norme sur $\mathbb{K}^n$ Gdy p 8.

2) Normes sur $E_n = \{ P \in \mathbb{K}[X] \mid \deg P \leqslant n \}$, $n \in \mathbb{N}$

Exemple 3 : l'application $\| \ \|_1 : E_n \longrightarrow \mathbb{R}^+, \ P \longmapsto \displaystyle\int_0^1 |\, f(t) \,| \, \mathrm{d}t$ est une norme sur E_n Pr3 p 58.

Exemple 4 : l'application $\| \ \|_\infty : E_n \longrightarrow \mathbb{R}^+, \ P \longmapsto \sup\limits_{t \in [-1,1]} |\, P(t) \,|$ est une norme sur E_n Gx2 p 209.

3) Normes sur $M_n(\mathbb{K})$, $n \in \mathbb{N}^*$

Exemple 5 : l'application $N_1 : M_n(\mathbb{K}) \longrightarrow \mathbb{R}^+, \ A \longmapsto \sup\limits_{1 \leqslant j \leqslant n} \displaystyle\sum_{i=1}^{n} |\, A_{ij} \,|$ est une norme sur $M_n(\mathbb{K})$ LS4 p 86.

Exemple 6 : l'application $N_2 : M_n(\mathbb{K}) \longrightarrow \mathbb{R}^+, \ A \longmapsto \sup\limits_{1 \leqslant i \leqslant n} \displaystyle\sum_{j=1}^{n} |\, A_{ij} \,|$ est une norme sur $M_n(\mathbb{K})$ LS4 p 86.

4) Normes sur un espace euclidien ou hermitien E

Proposition 1 : soit E un $\mathbb{K}$–espace vectoriel de dimension finie muni d'une forme hermitienne définie positive $\langle .,. \rangle$. Alors l'application

$$\| \ \| : E \longrightarrow \mathbb{R}^+, \ x \longmapsto \sqrt{\langle x, x \rangle}$$

est une norme sur l'espace hermitien E `Gdg p 236`.

> Les deux exemples suivants seront donc la donnée d'un $\mathbb{K}$–espace vectoriel et celle d'une forme hermitienne définie positive $\langle .,. \rangle$. La norme associée se déduit alors de la proposition précédente.

Exemple 7 : pour P, $Q \in E_n$, on pose $\langle P, Q \rangle = \displaystyle\int_{-\infty}^{+\infty} \overline{P(t)} Q(t) e^{-t^2} \, dt$. Alors $(E_n, \langle .,. \rangle)$ est un espace hermitien `Gx3 p 223`.

Exemple 8 : pour A, $B \in M_n(\mathbb{K})$, on pose $\langle A, B \rangle = \mathrm{tr}({}^t\overline{A}B)$. Alors $(M_n(\mathbb{K}), \langle .,. \rangle)$ est un espace hermitien `Gdg p 232`.

B) Propriétés

1) Propriétés topologiques

a) Le théorème fondamental

Lemme 1 : les compacts de $(\mathbb{K}^n, \| \ \|_\infty)$ sont les parties fermées bornées de $(\mathbb{K}^n, \| \ \|_\infty)$ `Gdy p 30`.

Théorème 1 :

> *Si E est un $\mathbb{K}$–espace vectoriel de dimension finie, toutes les normes sur E sont équivalentes* `Gdy p 49`.

b) Corollaires

Proposition 2 : si E est un $\mathbb{K}$–espace vectoriel normé de dimension finie, une partie de E est compacte si et seulement si elle est fermée bornée `Gdy p 50`.

Application 1 : soit E un $\mathbb{K}$– espace vectoriel normé de dimension finie et une application $f : E \longrightarrow \mathbb{R}$ continue telle que $\displaystyle\lim_{\| x \| \to +\infty} f(x) = +\infty$. Alors f est minorée et atteint sa borne inférieure.
Ainsi, si F est une partie fermée non vide d'un $\mathbb{K}$– espace vectoriel normé de dimension finie E, pour tout $y \in E$, il existe $x \in F$ tel que $\| x - y \| = d(y, F)$ `P pp 295 - 296`.

Proposition 3 : un $\mathbb{K}$–espace vectoriel normé de dimension finie est complet `Gdy p 50`.

Proposition 4 : un $\mathbb{K}$–espace vectoriel de dimension finie est fermé dans tout espace vectoriel normé qui le contient `P p 69`.

c) Le théorème de Riesz

> En introduction à ce théorème, on signalera que la boule unité fermée de $E = (\ell^2(\mathbb{N}), \| \ \|_2)$, B_E, n'est pas compacte. Il suffit en effet de considérer la suite (u_n) de B_E définie par : pour tout $p \in \mathbb{N}$, $u_n(p) = \delta_{n,p}$ (où $\delta_{n,p}$ désigne le symbole de Kronecker). Cette suite n'admet alors aucune sous-suite de Cauchy, et *a fortiori* aucune sous-suite convergente.

Théorème 2 :

Soit E un $\mathbb{K}$−espace vectoriel normé. Alors la boule unité fermée de E est compacte si et seulement si E est de dimension finie [P p 69].

> ▲ Attention : si l'on cite le théorème de Riesz, il est indispensable d'exposer une application.
> D'autre part, il est bon de connaître l'équivalence suivante :
> *Le $\mathbb{K}$−espace vectoriel E est de dimension finie si et seulement si la sphère unité de E est compacte.*
> Le sens délicat de cette équivalence se démontre, par exemple, de la façon suivante : supposons la sphère unité de E, notée S_E, compacte. Comme l'application
> $$f : [0,1] \times S_E \longrightarrow B_E,\ (t,u) \longmapsto tu$$
> est continue et comme $[0,1] \times S_E$ est compact, $B_E = f([0,1] \times S_E)$ est donc compact. Le théorème de Riesz permet alors de conclure.

Application 2 : soit E un espace de Banach, f un opérateur compact de $L(E)$ et λ une valeur propre non nulle de f. Alors $\dim \operatorname{Ker}(f - \lambda id_E) < +\infty$ [BBR p 74].

d) A propos de continuité

Théorème 3 :

Toute application linéaire (respectivement p−linéaire) d'un $\mathbb{K}$−espace vectoriel normé de dimension finie (respectivement d'un produit de p $\mathbb{K}$−espaces vectoriels normés de dimension finie) dans un $\mathbb{K}$−espace vectoriel normé est continue [Gdy p 50].

Théorème 4 :

Soit E un $\mathbb{K}$−espace vectoriel normé et F un sous-espace vectoriel de E de dimension finie. Alors il existe une projection linéaire continue P de E sur F et E est la somme directe des deux espaces fermés F et $\operatorname{Ker} P$ [QZ p 243].

> ▲ Attention : [QZ] écrit à plusieurs reprises $\operatorname{Ker}(id_E - P)$ au lieu de $\operatorname{Ker} P$.

e) A propos de dualité

Proposition 5 : si E est un $\mathbb{K}$−espace vectoriel normé de dimension finie, $E' = E^*$ [Gdy p 50].

Théorème 5 : le théorème d'Auerbach.

Soit E un $\mathbb{K}$−espace vectoriel normé de dimension finie.
Alors il existe une base normée de E dont la base duale est aussi normée [QZ p 160].

Application 3 : soit E un $\mathbb{K}$−espace vectoriel normé et F un sous-espace vectoriel de E de dimension finie n. Il existe alors une projection linéaire continue P de E sur F telle que $\| P \|_{\mathrm{L}} \leqslant n$ QZ p 161.

2) Propriétés géométriques

Définition 1 :

Soit A une partie de $\mathbb{K}^n$. A est dite équlibrée si pour tout $a \in A$, pour tout scalaire λ de module 1, $\lambda a \in A$ QZ p 236.

Théorème 6 :

Soit A une partie non vide de $\mathbb{K}^n$. Les propositions suivantes sont alors équivalentes :
i) Il existe une norme $\| \ \|_A$ sur $\mathbb{K}^n$ telle que $A = \{ x \in \mathbb{K}^n \mid \| x \|_A \leqslant 1 \}$;
ii) A est une partie convexe équlibrée, compacte et contenant 0 comme point intérieur QZ p 236.

C) Quelques compléments sur $M_n(\mathbb{K})$, $n \in \mathbb{N}^*$

Proposition 6 : sur $\mathbb{C}^n$, on considère la norme hermitienne

$$\| X \| = \| (x_1, \ldots, x_n) \| = \left(\sum_{k=1}^{n} | x_i |^2 \right)^{\frac{1}{2}}.$$

Soit alors la norme N définie sur $M_n(\mathbb{C})$ par :

$$\forall M \in M_n(\mathbb{C}),\ N(M) = \sup_{X \in \mathbb{C}^n,\ \| X \| \leqslant 1} \| MX \|.$$

On considère enfin la norme N_1 définie sur $M_n(\mathbb{C})$ par :

$$\forall M \in M_n(\mathbb{C}),\ N_1(M) = \sum_{i,j \in [\![1,n]\!]^2} | M_{ij} |.$$

Alors,

$$\forall M \in M_n(\mathbb{C}),\ N(M) \leqslant N_1(M) \leqslant n^{\frac{3}{2}} N(M),$$

les constantes étant optimales QZ p 241.

Proposition 7 : l'ensemble des matrices diagonalisables de $M_n(\mathbb{C})$ est dense dans $M_n(\mathbb{C})$ RODx1 p 58.

Proposition 8 : pour $M \in M_n(\mathbb{C})$, $\det(\exp M) = e^{\operatorname{tr} M}$ RODx1 p 58.

Proposition 9 : $O(n)$ et $U(n)$ sont compacts T p 249 - 250.

Proposition 10 : $O(n) \times S_n^{++} \approx GL_n(\mathbb{R})$ T p 252.

REMARQUES :

- Afin de gagner en temps et en place, on pourra signaler dès le départ qu'on abrégera $\mathbb{K}$−espace vectoriel normé en evn et $\mathbb{K}$−espace vectoriel normé de dimension finie en evndf.

- On pourra trouver, dans la leçon L23, une comparaison des normes $\| \ \|_p$ et $\| \ \|_q$, $1 \leqslant p < q$, vues dans l'exemple 1 ci-dessus.

QUESTIONS :

- *On sait qu'un $\mathbb{K}$−espace vectoriel normé de dimension finie est complet. Le résultat subsite-t-il pour un $\mathbb{K}$−espace vectoriel normé admettant une base dénombrable ?*

La méthode la plus rapide consiste à utiliser le théorème de Baire.

Soit E un $\mathbb{K}$−espace vectoriel normé admettant une base dénombrable $(e_n)_{n\in\mathbb{N}}$. Pour $n \in \mathbb{N}$, considérons les sous-espaces vectoriels $F_n = \text{Vect}(e_i)_{0\leqslant i\leqslant n}$: d'après la proposition 2, les F_n sont fermés.
D'autre part, les F_n, en tant que sous -espaces vectoriels stricts de E, sont d'intérieur vide.

Supposons alors E complet.
D'après le théorème de Baire, la réunion dénombrable $\bigcup_{n\in\mathbb{N}} F_n = E$ est d'intérieur vide, ce qui est absurde car $\overset{\circ}{E} = E \neq \emptyset$.

- *Sur $\mathbb{R}[X]$, on considère la norme $\| \ \|$ définie par : pour tout $P = \sum_{k=0}^{n} a_k X^k \in \mathbb{R}[X]$, $\| P \| = \max_{k\in[1,n]} | a_k |$. Soit alors l'application*

$$\varphi : (\mathbb{R}[X], \| \ \|) \longrightarrow (\mathbb{R}[X], \| \ \|),\ P = \sum_{k=0}^{n} a_k X^k \longmapsto \sum_{k=0}^{n} \frac{a_k}{k+1} X^{k+1}.$$

Montrer que φ est un isomorphisme continu de $(\mathbb{R}[X], \| \ \|)$. La bijection réciproque φ^{-1} est-elle continue ? Ce résultat est-il en contradiction avec le théorème de Banach ?

■ Il est clair que $\varphi \in L(\mathbb{R}[X])$. De plus, $\text{Ker}\,\varphi = \{0\}$ et ainsi, φ est injective. Enfin, la surjectivité de φ est évidente. Finalement , φ est bien un isomorphisme de $\mathbb{R}[X]$.

Soit alors $P = \sum_{k=0}^{n} a_k X^k \in \mathbb{R}[X]$. On a $\varphi(P) = \sum_{k=0}^{n} \frac{a_k}{k+1} X^{k+1}$. Comme pour tout $k \in [\![0, n]\!]$, $\left| \frac{a_k}{k+1} \right| \leqslant | a_k | \leqslant \| P \|$, il vient $\| \varphi(P) \| \leqslant \| P \|$. Ainsi, φ est continu et $\| \varphi \|_{\text{L}} \leqslant 1$.

Soit alors la suite de polynômes (P_n) définie par : pour tout $n \in \mathbb{N}$, $P_n = X^{n+1}$. On a alors $\varphi^{-1}(P_n) = (n+1)X^n$ et ainsi, $\| \varphi^{-1}(P_n) \| = n+1$. De plus, $\| P_n \| = 1$.

■ Si φ^{-1} était continu, il existerait une constante $C \in \mathbb{R}^+$ telle que pour tout $n \in \mathbb{N}$, $\| \varphi^{-1}(P_n) \| \leqslant C \| P_n \|$, soit, pour tout $n \in \mathbb{N}$, $n + 1 \leqslant C$, ce qui est absurde.
Finalement, l'application φ^{-1} n'est pas continue.

■ Rappelons le théorème de Banach :

> *Soit E et F deux espaces de Banach et $f \in L(E, F)$ une application linéaire continue et bijective, alors f^{-1} est continue.*

$\mathbb{R}[X]$ admettant une base dénombrable, la question précédente montre qu'aucune norme ne peut rendre $\mathbb{R}[X]$ complet, aussi $\mathbb{R}[X]$ n'est-il jamais un espace de Banach.

Le résultat obtenu ci-dessus - la non-continuité de φ^{-1} - n'est donc pas en contradiction avec le théorème de Banach.

L12 ♣ ♣ ♣

Espaces de Hilbert. Exemples et applications.

DÉVELOPPEMENTS : D08 - D18

BIBLIOGRAPHIE : [BBR] [Bz] [Gdg] [Gdy] [KF] [M] [QZ] [S] [W]

A) Généralités

1) Définitions

Définition 1 :

Un espace préhilbertien E est un $\mathbb{K}$−espace vectoriel muni d'une forme hermitienne $\langle .,. \rangle$ définie positive [W p 392].

> On pourra rappeler qu'une forme hermitienne définie positive est aussi appelée produit scalaire.

Proposition 1 :

L'application $\|\ \| : E \longrightarrow \mathbb{R}^+,\ x \longmapsto \| x \| = \sqrt{\langle x, x \rangle}$ est alors une norme sur E [W p 392].

Définition 2 :

Un espace de Hilbert est un espace préhilbertien complet pour la norme $\|\ \|$ définie ci-dessus [W p 392].

2) Exemples

Exemple 1 : pour $x = (x_1, \dots, x_n) \in \mathbb{K}$, $y = (y_1, \dots, y_n) \in \mathbb{K}$, on définit $\langle x, y \rangle = \sum_{k=1}^{n} \overline{x_k} y_k$. Alors $(\mathbb{K}^n, \langle .,. \rangle)$ est un espace de Hilbert [S p 9].

Exemple 2 : pour A, $B \in M_n(\mathbb{K})$, on définit $\langle A, B \rangle = \mathrm{tr}({}^t\overline{A}B)$. Alors $(M_n(\mathbb{K}), \langle .,. \rangle)$ est un espace de Hilbert [Gdg p 232].

> On pourra signaler oralement que dans les exemples 1 et 2, la complétude est directement acquise par la dimension finie.

Exemple 3 : pour $u = (u_n)_{n \in \mathbb{N}} \in \ell^2(\mathbb{N})$, $v = (v_n)_{n \in \mathbb{N}} \in \ell^2(\mathbb{N})$, on définit $\langle u, v \rangle = \sum_{n \geqslant 0} \overline{u_n} v_n$. Alors $(\ell^2(\mathbb{N}), \langle .,. \rangle)$ est un espace de Hilbert [QZ p 210].

Exemple 4 : pour $f,\ g \in L^2([a,b])$, on définit $\langle f,g\rangle = \int_a^b \overline{f(t)}g(t)\,dt$. Alors $(L^2([a,b]),\langle .,.\rangle)$ est un espace de Hilbert [S p 11].

A partir de maintenant, $(H,\langle .,.\rangle)$ désignera un espace de Hilbert.

3) Deux égalités classiques dans les espaces de Hilbert

Propriété 2 : l'égalité de la médiane.

Pour tout $(x,y) \in H^2$, on a $\| x-y \|^2 + \| x+y \|^2 = 2(\| x \|^2 + \| y \|^2)$ [W p 394].

> On pourra signaler oralement que l'égalité précédente caractérise les normes associées à un produit scalaire.

Propriété 3 : le théorème de Pythagore.

Soit $(x_i)_{i=1\ldots n}$ une famille de n vecteurs de H, deux à deux orthogonaux, alors $\left\| \sum_{i=1}^{n} x_i \right\|^2 = \sum_{i=1}^{n} \| x_i \|^2$ [W p 394].

> On pourra mentionner oralement que les deux propriétés ci-dessus restent valables dans un espace supposé seulement préhilbertien.

B) Des théorèmes de projection

1) Sur un convexe fermé non vide

Théorème 1 :

Soit K un convexe fermé non vide de H et $x \in H$. Alors
i) il existe un unique $p_K(x) \in K$ tel que $\| x - p_K(x) \| = d(x,K)$;
ii) $p_K(x)$ est caractérisé par :

$$\forall u \in K,\ \Re\langle x - p_K(x), u - p_K(x)\rangle \leqslant 0;$$

iii) l'application $p_K : H \longrightarrow K,\ x \longmapsto p_K(x)$ est 1-lipschitzienne [QZ p 210].

Application 1 : soit H un espace de Hilbert *réel*, A un convexe fermé non vide de H et B un convexe compact non vide de H tels que $A \cap B = \emptyset$. Alors il existe un hyperplan affine fermé séparant strictement A et B [BBR p 70].

2) Sur un sous-espace vectoriel fermé de H

Théorème 2 :

Soit F un sous-espace vectoriel fermé de H, différent de $\{0_H\}$. Alors il existe une projection linéaire continue p_F de H sur F telle que $\| p_F \|_{\mathrm{L}} = 1$. De plus, $\operatorname{Ker} p_F = F^\perp$ et $H = F \oplus F^\perp$ [QZ p 210].

C) A propos de dualité

1) Le théorème de représentation de Riesz

Théorème 3 :

Soit $a \in H$. On définit l'application $\varphi_a : H \longrightarrow H,\ x \longmapsto \langle a, x\rangle$. Alors
i) $\varphi_a \in H'$ et $\| \varphi_a \|_L = \| a \|$;
ii) pour tout $\phi \in H'$, il existe un unique $a \in H$ tel que $\phi = \varphi_a$.
En conclusion, l'application $a \longmapsto \varphi_a$ est une isométrie bijective, antilinéaire, de H sur H' QZ p 211.

Application 2 : pour $p \in]1,2]$ et $q \in \mathbb{R}_*^+$ tel que $\dfrac{1}{q} + \dfrac{1}{p} = 1$, on a alors $\left(L^p([0,1])\right)' = L^q([0,1])$ QZ p 212.

2) Etude dans le cadre des espaces de Hilbert réels

Dans toute cette section, $(H, \langle .,. \rangle)$ désignera un espace de Hilbert réel.

Théorème 4 : le théorème de Stampacchia.

Soit $a : H \times H \longrightarrow \mathbb{R}$ une forme bilinéaire continue et cœrcive. Soit K un convexe fermé non vide de H et soit enfin $\phi \in H'$. Alors il existe un unique $u \in K$ tel que pour tout $v \in K$, $a(u, v - u) \geqslant \phi(v - u)$.
De plus, si a est symétrique, le point u est caractérisé par :

$$u \in K \text{ et } \frac{1}{2}a(u,u) - \phi(u) = \inf\left\{ \frac{1}{2}a(v,v) - \phi(v) \,\middle|\, v \in K \right\}$$

Bz p 83.

Théorème 5 : le théorème de Lax-Milgram.

Soit $a : H \times H \longrightarrow \mathbb{R}$ une forme bilinéaire continue et cœrcive. Soit $\phi \in H'$. Alors il existe un unique $u \in H$ tel que pour tout $v \in H$, $a(u, v) = \phi(v)$. De plus, si a est symétrique, le point u est caractérisé par :

$$\frac{1}{2}a(u,u) - \phi(u) = \inf\left\{ \frac{1}{2}a(v,v) - \phi(v) \,\middle|\, v \in H \right\}$$

Bz p 84.

Application 3 : soit $T \in L(H)$ autoadjoint. Soit

$$m = \inf\{ \langle T(u), u\rangle \mid u \in H \text{ et } \| u \| = 1 \}$$

et

$$M = \sup\{ \langle T(u), u\rangle \mid u \in H \text{ et } \| u \| = 1 \}.$$

Alors le spectre de T est inclus dans $[m, M]$ Bz p 93.

▲ Attention : cet exemple fait appel aux notions d'endomorphismes autoadjoints et de spectre, qui, faute de temps, ne peuvent être exposées dans la leçon.

D) Les bases hilbertiennes

1) Définition

Définition 3 :

On dit que $(e_n)_{n\in\mathbb{N}}$ est une base hilbertienne de H si $(e_n)_{n\in\mathbb{N}}$ est une famille orthonormée totale de H Bz p 86.

2) Théorèmes

Théorème 6 :

Si $(e_n)_{n\in\mathbb{N}}$ est une base hilbertienne de H, tout élément h de H s'écrit $h=\sum_{n=0}^{\infty}\langle e_n,h\rangle e_n$ et $\| h\|^2=\sum_{n=0}^{\infty}|\langle e_n,h\rangle|^2$.

D'autre part, si (α_n) est une suite de $\ell^2(\mathbb{N})$, alors la suite $\left(\sum_{k=0}^{n}\alpha_k e_k\right)_{n\in\mathbb{N}}$ converge dans H vers un élément h, avec, pour tout $n\in\mathbb{N}$, $\langle e_n,h\rangle=\alpha_n$ et $\| h\|^2=\sum_{n=0}^{\infty}|\langle e_n,h\rangle|^2$ Bz p 86.

Théorème 7 :

Tout espace de Hilbert séparable admet une base hilbertienne et est de plus isométriquement isomorphe à $\ell^2(\mathbb{N})$ Bz p 86.

3) Exemples

Théorème 8 : le théorème de Müntz.

Soit $H=L^2([0,1])$. Soit $(a_n)_{n\in\mathbb{N}^*}$ une suite strictement croissante de réels strictement positifs. Alors $\langle x\longmapsto x^{a_n}\rangle_{n\in\mathbb{N}^*}$ est une famille totale de H si et seulement si la série $\sum\frac{1}{a_n}$ diverge Gdy p 286.

Dans tous les exemples suivants, l'espace de Hilbert considéré sera $H=L^2(I)$ où le segment I sera précisé dans chaque cas.

Exemple 5 : soit $I=[-\pi,\pi]$. Pour $n\in\mathbb{N}^*$, on définit les applications $c_n : I\longrightarrow\mathbb{R}$, $x\longmapsto\cos(nx)$ et $s_n : I\longrightarrow\mathbb{R}$, $x\longmapsto\sin(nx)$. Alors la famille $\left(\frac{1}{\sqrt{2\pi}},\frac{1}{\sqrt{\pi}}c_n,\frac{1}{\sqrt{\pi}}s_n\right)_{n\in\mathbb{N}^*}$ est une base hilbertienne de H Kg p 384.

Exemple 6 : soit $I=[-1,1]$. Pour $n\in\mathbb{N}$, on note P_n le $(n+1)$−ème polynôme de Legendre. Alors la famille $\left(\sqrt{\frac{2n+1}{2}}P_n\right)_{n\in\mathbb{N}}$ est une base hilbertienne de H Kg p 390.

Exemple 7 : soit $I=\mathbb{R}$. Pour $n\in\mathbb{N}$, on définit $f_n : I\longrightarrow\mathbb{R}$, $x\longmapsto P_n(x)e^{-\frac{x^2}{2}}$ où P_n désigne le $(n+1)$−ème polynôme d'Hermite. Alors $\left(2^{\frac{n}{2}}\sqrt{n!}\pi^{-\frac{1}{4}}f_n\right)_{n\in\mathbb{N}}$ est une base hilbertienne de H M p 145.

Pour les exemples 6 et 7, la définition des polynômes de Legendre et des polynômes d'Hermite doit bien évidemment être connue.

REMARQUES :

- Cette leçon est très riche : aussi le rythme de l'exposé devra-t-il être soutenu. Toutefois, certains passages peuvent être passés sous silence, comme, par exemple, le théorème de Müntz.

QUESTIONS :

- *Soit C un ensemble convexe. On dit que le point x de C est extrémal si :*

$$\forall (a,b) \in C^2, \left(x = \frac{a+b}{2} \implies a = b \right).$$

Soit alors $(H, \langle .,. \rangle)$ un espace de Hilbert réel.
$i)$ Que peut-on dire des points extrémaux de la boule unité fermée de H ?
$ii)$ Que se passe-t-il dans un $\mathbb{R}$−espace vectoriel normé quelconque ?

$i)$ Notons B_H la boule unité fermée de H, X l'ensemble des points extrémaux de B_H et enfin S_H la sphère unité de H.
Montrons que $X = S_H$.

■ Montrons que $S_H \subset X$.

Soit $x \in S_H$. Supposons que $x = \dfrac{a+b}{2}$, avec $(a,b) \in (B_H)^2$. L'identité du parallélogramme s'écrit

$$\| a - b \|^2 + \| a + b \|^2 = 2(\| a \|^2 + \| b \|^2),$$

soit encore $\| a - b \|^2 + \| 2x \|^2 = 2(\| a \|^2 + \| b \|^2)$.
Mais $x \in S_H$ et $(a,b) \in B_H^2$, ainsi $\| a - b \|^2 + 4 \leqslant 2(1+1) = 4$.
Bref, $\| a - b \|^2 \leqslant 0$ et donc $a = b$. Finalement, $x \in X$.

■ Montrons que $X \subset S_H$.

Soit $x \in X$. On sait déjà que $x \in B_H$.
Supposons que $x \in B_H \backslash S_H$ $(\star)$. Il est clair que x peut alors s'écrire comme le milieu de deux points distincts de B_H, ce qui est en contradiction avec l'appartenance de x à X. Finalement, l'hypothèse $(\star)$ est absurde et $x \in S_H$.

En conclusion, $X = S_H$.

> **On pourra noter que le résultat ci-dessus est encore valable dans un espace préhilbertien réel. La complétude des espaces de Hilbert n'est en effet pas nécessaire.**

$ii)$ Considérons le $\mathbb{R}$−espace vectoriel $E = \mathbb{R}^2$ muni de $\| \ \|_\infty$. La boule unité fermée B_E de E est donc le carré de centre 0_E et de sommets les points $A(1,1)$, $B(1,-1)$, $C(-1,-1)$ et $D(-1,1)$ (*cf* figure ci-après).
Les points extrémaux de B_E sont alors les sommets de ce carré et non l'intégralité de la sphère unité de E, S_E.
Malgré tout, l'ensemble des points extrémaux de B_E est toujours inclus dans S_E.

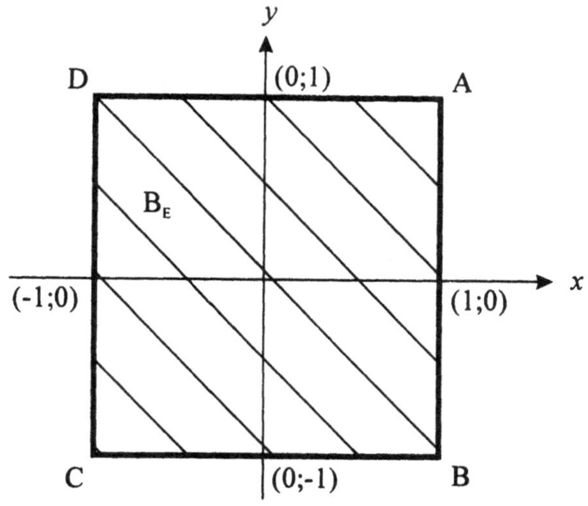

• *Soit P un projecteur non nul d'un espace euclidien E - E est un $\mathbb{R}$−espace vectoriel de dimension finie muni d'un produit scalaire $\langle .,. \rangle$. Montrer l'équivalence des propositions suivantes :*
$i)$ $\| P \|_{\mathrm{L}} = 1$;
$ii)$ P est un projecteur orthogonal.

■ Montrons $ii) \Longrightarrow i)$.

Supposons que P soit un projecteur orthogonal.
Comme pour tout projecteur, on a déjà $\| P \|_{\mathrm{L}} \geqslant 1$.
Soit $I = \operatorname{Im} P$ et $K = \operatorname{Ker} P$. On a $E = I \oplus K$ et $I = K^{\perp}$. Soit $x \in E$: écrivons donc $x = x_I + x_K$ où $x_I \in I$ et $x_K \in K$. On a alors $P(x) = x_I$, et, par Pythagore,

$$\| P(x) \|^2 = \| x_I \|^2 = \| x \|^2 - \| x_K \|^2 \leqslant \| x \|^2 .$$

Ainsi, pour tout $x \in E$, $\| P(x) \| \leqslant \| x \|$, et donc $\| P \|_{\mathrm{L}} \leqslant 1$.
Finalement, on en conclut bien $\| P \|_{\mathrm{L}} = 1$.

■ Montrons $ii) \Longrightarrow i)$.

Supposons que $\| P \|_{\mathrm{L}} = 1$.
Soit toujours $I = \operatorname{Im} P$ et $K = \operatorname{Ker} P$. On a encore $E = I \oplus K$.

Il nous faut démontrer que $I \perp K$.

Soit alors $x \in K$, $y \in I$ et $\lambda \in \mathbb{R}$. Posons $z = \lambda x + y$. Par hypothèse, on a $\| P(z) \|^2 \leqslant \| z \|^2$, soit $\| y \|^2 \leqslant \lambda^2 \| x \|^2 + 2\lambda \langle x, y \rangle + \| y \|^2$ et donc, pour tout $\lambda \in \mathbb{R}$, $\lambda^2 \| x \|^2 + 2\lambda \langle x, y \rangle \geqslant 0$.
Bref, le polynôme de degré 2 $\| x \|^2 X^2 + 2\langle x, y \rangle X$ est toujours positif. Par conséquent, $\Delta = 4(\langle x, y \rangle)^2 \leqslant 0$ et donc $\langle x, y \rangle = 0$, c'est-à-dire $x \perp y$ et finalement, $I \perp K$.

L13 ♣ ♣ ♣

Propriétés topologiques de $\mathbb{R}$ et sous-ensembles remarquables de $\mathbb{R}$ (une construction de $\mathbb{R}$ étant admise).

DÉVELOPPEMENTS : D19 - D20

BIBLIOGRAPHIE : [AF1] [AF2] [Gdy] [Gx2] [MCDT] [P]

> En introduction, on rappellera rapidement la construction de $\mathbb{R}$ choisie, ainsi que les propriétés qui en découlent.

Si l'on appelle $\mathcal{C}$ l'anneau des suites de Cauchy de $\mathbb{Q}$ et I l'idéal de $\mathcal{C}$ formé des suites convergeant vers 0, alors $\mathbb{R}$ a été construit comme l'anneau-quotient $\mathcal{C}/\mathcal{I}$.

$(\mathbb{R}, +, ., \leqslant)$ est alors un corps commutatif, totalement ordonné et archimédien.

De plus, $\mathbb{R}$ possède la propriété de la borne supérieure.

Enfin, l'application $d : \mathbb{R}^2 \longrightarrow \mathbb{R}^+,\ (x, y) \longmapsto |\, x - y\,|$ est une distance sur $\mathbb{R}$ et l'espace métrique $(\mathbb{R}, d)$ est complet.

Au cours de cette leçon, $\mathbb{R}$ sera toujours muni de la distance d.

A) Sur la topologie de $\mathbb{R}$

1) Les ouverts de $\mathbb{R}$

Proposition 1 :

Une partie ω de $\mathbb{R}$ est ouverte si et seulement si $\omega = \emptyset$ ou si pour tout $a \in \omega$, il existe $r > 0$ tel que $]a - r, a + r[\ \subset \omega$ [Gdy p 9].

2) Conséquence de la complétude

Proposition 2 :

L'application $\|\ \| : \mathbb{R} \longrightarrow \mathbb{R}^+,\ x \longmapsto |\,x\,|$ est une norme sur $\mathbb{R}$. L'espace $(\mathbb{R}, \|\ \|)$ est alors un espace de Banach [Gdy p 20].

B) Les sous-ensembles remarquables de $\mathbb{R}$

Dans cette partie, on suppose connues les définitions de parties compactes, connexes et convexes.

1) Les compacts de $\mathbb{R}$

Proposition 3 :

Si $(a,b) \in \mathbb{R}^2$ avec $a \leqslant b$ alors le segment $[a,b]$ est compact [Gx2 p 43].

Application 1 : la caractérisation des compacts de $\mathbb{R}$.

Les parties compactes de $\mathbb{R}$ sont exactement les parties fermées et bornées de $\mathbb{R}$ [Gx2 p 45].

2) Les connexes de $\mathbb{R}$

Proposition 4 :

Les parties connexes de $\mathbb{R}$ sont exactement les intervalles de $\mathbb{R}$ [Gdy p 40].

Application 2 : le théorème des valeurs intermédiaires.

Soit I un intervalle de $\mathbb{R}$ et $f \in \mathcal{C}(I,\mathbb{R})$. Alors $f(I)$ est un intervalle [Gdy p 41].

3) Les convexes de $\mathbb{R}$

Proposition 5 :

Les parties convexes de $\mathbb{R}$ sont exactement les intervalles de $\mathbb{R}$ [P p 24].

4) Les parties dénombrables de $\mathbb{R}$

Définition 1 :

Une partie D de $\mathbb{R}$ est dite dénombrable si et seulement s'il existe une bijection de $\mathbb{N}$ sur D [AF1 p 59].

Exemple 1 : $\mathbb{Z}$ et $\mathbb{Q}$ sont dénombrables [AF1 p 61].

Exemple 2 : $\mathbb{R}$ n'est pas dénombrable [P p 19].

Exemple 3 : l'ensembles des réels algébriques est dénombrable. Aussi existe-t-il des réels transcendants [P p 20].

Proposition 6 :

Tout ouvert peut s'écrire, de manière unique, comme une réunion dénombrable d'intervalles ouverts disjoints [P p 24].

> On prendra garde de ne pas énoncer cette proposition dans la section consacrée aux ouverts de $\mathbb{R}$ car, à ce niveau, les parties dénombrables n'ont pas encore été définies.

5) Les parties denses de $\mathbb{R}$

Définition 2 :

> *Une partie S de $\mathbb{R}$ est dense dans $\mathbb{R}$ si et seulement si pour pour tout $(a,b) \in \mathbb{R}^2$ avec $a < b$, $]a,b[\cap S \neq \emptyset$* `Gdy p 10`.

Exemple 4 : $\mathbb{Q}$ et $\mathbb{R} \setminus \mathbb{Q}$ sont denses dans $\mathbb{R}$ `Gdy p 10`.

Application 3 : si f est un homomorphisme continu de $(\mathbb{R}, +)$ alors, pour tout $x \in \mathbb{R}$, $f(x) = f(1)x$ `P p 22`.

Théorème 1 :

> *$\mathbb{R}$ est un espace de Baire : toute intersection dénombrable d'ouverts de $\mathbb{R}$ denses dans $\mathbb{R}$ est dense dans $\mathbb{R}$, ou de manière équivalente, toute réunion dénombrable de fermés de $\mathbb{R}$ d'intérieur vide est d'intérieur vide* `Gdy p 390`.

Application 4 : soit $f : \mathbb{R} \longrightarrow \mathbb{R}$ une application dérivable. Alors l'ensemble des points de continuité de l'application dérivée est dense dans $\mathbb{R}$ `Gdy p 394`.

6) Les sous-groupes additifs de $(\mathbb{R}, +)$

Théorème 2 :

> *Soit G un sous-groupe de $(\mathbb{R}, +)$. Alors G vérifie l'une ou l'autre des assertions suivantes :*
> *i) il existe $m \in \mathbb{R}^+$ tel que $G = m\mathbb{Z}$;*
> *ii) G est dense dans $\mathbb{R}$* `Gdy p 199`.

Application 5 : soit $(a,b) \in (\mathbb{R}^*)^2$. Alors l'ensemble $a\mathbb{Z} + b\mathbb{Z}$ est dense dans $\mathbb{R}$ si et seulement si $\dfrac{a}{b} \notin \mathbb{Q}$ `Gdy p 199`.

Application 6 : soit $r \in \mathbb{Q}^*$. Alors l'ensemble $\{\cos(rn) \mid n \in \mathbb{N}\}$ est dense dans $[-1,1]$ `MCDT p 51`.

7) Sur l'ensemble triadique de Cantor

Définition 3 :

> *Définissons, par récurrence, une suite (K_n) de parties de $[0,1]$.*
> *Posons $K_0 = [0,1]$.*
> *Pour $n \in \mathbb{N}$, écrivons K_n comme la réunion disjointe $\bigcup_{k \in I_n} [\alpha_k, \beta_k]$. On pose alors*
>
> $$K_{n+1} = \bigcup_{k \in I_n} \left(\left[\alpha_k,\ \alpha_k + \frac{\beta_k - \alpha_k}{3}\right] \cup \left[\beta_k - \frac{\beta_k - \alpha_k}{3},\ \beta_k\right] \right).$$
>
> *L'ensemble triadique de Cantor K est alors défini par $K = \bigcap_{n \in \mathbb{N}} K_n$* `Gdy p 62`.

Exemple 5 : K est un espace fermé, d'intérieur vide, sans point isolé. De plus, K est en bijection avec $\mathbb{R}$ `Gdy p 62`.

REMARQUES :

• Durant cette leçon, il est important de connaître les propriétés de $\mathbb{R}$ qui découlent de sa construction : la propriété de la borne supérieure, la complétude de $(\mathbb{R}, d)$.

• On prendra bien garde à ne pas énoncer des propositions qui font appel à des notions qui seront définies ultérieurement : par exemple, on n'exposera pas le théorème de Baire avant d'avoir défini la notion de parties denses.

QUESTIONS :

• *Quelles sont les isométries de* $(\mathbb{R}, |\ |)$ *?*

Si $f : \mathbb{R} \longrightarrow \mathbb{R}$ est une isométrie alors pour tout $(x, y) \in \mathbb{R}^2$, $|f(x)-f(y)| = |x-y|$. Ainsi donc, pour tout $x \in \mathbb{R}$, $|f(x) - f(0)| = |x|$.

Bref, pour tout réel x, ou bien $f(x) - f(0) = x$ ou bien $f(x) - f(0) = -x$.

> L'idée est de montrer que l'on a l'alternative suivante :
> ou bien pour tout $x \in \mathbb{R}$, $f(x) - f(0) = x$;
> ou bien pour tout $x \in \mathbb{R}$, $f(x) - f(0) = -x$.

Supposons qu'il existe deux réels distincts x_1 et x_2 tels que $f(x_1) - f(0) = x_1$ et $f(x_2) - f(0) = -x_2$. Par différence, il vient $f(x_1) - f(x_2) = x_1 + x_2$ et ainsi $|f(x_1) - f(x_2)| = |x_1 + x_2| = |x_1 - x_2|$. Ainsi, soit $x_1 + x_2 = x_1 - x_2$, soit $x_1 + x_2 = x_2 - x_1$, et alors, ou bien $x_1 = 0$ ou bien $x_2 = 0$.

■ Si $x_1 \neq 0$ alors $x_2 = 0$ et ainsi, $\{x \in \mathbb{R} \mid f(x) - f(0) = -x\} = \{0\}$, d'où $\{x \in \mathbb{R} \mid f(x) - f(0) = x\} = \mathbb{R}$: f est une translation.

■ Si $x_2 \neq 0$, on obtient $\{x \in \mathbb{R} \mid f(x) - f(0) = -x\} = \mathbb{R}$: f est une symétrie centrale.

Réciproquement les translations et les symétries centrales sont bien-sûr des isométries de $(\mathbb{R}, |\ |)$.

On en conclut donc que les isométries de $(\mathbb{R}, |\ |)$ sont exactement les translations et les symétries centrales.

• *Montrer que l'ensemble des rationnels décimaux inversibles* $\mathcal{D}$ *est dense dans* $\mathbb{R}$.

Si d est un décimal, il existe $a \in \mathbb{Z}$ et $n \in \mathbb{N}$ tels que $d = \dfrac{a}{10^n}$. Si $d \in \mathcal{D}$ alors il existe $b \in \mathbb{Z}$ et $m \in \mathbb{N}$ tels que $\dfrac{a}{10^n}\dfrac{b}{10^m} = 1$ soit $ab = 10^{n+m}$, c'est-à-dire que a et b ne contiennent que 2 et 5 comme diviseurs premiers.

Bref, si $d \in \mathcal{D}$, il existe $(\alpha, \beta) \in \mathbb{Z}^2$ tels que $d = s2^\alpha 5^\beta$ avec $s \in \{-1, 1\}$. Mais tout élément de la forme $s2^\alpha 5^\beta$ avec $(\alpha, \beta) \in \mathbb{Z}^2$ est clairement dans $\mathcal{D}$.
Aussi obtient-t-on

$$\mathcal{D} = \{s2^\alpha 5^\beta \mid (\alpha, \beta) \in \mathbb{Z}^2,\ s \in \{-1, 1\}\}.$$

Par ailleurs, le réel $\dfrac{\log 2}{\log 5}$ est irrationnel : en effet, si l'on avait $\dfrac{\log 2}{\log 5} = \dfrac{p}{q}$ où $(p, q) \in (\mathbb{N}^*)^2$, on aurait alors $2^q = 5^p$, ce qui est absurde d'après la décomposition en facteurs premiers.
Ainsi donc, l'ensemble $H = \log 2\ \mathbb{Z} + \log 5\ \mathbb{Z}$ est dense dans $\mathbb{R}$.

Soit $\varepsilon > 0$.

■ Comme $\lim\limits_{n \to \infty} 2^{-n} = 0$, il existe $a \in \mathbb{N}$ tel que $0 < 2^{-a} < \varepsilon$. Bref, l'élément $d = 2^{-a} \in \mathcal{D}$ vérifie $|\, d - 0\, | < \varepsilon$.

■ Soit alors $x_0 \in \mathbb{R}_*^+$.

> On considère d'abord $x_0 \in \mathbb{R}_*^+$ afin de pouvoir s'intéresser au point $\log x_0$.

Par continuité de l'application exponentielle au point $\log x_0$, il existe $\eta > 0$ tel que pour tout x vérifiant $|\, x - \log x_0\, | < \eta$, $|\, \mathrm{e}^x - x_0\, | < \varepsilon$.

Mais, par densité de H dans $\mathbb{R}$, il existe $t \in H$ tel que $|\, t - \log x_0\, | < \eta$. Ecrivons $t = a \log 2 + b \log 5$, avec $(a, b) \in \mathbb{Z}^2$. Ainsi, $|\, \mathrm{e}^t - x_0\, | = |\, 2^a 5^b - x_0\, | < \varepsilon$.

On a donc trouvé $d = 2^a 5^b \in \mathcal{D}$ tel que $|\, d - x_0\, | < \varepsilon$.

Finalement, on a prouvé que $\mathcal{D} \cap \mathbb{R}_*^+$ est dense dans $\mathbb{R}_*^+$.

■ En considérant les opposés, on en concut que $\mathcal{D} \cap \mathbb{R}_*^-$ est dense dans $\mathbb{R}_*^-$.

En conclusion, $\mathcal{D}$ est dense dans $\mathbb{R}$.

L14 ♣ ♣

Différentiabilité d'une application définie sur un ouvert de $\mathbb{R}^n$. Exemples et applications.

DÉVELOPPEMENTS : D21 - D22

BIBLIOGRAPHIE : Gdy Gx3 H P Pr5

Dans toute cette leçon, n désignera un entier naturel non nul, U un ouvert de $\mathbb{R}^n$, $(F, \| \ \|_F)$ un $\mathbb{R}$-espace vectoriel normé et $f : U \longrightarrow F$ une application. De plus, $\mathcal{B} = (e_i)_{i=1\ldots n}$ sera la base canonique de $\mathbb{R}^n$. Enfin, $\mathbb{R}^n$ sera muni d'une norme quelconque $\| \ \|$.

A) Généralités

1) Fonctions différentiables

Définition 1 :

Soit $a \in U$. L'application f est différentiable en a si et seulement s'il existe une application linéaire $\ell_a : \mathbb{R}^n \longrightarrow F$ vérifiant

$$(\star) \qquad f(a+h) = f(a) + \ell_a(h) + \underset{h \to 0}{o}(\| h \|)$$

pour tout h de $\mathbb{R}^n$ vérifiant $a + h \in U$ Gdy p 299.

Propriété 1 :

Si f est différentiable au point $a \in U$ alors l'application linéaire vérifiant $(\star)$ est unique. Elle est appelée différentielle de f en a et est notée df_a Gdy p 299.

Définition 2 :

Si l'application f est différentiable en tout point de U, on dit alors que f est différentiable sur U et l'application $df : U \longrightarrow L(\mathbb{R}^n, F)$, $a \longmapsto df_a$ est appelée application différentielle de f. Lorsque df est continue, on dit que f est de classe $\mathcal{C}^1$ Gdy p 299.

> Bien évidemment, on pourrait aussi définir les applications de classe $\mathcal{C}^k$ où $k \in \mathbb{N}$.

Exemple 1 : soit I un intervalle non trivial de $\mathbb{R}$, $a \in I$ et $g : I \longrightarrow F$ une application.

Alors g est dérivable en a si et seulement si g est différentiable en a. Dans ce cas, l'application différentielle dg_a est donnée par $dg_a : \mathbb{R} \longrightarrow F$, $h \longmapsto hg'(a)$ `Gdy p 299`.

Exemple 2 : si $f \in L(\mathbb{R}^n, F)$ alors f est différentiable sur U, et pour tout point a de U, on a $df_a = f$ `Gdy p 300`.

Propriété 2 : si f est différentiable en $a \in U$ alors f est continue en a `Gdy p 300`.

> On pourra signaler que la réciproque est bien évidemment fausse.

Proposition 1 :

Munissons $\mathbb{R}^n$ d'un produit scalaire $\langle .,. \rangle$. Soit $a \in U$. Supposons f différentiable en a. Alors il existe un unique vecteur $g_a \in \mathbb{R}^n$ tel que

$$\forall h \in \mathbb{R}^n, \; df_a(h) = \langle g_a, h \rangle.$$

Ce vecteur g_a est appelé gradient de f en a `Gdy p 300`.

2) Dérivées suivant un vecteur

Définition 3 :

Soit $a \in U$ et $v \in \mathbb{R}^n$. On dit que f admet une dérivée partielle en a suivant le vecteur v si la fonction $t \longmapsto f(a+tv)$, définie sur un voisinage de 0, admet une dérivée en 0. Cette dérivée est notée $f'_v(a)$ `Gdy p 301`.

Propriété 3 :

Si f est différentiable en $a \in U$ alors f admet une dérivée en a selon tout vecteur v de $\mathbb{R}^n$ et de plus, $f'_v(a) = df_a(v)$ `Gdy p 301`.

> Bien sûr, on pourra signaler que la réciproque est fausse.
> D'ailleurs, le fait d'admettre des dérivées selon tout vecteur n'implique même pas la continuité. Considérons en effet $g : \mathbb{R}^2 \longrightarrow \mathbb{R}$, $(x,y) \longmapsto \frac{y^2}{x}$ si $x \neq 0$ et $g(0,y) = y$. Alors g admet une dérivée selon tout vecteur au point $(0,0)$ mais g n'est pas continue en $(0,0)$.

Définition 4 :

Soit $a \in U$ et $i \in [\![1,n]\!]$.

Si f admet une dérivée partielle en a selon e_i, on note alors $f'_{e_i}(a) = \frac{\partial f}{\partial x_i}(a)$.

Si f admet une dérivée partielle en tout a de U selon e_i alors l'application $\frac{\partial f}{\partial x_i} : U \longrightarrow F$, $a \longmapsto \frac{\partial f}{\partial x_i}(a)$ est appelée (i-ème) dérivée partielle de f `Gdy p 301`.

Propriété 4 : si $F = \mathbb{R}$ et si f est différentiable en $a \in U$ alors

$$df_a = \sum_{i=1}^{n} \frac{\partial f}{\partial x_i}(a) dx_i,$$

où $(dx_i)_{i=1\ldots n}$ désigne la base duale de la base $\mathcal{B}$ `Gdy p 301`.

Définition 5 :

Soit $k \in \mathbb{N}$. Sous réserve d'existence, on peut définir une dérivée partielle d'ordre k par la relation de récurrence $\dfrac{\partial^k f}{\partial x_{i_k} \dots \partial x_{i_1}} = \dfrac{\partial}{\partial x_{i_k}} \left(\dfrac{\partial^{k-1} f}{\partial x_{i_{k-1}} \dots \partial x_{i_1}} \right)$

Gdy p 302.

Définition 6 :

Supposons ici $F = \mathbb{R}^p$ où $p \in \mathbb{N}^*$. Si $f = (f_1, \dots, f_p)$ est différentiable en $a \in U$, alors la matrice $J_f(a)$ de df_a dans les bases canoniques de $\mathbb{R}^n$ et $\mathbb{R}^p$ est appelée la matrice jacobienne de f en a.

De plus, $J_f(a) = \left(\dfrac{\partial f_i}{\partial x_j}(a) \right)_{(i,j) \in [\![1,p]\!] \times [\![1,n]\!]}$ Gdy p 303.

B) Les grands théorèmes

1) Composition d'applications différentiables

Théorème 1 :

Soit $p \in \mathbb{N}^*$ et $g : U \longrightarrow \mathbb{R}^p$. De plus, soit V un ouvert de $\mathbb{R}^p$ vérifiant $g(U) \subset V$ et $h : V \longrightarrow F$. Soit enfin $a \in U$. Si g est différentiable en a et h est différentiable en $g(a)$ alors $h \circ g$ est différentiable en a et l'on a

$$d(h \circ g)_a = dh_{g(a)} \circ dg_a$$

Gdy p 300.

2) Une condition suffisante de différentiabilité

Théorème 2 :

Si les n dérivées partielles de f sur U existent et sont continues au point a de U alors f est différentiable en a et

$$\forall h = (h_1, \dots, h_n) \in \mathbb{R}^n, \ df_a(h) = \sum_{i=1}^{n} h_i \frac{\partial f}{\partial x_i}(a)$$

Gdy p 301.

On pourra signaler que la réciproque de ce théorème est fausse. Il suffit par exemple de s'intéresser à l'application $g : \mathbb{R} \longrightarrow \mathbb{R}$, $x \longmapsto x^2 \sin\left(\dfrac{1}{x}\right)$ si $x \neq 0$ et $g(0) = 0$. L'application g est en effet différentiable en 0 mais g' nest pas continue en 0.
Pour un contre-exemple utilisant une application de deux variables, on pourra lire H p 133.

Corollaire 1 :

Supposons que les n dérivées partielles de f existent sur U.
Alors f est de classe $\mathcal{C}^1$ si et seulement si ses dérivées partielles sont continues sur U P p 269.

3) L'inégalité des accroissements finis

Théorème 3 :

Soit $(a,b) \in U^2$ tel que le segment $[a,b]$ d'extrémités a et b soit inclus dans U. Si f est continue sur $[a,b]$, différentiable sur $]a,b[$ et s'il existe $C \in \mathbb{R}^+$ tel que pour tout $x \in]a,b[$, $\| df_x \|_{\mathrm{L}} \leqslant C$ alors $\| f(b) - f(a) \|_F \leqslant C \| b - a \|$ Gdy p 304.

4) Le théorème de Schwarz

Théorème 4 :

Soit V un ouvert de $\mathbb{R}^2$ et $g : V \longrightarrow \mathbb{R}$ une application admettant des dérivées partielles $\dfrac{\partial^2 g}{\partial x \partial y}$ et $\dfrac{\partial^2 g}{\partial y \partial x}$ sur V, continues en $a \in V$. Alors $\dfrac{\partial^2 g}{\partial x \partial y}(a) = \dfrac{\partial^2 g}{\partial y \partial x}(a)$ Gdy p 302.

On pourra signaler la généralisation de ce théorème dans le cas d'une application $f : U \longrightarrow \mathbb{R}$ où U est un ouvert de $\mathbb{R}^n$. A ce sujet, on pourra lire Gx3 p 315.

C) Applications

1) Le théorème du changement de variable en intégration

Théorème 5 :

On munit $\mathbb{R}^n$ de la mesure de Lebesgue. Soit V et W deux ouverts de $\mathbb{R}^n$, $g : W \longrightarrow \mathbb{R}$ une application intégrable et φ un $\mathcal{C}^1$-difféomorphisme de V sur W. Alors l'application $y \longmapsto (g \circ \varphi(y)) \left| \det(J_\varphi(y)) \right|$ est intégrable sur V et

$$\int_W g(x)\,\mathrm{d}x = \int_V (g \circ \varphi(y)) \left| \det(J_\varphi(y)) \right| \mathrm{d}y$$

P p 288.

2) La recherche d'extrema relatifs d'une fonction à valeurs réelles

Théorème 6 :

Soit $f \in \mathcal{C}^2(U, \mathbb{R})$ et $a \in U$ tel que $df_a = 0$. Notons Q la forme quadratique définie par : pour tout $h \in \mathbb{R}^n$,

$$Q(h) = \sum_{k=1}^{n} h_k^2 \frac{\partial^2 f}{\partial x_k^2}(a) + 2 \sum_{1 \leqslant i < j \leqslant n} h_i h_j \frac{\partial^2 f}{\partial x_i \partial x_j}(a).$$

i) Si f admet un minimum (respectivement maximum) relatif en a alors Q est une forme quadratique positive (respectivement négative).
ii) Si Q est une forme quadratique définie positive (respectivement définie négative) alors f admet un minimum (respectivement maximum) relatif en a Gdy p 310.

Exemple 3 : l'application $g : \mathbb{R}^2 \longrightarrow \mathbb{R}$, $(x,y) \longmapsto x^4 + y^4 - 2(x-y)^2$ admet deux minima relatifs Gdy p 311.

3) Plan tangent à une surface

Théorème 7 :

Soit g une application de classe $\mathcal{C}^1$ sur un ouvert V de $\mathbb{R}^3$. Soit de plus (S) la surface d'équation $g(x,y,z) = 0$. En un point non singulier $a = (x_a, y_a, z_a)$ de (S), la surface (S) admet un plan tangent d'équation :

$$(x - x_a)\frac{\partial g}{\partial x}(a) + (y - y_a)\frac{\partial g}{\partial y}(a) + (z - z_a)\frac{\partial g}{\partial z}(a) = 0$$

Pr5 p 166.

REMARQUES :

• On prendra garde à l'ordre dans lequel les grands théorèmes sont énoncés.
En effet, la preuve de la condition suffisante de différentiabilité, proposée *avant* l'inégalité des accroissements finis, fait appel à l'inégalité des accroissements finis dans le cadre d'une fonction d'*une seule* variable réelle, inégalité qui peut donc avoir été exposée dans un chapitre antérieur. A partir du moment où cette idée reste présente à l'esprit, le plan ci-dessus est cohérent.
D'ailleurs, il est bon de se souvenir que la démonstration de l'inégalité *générale* des accroissements finis repose sur l'inégalité des accroissements finis dans le cadre d'une fonction d'*une seule* variable réelle.

• En applications, on pourrait aussi présenter le théorème d'inversion locale ou encore le théorème des fonctions implicites.

QUESTIONS :

On munit $\mathbb{R}^n$ d'un produit scalaire $\langle .,. \rangle$. Soit $\| \ \|$ la norme associée.
Etudier la différentiabilité de l'application $g : \mathbb{R}^n \setminus \{0\} \longrightarrow \mathbb{R}_*^+$, $x \longmapsto \| x \|$. Puis calculer dg_x pour $x \in \mathbb{R}^n \setminus \{0\}$.

Soit U l'ouvert $\mathbb{R}^n \setminus \{0\}$.

Etudions tout d'abord la différentiabilité de l'application $t = g \times g = \| . \|^2$ sur U.

Soit donc $x \in U$ et $h \in \mathbb{R}^n$. On a

$$\| x + h \|^2 = \| x \|^2 + 2\langle x, h \rangle + \| h \|^2 = t(x) + 2\langle x, h \rangle + \| h \|^2.$$

Comme l'application $h \longmapsto 2\langle x, h \rangle$ est linéaire et comme $\| h \|^2 \underset{h \to 0}{=} o(\| h \|)$, l'application t est différentiable sur U avec, pour tout $x \in U$, $dt_x = 2\langle x, . \rangle$.

Par ailleurs, l'application $r : \mathbb{R}_*^+ \longrightarrow \mathbb{R}$, $u \longmapsto \sqrt{u}$ est dérivable sur $\mathbb{R}_*^+$, donc différentiable sur $\mathbb{R}_*^+$, avec $dr_u(k) = \dfrac{k}{2\sqrt{u}}$ pour tout $(k, u) \in \mathbb{R} \times \mathbb{R}_*^+$.

Mais comme $g = r \circ t$, le théorème de différentiabilité des applications composées prouve alors que g est différentiable sur U avec $dg_x = dr_{t(x)} \circ dt_x$ pour tout $x \in U$. Bref,

$$\forall x \in U,\ \forall h \in \mathbb{R}^n,\ dg_x(h) = \frac{2\langle x, h\rangle}{2\sqrt{t(x)}} = \frac{\langle x, h\rangle}{\| x \|}.$$

• *Soit $g : \mathbb{R}^n \longrightarrow \mathbb{R}$ une application différentiable en 0 telle que pour tout $x \in \mathbb{R}^n \setminus \{0\}$ et pour tout $t \in \mathbb{R}_*^+$, $g(tx) = tg(x)$. Montrer que g est linéaire.*

> Tout va consister à montrer que g est égal à sa différentielle en 0, à savoir dg_0.

Soit x un vecteur non nul de $\mathbb{R}^n$.

Comme g est différentiable en 0, l'application g est continue en 0. Ainsi, $\lim\limits_{t \to 0,\ t>0} g(tx) = g(0)$. Or, pour tout $t \in \mathbb{R}_*^+$, on a $g(tx) = tg(x)$. Aussi obtient-on $\lim\limits_{t \to 0,\ t>0} g(tx) = \lim\limits_{t \to 0,\ t>0} tg(x) = 0$. Bref, $g(0) = 0$.

Par ailleurs, la différentiabilité de g en 0 donne

$$\forall t \in \mathbb{R}_*^+,\ tg(x) = g(tx) = g(0) + dg_0(tx) + tx\varepsilon(tx) = tdg_0(x) + tx\varepsilon(tx)$$

où ε est une application vérifiant $\lim\limits_{y \to 0} \varepsilon(y) = 0$. En simplifiant l'égalité ci-dessus, il vient

(1) $$g(x) = dg_0(x) + x\varepsilon(tx).$$

En faisant tendre t vers 0^+ dans (1), on obtient donc

$$g(x) = dg_0(x).$$

Mais cette égalité est encore vraie en $x = 0$ car $g(0) = 0 = dg_0(0)$.

Finalement, on a prouvé $g = dg_0$ et ainsi, l'application g est bien linéaire.

L15 ♣♣♣

Formules de Taylor pour les fonctions d'une ou plusieurs variables réelles. Applications.

DÉVELOPPEMENTS : D23 - D24

BIBLIOGRAPHIE : [CMOS1] [Gdy] [LS3] [P]

> En introduction, on pourra signaler que la leçon sera particulièrement axée autour des fonctions d'une variable réelle.

A) Cas des fonctions d'une variable réelle

Dans toute cette section, n désigne un entier naturel, I un intervalle non trivial de $\mathbb{R}$ et $[a, b]$ un segment de $\mathbb{R}$.

1) La formule de Taylor-Young

Théorème 1 :

Soit $f : I \longrightarrow \mathbb{R}$ une application de classe $\mathcal{C}^n$ sur I. Soit de plus $a \in I$ tel que $f^{(n+1)}(a)$ existe. Alors

$$f(a+h) = \sum_{k=0}^{n} \frac{h^k}{k!} f^{(k)}(a) + \frac{h^{n+1}}{(n+1)!} f^{(n+1)}(a) + \underset{h \to 0}{o}(h^{n+1})$$

[Gdy p 73].

> On insistera oralement sur le caractère local de la formule de Taylor-Young.

Application 1 : la formule de Taylor-Young permet d'obtenir le développement limité de fonctions usuelles, par exemple $\sin x = \sum_{k=0}^{n} \frac{(-1)^k}{(2k+1)!} x^{2k+1} + \underset{x \to 0}{o}(x^{2n+2})$ [Gdy p 88].

Application 2 : la formule de Taylor-Young permet de calculer certaines limites, par exemple $\lim\limits_{\substack{x \to 0 \\ x \neq 0}} \frac{\tan x - x}{\sin x - x} = 2$ [Gdy p 89].

Application 3 : soit $f \in \mathcal{C}^\infty(I, \mathbb{R})$ et $\alpha \in I$ un zéro de f d'ordre fini. Alors α est un point isolé. Ainsi, si f possède une infinité de zéros dans le compact $[a, b]$ de I, il existe au moins un zéro d'ordre infini [P p 105].

Application 4 : la formule de Taylor-Young permet d'établir la nature de certaines séries numériques, par exemple la série $\sum \sin(\pi\sqrt{n^2+1})$ est divergente [LS3 p 48].

Application 5 : le théorème de Darboux.

> *Soit I un intervalle de $\mathbb{R}$ et $f : I \longrightarrow \mathbb{R}$ une application dérivable sur I. Alors $f'(I)$ est un intervalle* [Gdy p 76].

2) La formule de Taylor-Lagrange

Théorème 2 :

> *Soit une application $f \in \mathcal{C}^n([a, b], \mathbb{R})$ telle que $f^{(n+1)}$ existe sur $]a, b[$. Alors il existe $c \in\,]a, b[$ tel que*
>
> $$f(b) = \sum_{k=0}^{n} \frac{(b-a)^k}{k!} f^{(k)}(a) + \frac{(b-a)^{(n+1)}}{(n+1)!} f^{(n+1)}(c)$$
>
> [Gdy p 71].

> On insistera oralement sur le fait que cette formule est valable pour les fonctions à but réel.
>
> **Extrait du rapport du jury 1994**
>
> *L'erreur classique qui conduit à utiliser l'égalité de Taylor-Lagrange pour des fonctions vectorielles n'est toujours pas évitée.*
>
> D'autre part, on pourra noter que si $n = 0$, la formule de Taylor-Lagrange est exactement le théorème des accroissements finis.

Application 6 : la formule de Taylor-Lagrange permet l'obtention d'encadrements, par exemple $x - \dfrac{x^2}{2} \leqslant \log(1+x) \leqslant x - \dfrac{x^2}{2} + \dfrac{x^3}{3}$ pour tout $x \geqslant 0$ [Gdy p 74].

Application 7 : la formule de Taylor-Lagrange permet de calculer certaines limites, par exemple

i) $\displaystyle\lim_{n\to+\infty} \sum_{k=1}^{n} \frac{(-1)^k}{k} = \log 2$ [P p 106] ;

ii) soit $f \in \mathcal{C}([0,1], \mathbb{R}_*^+)$, alors $\displaystyle\lim_{x\to 0,\ x>0} \left(\int_0^1 (f(t))^x \,\mathrm{d}t\right)^{\frac{1}{x}} = \exp\left(\int_0^1 \log f(t)\,\mathrm{d}t\right)$

[LS3 p 136].

Application 8 : les inégalités de Kolmogorov.

> *Soit n un entier supérieur ou égal à 2. Soit $f \in \mathcal{C}^\infty(\mathbb{R}, \mathbb{R})$. Pour $p \in [\![0, n]\!]$, on pose $M_p = \sup\limits_{t\in\mathbb{R}} |\, f^{(p)}(t)\,| \in \mathbb{R}^+ \cup \{+\infty\}$. On suppose que M_0 et M_n sont réels. On a alors les résultats suivants :*
>
> *i) pour tout $p \in [\![0, n]\!]$, M_p est réel ;*
>
> *ii) pour tout $m \in [\![1, n]\!]$ et pour tout $k \in [\![0, m]\!]$, $M_k \leqslant 2^{\frac{k(m-k)}{2}} M_0^{1-\frac{k}{m}} M_m^{\frac{k}{m}}$*
>
> [Gdy p 81].

3) La formule de Taylor avec reste intégral

Théorème 3 :

Soit $f \in \mathcal{C}^{n+1}([a,b],\mathbb{R})$. *Alors*

$$f(b) = \sum_{k=0}^{n} \frac{(b-a)^k}{k!} f^{(k)}(a) + \int_a^b \frac{(b-t)^n}{n!} f^{(n+1)}(t)\,\mathrm{d}t$$

Gdy p 74.

Application 9 : la formule de Taylor avec reste intégral permet d'établir la nature de certaines séries numériques, par exemple la série $\sum \frac{\cos \log n}{n}$ est divergente LS3 p 49.

Application 10 : soit une application $f \in \mathcal{C}^1(\mathbb{R}^+,\mathbb{R})$ telle que l'intégrale $\int_0^{+\infty} f(t)\,\mathrm{d}t$ converge et telle que l'application $x \longmapsto \int_x^{x+1} (f'(t))^2\,\mathrm{d}t$ soit bornée sur $\mathbb{R}^+$. Alors $\lim_{x\to+\infty} f(x) = 0$ LS3 p 123.

Application 11 : le réel e n'est pas quadratique CMOS1 p 140.

> Signalons que ce résultat peut aussi être obtenu à partir de l'égalité de Taylor-Lagrange. A ce sujet, on pourra lire Gdy p 103.

Application 12 : le théorème de Bernstein pour les séries entières.

Soit $a > 0$ *et soit* $f \in \mathcal{C}^\infty(]-a,a[,\mathbb{R})$ *telle que pour tout* $p \in \mathbb{N}$ *et pour tout* $x \in]-a,a[$, $f^{(2p)}(x) \geqslant 0$. *Alors* f *est développable en série entière sur* $]-a,a[$ Gdy p 248.

> En conclusion à cette première partie, on signalera les deux points suivants :
> *i*) les trois formules ci-dessus ont été énoncées dans l'ordre croissant des hypothèses ;
> *ii*) la formule de Taylor-Young (respectivement la formule de Taylor avec reste intégral) reste valable pour une application à valeurs dans un $\mathbb{R}-$espace vectoriel normé (respectivement un $\mathbb{R}-$espace de Banach). Il est alors à noter que la formule de Taylor-Young pour les fonctions à valeurs dans $\mathbb{R}^2$ permet d'obtenir la classification des points d'une courbe paramétrée plane de classe $\mathcal{C}^k$, $k \geqslant 2$.
>
> **Extrait du rapport du jury 1996**
>
> *Les applications géométriques ne sont jamais citées.*

B) Cas des fonctions de plusieurs variables réelles

Dans toute cette section, n et p désignent un entier supérieur ou égal à 1, U un ouvert non vide de $\mathbb{R}^n$, $f : U \longrightarrow \mathbb{R}^p$ une application de classe $\mathcal{C}^2$, a un point de U et enfin $h = (h_1, \ldots, h_n)$ un élément de $\mathbb{R}^n$.

> On signalera qu'on s'est restreint à l'étude des fonctions de classe $\mathcal{C}^2$ seulement : c'est en effet le cas le plus courant.

1) Les formules

Théorème 4 : la formule de Taylor avec reste intégral.

On suppose que le point h est tel que le segment $[a, a+h]$ est inclus dans U. Posons $\Delta(f,a,h) = f(a+h) - f(a) - \sum_{k=1}^{n} h_k \frac{\partial f}{\partial x_k}(a)$. Alors

$$\Delta(f,a,h) = \int_0^1 (1-t)\left(\sum_{k=1}^{n} h_k^2 \frac{\partial^2 f}{\partial x_k^2}(a+th) + 2 \sum_{1 \leqslant i < j \leqslant n} h_i h_j \frac{\partial^2 f}{\partial x_i \partial x_j}(a+th)\right) \mathrm{dt}$$

Gdy p 305.

Théorème 5 : la formule de Taylor-Young.

En conservant les notations du théorème précédent, on a

$$\Delta(f,a,h) = \sum_{k=1}^{n} h_k^2 \frac{\partial^2 f}{\partial x_k^2}(a) + 2 \sum_{1 \leqslant i < j \leqslant n} h_i h_j \frac{\partial^2 f}{\partial x_i \partial x_j}(a) + \underset{h \to 0}{o}(\| h \|^2)$$

Gdy p 305.

> On signalera oralement qu'il existe aussi la formule de Taylor-Lagrange pour les fonctions à valeurs réelles seulement.
> Par ailleurs, on insistera sur le fait que toutes ces formules sont en fait obtenues à partir des formules vues dans le cadre d'une fonction d'une variable réelle : en effet, on se ramène facilement à ce cadre en considérant l'application $t \longmapsto f(a+th)$.

2) Applications

Application 13 : recherche des extrema des fonctions à valeurs réelles.

Soit $f \in \mathcal{C}^2(U, \mathbb{R})$ et $a \in U$ tel que $df_a = 0$. Notons Q la forme quadratique définie par : pour tout $h \in \mathbb{R}^n$,

$$Q(h) = \sum_{k=1}^{n} h_k^2 \frac{\partial^2 f}{\partial x_k^2}(a) + 2 \sum_{1 \leqslant i < j \leqslant n} h_i h_j \frac{\partial^2 f}{\partial x_i \partial x_j}(a).$$

i) Si f admet un minimum (respectivement maximum) relatif en a alors Q est une forme quadratique positive (respectivement négative).
ii) Si Q est une forme quadratique définie positive (respectivement définie négative) alors f admet un minimum (respectivement maximum) relatif en a Gdy p 310.

Application 14 : le lemme d'Hadamard.

Soit $f \in \mathcal{C}^\infty(\mathbb{R}^n,\mathbb{R})$ *vérifiant* $f(0) = 0$ *et* $df_0 = 0$. *Alors, pour tout* $x = (x_1,\dots,x_n) \in \mathbb{R}^n$, $f(x) = \sum_{(i,j)\in[\![1,n]\!]^2} x_i x_j \varphi_{i,j}(x_1,\dots,x_n)$ où, pour tout $(i,j) \in [\![1,n]\!]^2$, $\varphi_{i,j} \in \mathcal{C}^\infty(\mathbb{R}^n,\mathbb{R})$ Gdy p 308.

REMARQUES :

- L'ordre dans lequel sont proposées les trois formules doit être réfléchi. La présentation la plus logique consiste certainement à exposer les théorèmes en suivant l'ordre croissant des hypothèses.
- On consacrera volontairement moins de temps aux formules pour les fonctions de plusieurs variables réelles dans la mesures où elles se déduisent, par un simple changement de fonction, des formules pour les fonctions d'une variable réelle.
- **Extrait du rapport du jury 1996**

Il convient de donner les liens entre les différents théorèmes énoncés, en distinguant les cas réel et vectoriel.

- **Extrait du rapport du jury 1994**

Les formules de Taylor pour des fonctions de plusieurs variables, et notamment leur application aux recherches d'extrema, ont mis en difficulté beaucoup de candidats qui dominaient mal le calcul différentiel.

QUESTIONS :

- *Soit I un intervalle non trivial de $\mathbb{R}$, a un point de I et $f \in \mathcal{C}^2(I,\mathbb{R})$ une application telle que $f^{(3)}(a)$ existe. Déterminer*

$$\lim_{\substack{h\to 0\\ h\neq 0}} \frac{1}{h^3}\big(f(a+3h) - 3f(a+2h) + 3f(a+h) - f(a)\big).$$

Les hypothèses sur f montrent que la formule de Taylor-Young s'applique au point a, ce qui donne

$$f(a+3h) = f(a) + 3hf'(a) + \frac{(3h)^2}{2!}f''(a) + \frac{(3h)^3}{3!}f^{(3)}(a) + \underset{h\to 0}{o}(h^3)$$

$$f(a+3h) = f(a) + 3hf'(a) + \frac{9h^2}{2}f''(a) + \frac{9h^3}{2}f^{(3)}(a) + \underset{h\to 0}{o}(h^3)$$

$$f(a+2h) = f(a) + 2hf'(a) + \frac{(2h)^2}{2!}f''(a) + \frac{(2h)^3}{3!}f^{(3)}(a) + \underset{h\to 0}{o}(h^3)$$

$$f(a+2h) = f(a) + 2hf'(a) + 2h^2f''(a) + \frac{4h^3}{3}f^{(3)}(a) + \underset{h\to 0}{o}(h^3)$$

$$f(a+h) = f(a) + hf'(a) + \frac{h^2}{2!}f''(a) + \frac{h^3}{3!}f^{(3)}(a) + \underset{h\to 0}{o}(h^3)$$

$$f(a+h) = f(a) + hf'(a) + \frac{h^2}{2}f''(a) + \frac{h^3}{6}f^{(3)}(a) + \underset{h\to 0}{o}(h^3)$$

Ainsi, $f(a+3h) - 3f(a+2h) + 3f(a+h) - f(a) = h^3 f^{(3)}(a) + \underset{h\to 0}{o}(h^3)$. On en déduit donc que la limite cherchée est $\ell = f^{(3)}(a)$.

• *Soit* $f \in \mathcal{C}^2([0,1],\mathbb{R})$ *une application vérifiant* $f(0) = 0$. *On définit alors la suite* (s_n) *par : pour tout* $n \in \mathbb{N}$, $s_n = \sum_{k=1}^{n} f\left(\frac{k}{n^2}\right)$. *Etudier la convergence de la suite* (s_n).

Par hypothèse sur l'application f, la formule de Taylor-Lagrange s'applique en 0. Ainsi, pour tout $n \in \mathbb{N}^*$ et pour tout $k \in [\![1,n]\!]$, il existe $\alpha_{k,n} \in]0,1[$ tel que

$$(\star) \qquad f\left(\frac{k}{n^2}\right) = \frac{k}{n^2}f'(0) + \frac{k^2}{2n^4}f''(\alpha_{k,n}).$$

On obtient alors

$$(\star\star) \quad s_n = \frac{f'(0)}{n^2}\sum_{k=1}^{n} k + \frac{1}{2n^4}\sum_{k=1}^{n} k^2 f''(\alpha_{k,n}) = \frac{f'(0)}{2}\frac{n+1}{n} + \frac{1}{2n^4}\sum_{k=1}^{n} k^2 f''(\alpha_{k,n}).$$

Mais f'' est continue sur le compact $[0,1]$: il existe donc $M \in \mathbb{R}^+$ tel que pour tout $t \in [0,1]$, $|f''(t)| \leqslant M$.

Ainsi, $\left|\sum_{k=1}^{n} k^2 f''(\alpha_{k,n})\right| \leqslant M\sum_{k=1}^{n} k^2 \leqslant Mn^3$ et donc $\left|\frac{1}{2n^4}\sum_{k=1}^{n} k^2 f''(\alpha_{k,n})\right| \leqslant \frac{M}{2n}$.

Finalement, l'égalité $(\star\star)$ prouve que

$$\lim_{n\to\infty} s_n = \frac{f'(0)}{2}.$$

L16 ♣♣♣

Extrema d'une fonction d'une ou plusieurs variables réelles. Exemples et applications.

DÉVELOPPEMENTS : D25 - D26

BIBLIOGRAPHIE : [AF2] [Gdy] [LS4] [P] [RODx2]

Dans toute cette leçon, on adoptera les notations suivantes : $n \in \mathbb{N}^*$, $\| \ \|$ est une norme quelconque sur $\mathbb{R}^n$ et enfin, E est l'espace vectoriel normé $(\mathbb{R}^n, \| \ \|)$.

En introduction, on rappellera les définitions suivantes : si A est une partie de E et $f : A \longrightarrow \mathbb{R}$, on dit que f admet en $a \in A$:
i) un maximum (respectivement minimum) absolu (ou global) si et seulement si pour tout $x \in A$, $f(x) \leqslant f(a)$ (respectivement $f(x) \geqslant f(a)$) ;
ii) un extremum absolu (ou global) si et seulement si f présente en a un maximum ou un minimum ;

> Notons que lorsque l'on omet l'adjectif *absolu*, celui-ci est en fait sous-entendu.

iii) un extremum relatif (ou local) si et seulement si il existe un voisinage V_a de a tel que la restriction de f à $V_a \cap A$ admette un extremum en a [AF2 p 118].

A) Extremum et compacité

1) Théorème fondamental

Théorème 1 :

Soit K un compact de E et $f \in \mathcal{C}(K, \mathbb{R})$. Alors f est bornée et atteint ses bornes [Gdy p 31].

2) Applications

Application 1 :

Sur un $\mathbb{R}$−espace vectoriel de dimension finie, les normes sont équivalentes [P p 68].

> Oralement, on en déduira que les parties compactes d'un $\mathbb{R}$−espace vectoriel normé de dimension finie sont les parties fermées bornées.
> ▲ Attention : on s'est limité ici aux $\mathbb{R}$−espaces vectoriels normés car la leçon s'intéresse uniquement aux extrema d'une fonction à plusieurs variables *réelles*.

Application 2 : soit K une partie compacte de E et $f \in \mathcal{C}(K,K)$ vérifiant : pour tout $(x,y) \in K^2$ avec $x \neq y$, $\| f(x) - f(y) \| < \| x - y \|$. Alors f admet un unique point fixe [Gdy p 34].

> ▲ Attention : il faut restreindre le cadre général exposé par [Gdy] afin de répondre parfaitement au titre de la leçon. Cette remarque vaut d'ailleurs pour plusieurs propositions à venir.

Application 3 : soit $f \in \mathcal{C}(E,\mathbb{R})$ une application vérifiant $\lim\limits_{\| x \| \to +\infty} f(x) = +\infty$. Alors f est minorée et atteint sa borne inférieure [P p 295].

> ▲ Attention : [P] écrit minimum à la place de borne inférieure. Ceci est incorrect car un minimum est toujours atteint, ce qui n'est pas le cas d'une borne inférieure. Cette nuance doit absolument être assimilée, au moins pour cette leçon !

Conséquence 1 : soit F une partie fermée non vide de E. Alors, pour tout $x \in E$, il existe $f \in F$ tel que $\| x - f \| = d(x,F)$ [P p 296].

Application 4 :

L'application $\| \ \|_L : M_n(\mathbb{R}) \longrightarrow \mathbb{R}^+$, $M \longmapsto \sup\limits_{X \in E,\ X \neq 0} \dfrac{\| MX \|}{\| X \|}$ *définit une norme sur* $M_n(\mathbb{R})$*, appelée norme matricielle associée à la norme* $\| \ \|$ [P p 65].

Exemple 1 : si $\| (x_1, \dots, x_n) \| = \max\limits_{1 \leqslant i \leqslant n} | x_i |$, alors la norme matricielle associée est définie par : pour tout $M \in M_n(\mathbb{R})$, $\| M \|_L = \max\limits_{1 \leqslant i \leqslant n} \sum\limits_{j=1}^{n} | M_{ij} |$ [LS4 p 86].

B) Extremum et différentiabilité

Dans toute cette section, U désigne un ouvert de E et a un point de U.

1) Condition d'ordre 1

a) Théorème fondamental et premières applications

Théorème 2 :

Si $f : U \longrightarrow \mathbb{R}$ *admet un extremum relatif en* a *et si* f *est différentiable en* a *alors* $df_a = 0$ [Gdy p 310].

> Oralement, on signalera que la réciproque est fausse, comme le montre l'application $x \longmapsto x^3$ au point $x = 0$.

Application 5 : le théorème de Rolle.

Soit $(a,b) \in \mathbb{R}^2$ *avec* $a < b$ *et* $f \in \mathcal{C}([a,b],\mathbb{R})$ *une application dérivable sur* $]a,b[$ *vérifiant* $f(a) = f(b)$*. Alors il existe* $c \in\ ]a,b[$ *tel que* $f'(c) = 0$ [Gdy p 70].

Application 6 : généralisation du théorème de Rolle en dimension n.

Soit K une boule fermée de E et $f : E \longrightarrow \mathbb{R}$ une application différentiable et constante sur $Fr(K)$. Alors il existe $x_0 \in \overset{\circ}{K}$ tel que $df_{x_0} = 0$ Gdy p 312.

b) Cas des fonctions dérivables d'une variable réelle : utilisation du tableau de variations dans l'obtention d'extrema

Exemple 2 : $\sup_{(x,y)\in\mathbb{R}^2,\ x^2+y^2\leqslant 1} |\sin(x+iy)| = |\sin i| = \operatorname{sh} 1$ LS4 p 24.

Application 7 : soit $f \in \mathcal{C}^2(\mathbb{R},\mathbb{R})$ tel que les applications f et f'' soient bornées, respectivement par M_0 et M_2. Alors, pour tout $x \in \mathbb{R}$, $|f'(x)| \leqslant \sqrt{2M_0M_2}$ Gdy p 81.

Application 8 : la suite de fonctions $(f_n)_{n\in\mathbb{N}}$ définie par

$$f_n : \mathbb{R}^+ \longrightarrow \mathbb{R},\ x \longmapsto \left(1-\frac{x}{n}\right)^n \text{ si } x \in [0,n],\ f_n(x) = 0 \text{ si } x > n$$

converge uniformément sur $\mathbb{R}^+$ vers l'application $f : \mathbb{R}^+ \longrightarrow \mathbb{R},\ x \longmapsto e^{-x}$ Gdy p 225.

2) Conditions d'ordre 2

Théorème 3 :

Soit $f \in \mathcal{C}^2(U,\mathbb{R})$ et $a \in U$ tel que $df_a = 0$. Notons Q la forme quadratique définie par : pour tout $h \in \mathbb{R}^n$,

$$Q(h) = \sum_{k=1}^{n} h_k^2 \frac{\partial^2 f}{\partial x_k^2}(a) + 2 \sum_{1\leqslant i<j\leqslant n} h_i h_j \frac{\partial^2 f}{\partial x_i \partial x_j}(a).$$

i) Si f admet un minimum (respectivement maximum) relatif en a alors Q est une forme quadratique positive (respectivement négative).
ii) Si Q est une forme quadratique définie positive (respectivement définie négative) alors f admet un minimum (respectivement maximum) relatif en a Gdy p 310.

> Oralement, on pourra signaler que si la forme quadratique Q est seulement supposée positive, alors l'application f n'admet pas nécessairement de minimum relatif en a.

Application 9 : le principe du maximum.

Soit $f \in \mathcal{C}^2(E,\mathbb{R})$ et B la boule unité ouverte de E. On désigne par Δf le laplacien de f.
i) Si $\Delta f > 0$ sur B alors, pour tout $x \in B$, $f(x) < \max_{y\in E,\ \|y\|=1} f(y)$.
ii) Si $\Delta f = 0$ sur B alors, pour tout $x \in B$, on a l'encadrement
$\min_{y\in E,\ \|y\|=1} f(y) \leqslant f(x) \leqslant \max_{y\in E,\ \|y\|=1} f(y)$ Gdy p 313.

Théorème 4 : cas où $n = 2$.

Soit $f \in \mathcal{C}^2(U, \mathbb{R})$ et $a \in U$ tel que $df_a = 0$. Notons $r = \dfrac{\partial^2 f}{\partial x^2}(a)$, $s = \dfrac{\partial^2 f}{\partial x \partial y}(a)$ et $t = \dfrac{\partial^2 f}{\partial y^2}(a)$. Ainsi,
i) si $rt - s^2 > 0$ et $r > 0$ alors f admet un minimum relatif en a ;
ii) si $rt - s^2 > 0$ et $r < 0$ alors f admet un maximum relatif en a ;
iii) si $rt - s^2 < 0$ alors f n'a pas d'extremum en a ;
iv) si $rt - s^2 = 0$ alors on ne peut conclure directement `Gdy p 311`.

Exemple 3 : l'application $f : \mathbb{R}^2 \longrightarrow \mathbb{R}$, $(x, y) \longmapsto x^4 + y^4 - 2(x-y)^2$ admet un minimum global égal à -8, atteint aux points $(\sqrt{2}, -\sqrt{2})$ et $(-\sqrt{2}, \sqrt{2})$ `Gdy p 311`.

3) Le théorème des extrema liés

Théorème 5 :

Soit $p \in \mathbb{N}^*$ et $f, g_1, \ldots, g_p \in \mathcal{C}^1(U, \mathbb{R})$.
Soit $A = \{x \in U \mid g_1(x) = \ldots = g_p(x) = 0\}$. Si la restriction de f à A admet un extremum relatif en $a \in A$ et si les formes linéaires $dg_{1a}, \ldots, dg_{pa}$ sont linéairement indépendantes, alors il existe des réels $\alpha_1, \ldots, \alpha_p$ tels que $df_a = \sum_{k=1}^{p} \alpha_k dg_{ka}$ `Gdy p 311`.

Application 10 : l'inégalité arithmético-géométrique.

Pour tous réels positifs $x_1, \ldots, x_n$, $(x_1 \ldots x_n)^{\frac{1}{n}} \leqslant \dfrac{x_1 + \ldots + x_n}{n}$ `Gdy p 314`.

C) Cas des fonctions convexes d'une variable réelle

Dans toute cette section, I désigne un intervalle non trivial de $\mathbb{R}$ et $f : I \longrightarrow \mathbb{R}$ une application convexe.

Théorème 6 :

i) Si f possède un extremum relatif en un point α intérieur à I, alors f possède un minimum absolu en α.
ii) Si f possède deux minima relatifs atteints aux points α et β, alors f est constante entre α et β `P p 113`.

Théorème 7 :

Supposons f dérivable. Soit $\alpha \in I$ tel que $f'(\alpha) = 0$. Alors $f(\alpha)$ est le minimum absolu de f sur I `P p 113`.

D) Cas où le minimum est obtenu à l'aide d'une projection orthogonale

Exemple 4 : soit $f : \mathbb{R}^3 \longrightarrow \mathbb{R}$, $(x, y, z) \longmapsto \displaystyle\int_0^{+\infty} e^{-t}(t^3 + xt^2 + yt + z)^2 \, dt$.

Alors f possède un minimum sur $\mathbb{R}^3$ égal à $f(-9, 18, -6) = 36$. De plus, ce minimum est atteint en un seul point `RODx2 p 155`.

Exemple 5 : soit $f : E \longrightarrow \mathbb{R}$, $(x_1, \ldots, x_n) \longmapsto \displaystyle\int_0^1 \left(1 + \sum_{k=1}^{n} x_k t^k\right)^2 dt$. Alors, l'utilisation du déterminant de Gram amène à $\displaystyle\min_{(x_1,\ldots,x_n)\in E} f(x_1, \ldots, x_n) = \frac{1}{(n+1)^2}$

Gdy p 262.

REMARQUES :

• Comme le titre de la leçon l'indique, on ne s'intéresse ici qu'aux extrema des fonctions d'une ou plusieurs variables réelles. Il n'est donc pas question d'exposer des théorèmes qui présentent ou utilisent des problèmes d'extremum dans un cadre très général , comme par exemple le théorème de D'Alembert-Gauss, le théorème de projection sur un convexe fermé dans un espace de Hilbert, le théorème de Stampacchia ou encore l'inégalité isopérimétrique.

• L'inégalité de Young pourrait aussi être présentée comme problème d'extremum. A cet effet, on pourra lire Gdy p 133.

QUESTIONS :

• *Soit* $f : \mathbb{R}^3 \longrightarrow \mathbb{R}$, $(x, y, z) \longmapsto xy+yz+zx$ *et* $A = \{(x, y, z) \in \mathbb{R}^3 \mid x+y+z = 1\}$. *Etudier les extrema de* f *sur* A.

Notons $g : \mathbb{R}^3 \longrightarrow \mathbb{R}$, $(x, y, z) \longmapsto x + y + z - 1$.

Si $a = (a_1, a_2, a_3) \in A$ est un extremum relatif de f sur A, le théorème des extrema liés assure l'existence d'un réel λ tel que $\dfrac{\partial f}{\partial x}(a) = a_2 + a_3 = \lambda \dfrac{\partial g}{\partial x}(a) = \lambda$, $\dfrac{\partial f}{\partial y}(a) = a_1 + a_3 = \lambda$ et $\dfrac{\partial f}{\partial z}(a) = a_1 + a_2 = \lambda$.

Bref, $a_1 = a_2 = a_3 = \dfrac{1}{3}$.

Pour $(x, y, z) \in A$, posons $\delta(x, y, z) = f(x, y, z) - f\left(\dfrac{1}{3}, \dfrac{1}{3}, \dfrac{1}{3}\right)$. Posons $u = x - \dfrac{1}{3}$, $v = y - \dfrac{1}{3}$ et $w = z - \dfrac{1}{3}$.

On a alors $\delta(x, y, z) = \dfrac{2}{3}(u + v + w) + uv + vw + wu$.

Mais comme $(x, y, z) \in A$, $u + v + w = 0$. Ainsi, la méthode de décomposition de Gauss donne

$$\delta(x, y, z) = uv + vw + wu = (u + v)(v + w) - w^2$$

$$\delta(x, y, z) = \frac{1}{4}(u + v + 2w)^2 - \frac{1}{4}(u - v)^2 - w^2$$

$$\delta(x, y, z) = \frac{1}{4}w^2 - \frac{1}{4}(u - v)^2 - w^2 = -\frac{1}{4}(u - v)^2 - \frac{3}{4}w^2 \leqslant 0.$$

Bref, pour tout $(x,y,z) \in A$, $f(x,y,z) \leqslant f\left(\frac{1}{3},\frac{1}{3},\frac{1}{3}\right)$.

Ainsi, sur A, f admet un maximum absolu au point $\left(\frac{1}{3},\frac{1}{3},\frac{1}{3}\right)$.

• *Soit $f : [0,1] \longrightarrow \mathbb{R}$ une application dérivable vérifiant $f(0) = f'(0) = f'(1) = 0$. Montrer qu'il existe $\alpha \in]0,1]$ tel que $f'(\alpha) = \dfrac{f(\alpha)}{\alpha}$.*

Notons que si $f(1) = 0$, le résultat est acquis : le point 1 convient.

Supposons donc $f(1) \neq 0$, et quitte à changer f en $-f$, on peut alors supposer $f(1) > 0$.

Soit alors g l'application définie par $g(0) = f'(0) = 0$ et, pour tout $x \in]0,1]$, $g(x) = \dfrac{f(x)}{x}$.
La fonction g est continue sur $[0,1]$ et dérivable sur $]0,1]$ avec, pour tout $x \in]0,1]$, $g'(x) = \dfrac{1}{x^2}(xf'(x) - f(x))$.

Afin d'appliquer le théorème 2, on va montrer que g admet un extremum sur l'ouvert $]0,1[$.

Comme g est continue sur $[0,1]$, g atteint son maximum sur $[0,1]$ en un point α. Notons que, comme $g(1) = f(1) > 0$, $g(\alpha) > 0$.

Si l'on avait $\alpha = 1$ alors on obtiendrait $-f(1) = g'(1) = \lim\limits_{x\to 1,\ x<1} \dfrac{g(1)-g(x)}{1-x} \geqslant 0$, ce qui est absurde car $f(1) > 0$.

De plus, $\alpha \neq 0$ car $g(0) = 0$ et $g(\alpha) > 0$.

Finalement, $\alpha \in]0,1[$ et ainsi, α est un point d'annulation de g', ce qui est exactement le résultat souhaité.

L17 ♣♣♣

Difféomorphismes, théorème d'inversion locale. Applications en analyse et en géométrie différentielle.

DÉVELOPPEMENTS : D27 - D28

BIBLIOGRAPHIE : [Gdy] [Gx3] [P] [Pr5]

Soit $(n,k) \in (\mathbb{N}^*)^2$.
Soit de plus F un espace de Banach, U un ouvert de $\mathbb{R}^n$ et V un ouvert de F.

A) Les difféomorphismes

1) Définition

Définition 1 :

Soit $f : U \longrightarrow V$ une application.
On dit que f est un $\mathcal{C}^k$–difféomorphisme de U sur V si f est un homéomorphisme de U sur V tel que les applications f et f^{-1} soient toutes deux de classe $\mathcal{C}^k$ [Gx3 p 373].

Oralement, on pourra mentionner la notion de difféomorphisme *local*.

2) Une utilisation classique des difféormorphismes

Théorème 1 : le théorème du changement de variable en intégration.

On munit $\mathbb{R}^n$ de la mesure de Lebesgue.
Soit O et W deux ouverts de $\mathbb{R}^n$, $g : W \longrightarrow \mathbb{R}$ une application intégrable et φ un $\mathcal{C}^1$–difféomorphisme de O sur W.
Alors l'application $y \longmapsto (g \circ \varphi(y)) \left| \det(J_\varphi(y)) \right|$ est intégrable sur O et

$$\int_W g(x)\,\mathrm{d}x = \int_O (g \circ \varphi(y)) \left| \det(J_\varphi(y)) \right| \mathrm{d}y$$

[P p 288].

Application 1 : calcul de l'intégrale de Gauss.

On a $\displaystyle\int_0^{+\infty} \mathrm{e}^{-t^2}\,\mathrm{d}t = \frac{\sqrt{\pi}}{2}$ [P p 289].

B) Le théorème d'inversion locale

1) Problématique

Oralement, on pourra rappeler le fait suivant.
Soit I un intervalle de $\mathbb{R}$ et $f : I \longrightarrow f(I)$ une application de classe $\mathcal{C}^1$.
Si la dérivée f' ne s'annule pas sur I, on sait alors que f est un $\mathcal{C}^1$–difféomorphisme. En d'autres termes, f possède alors un inverse *global* de classe $\mathcal{C}^1$.

Ce résultat possède-t-il une généralisation, même *partielle*, pour les fonctions $f : \mathbb{R}^n \longrightarrow \mathbb{R}^n$?

2) Le théorème d'inversion locale

Théorème 2 :

Soit $f \in \mathcal{C}^k(U, \mathbb{R}^n)$ et $a \in U$ tel que $df_a \in GL(\mathbb{R}^n)$.
Alors il existe un ouvert Ω de $\mathbb{R}^n$ avec $a \in \Omega \subset U$ et un ouvert W de $\mathbb{R}^n$ tels que $f_{|\Omega}$ réalise un $\mathcal{C}^k$–difféomorphisme de Ω sur W Gdy p 317.

On pourra insister sur le caractère local de ce théorème.

Exemple 1 : soit $f : \mathbb{R}^2 \setminus \{(0,0)\} \longrightarrow \mathbb{R}^2$, $(x, y) \longmapsto (x^2 - y^2, 2xy)$.
Alors f est un $\mathcal{C}^\infty$–difféomorphisme *local*.
Toutefois, f n'est pas un $\mathcal{C}^\infty$–difféomorphisme *global* Gdy p 322.

Application 2 :

Soit $\mathcal{E}$ un espace euclidien et $f \in \mathcal{C}^1(\mathcal{E}, \mathcal{E})$ une application telle que pour tout $x \in \mathcal{E}$, df_x soit une isométrie.
Alors f est une isométrie affine Gdy p 323.

3) Un théorème d'inversion globale

Théorème 3 :

Soit $f \in \mathcal{C}^k(U, \mathbb{R}^n)$ une application telle que $df_x \in GL(\mathbb{R}^n)$ pour tout $x \in U$.
Alors $W = f(U)$ est un ouvert de $\mathbb{R}^n$.
De plus, si f est injective alors l'application $g : W \longrightarrow U$, $y \longmapsto f^{-1}(y)$ est de classe $\mathcal{C}^k$ Gdy p 318.

Application 3 :

Soit $c \in]0, 1[$ et $f \in \mathcal{C}^1(\mathbb{R}, \mathbb{R})$ une application telle que pour tout $x \in \mathbb{R}$, $|f'(x)| \leqslant c$. Définissons $g : \mathbb{R}^2 \longrightarrow \mathbb{R}^2$, $(x, y) \longmapsto (x - f(y), y - f(x))$.
Alors g est un $\mathcal{C}^1$–difféomorphisme de $\mathbb{R}^2$ sur $\mathbb{R}^2$ Gx3 p 385

Application 4 :

Soit $\mathcal{E}$ un espace euclidien et $f \in \mathcal{C}^1(\mathcal{E}, \mathcal{E})$ une application strictement monotone.
Alors f est un $\mathcal{C}^1$–difféomorphisme de $\mathcal{E}$ sur $\mathcal{E}$ Gdy p 324.

C) Une application essentielle : le théorème des fonctions implicites

1) Théorème

Théorème 4 :

Soit $(p,q) \in (\mathbb{N}^*)^2$ et A un ouvert de $\mathbb{R}^p \times \mathbb{R}^q$.
Soit de plus $f = (f_1, \dots, f_q) : A \longrightarrow \mathbb{R}^q$, $(x,y) \longmapsto (f_1(x,y), \dots, f_q(x,y))$ une application de classe $\mathcal{C}^k$ et $(a,b) \in A$.
Si $\det \left(\dfrac{\partial f_i}{\partial y_j}(a,b) \right)_{(i,j) \in [\![1,q]\!]^2} \neq 0$ *alors il existe un voisinage ouvert W de a, un voisinage ouvert Ω de (a,b) et une application $\varphi \in \mathcal{C}^k(W, \mathbb{R}^q)$ tels que*

$$((x,y) \in \Omega \text{ et } f(x,y) = f(a,b)) \iff (x \in W \text{ et } y = \varphi(x))$$

[Gdy p 319].

> Oralement, on pourra souligner que la non nullité du déterminant proposé est une condition concernant la *bijectivité* d'une différentielle partielle.
> De plus, on pourra signaler que le théorème des fonctions implicites a été présenté ici comme *conséquence* du théorème d'inversion locale alors qu'en fait, les deux théorèmes sont équivalents.

Exemple 2 : pour $(x,y) \in]1, +\infty[^2$, l'équation $x^y = y^x$ définit une application de classe $\mathcal{C}^\infty$ $y = \varphi(x)$ vérifiant $\varphi(x) \neq x$ si $x \neq \mathrm{e}$ [P p 291].

> ▲ Attention à l'énoncé proposé par [P] : il faut bien évidemment lire $x \neq \mathrm{e}$ au lieu de $x = \mathrm{e}$.

2) Application à la géométrie différentielle

Théorème 5 :

Soit O un ouvert de $\mathbb{R}^2$ et $f \in \mathcal{C}^1(O, \mathbb{R})$. Soit de plus (Γ) la courbe d'équation $f(M) = 0$. Soit enfin $M_0(x_0, y_0)$ un point non singulier de Γ.
Alors, au voisinage de M_0, la courbe (Γ) admet un paramétrage local (I, ϕ) pour lequel M_0 est un point simple et régulier.
La tangente en M_0 à la courbe (I, ϕ), appelée tangente en M_0 à (Γ), admet pour équation :

$$(x - x_0)\frac{\partial f}{\partial x}(x_0, y_0) + (y - y_0)\frac{\partial f}{\partial y}(x_0, y_0) = 0$$

[Pr5 p 93].

Exemple 3 : soit (Γ) la courbe d''équation : $x^2 + y^2 + 3x^2y - y^3 = 0$. Alors (Γ) est la réunion du point $(0,0)$ et du support de la courbe paramétrée par : $x(t) = \dfrac{t(t^2+1)}{-3t^2+1}$ et $y(t) = \dfrac{t^2+1}{-3t^2+1}$ [Pr5 p 94].

REMARQUES :

- **Extrait du rapport du jury 1996**

A propos des théorèmes d'inversion locale ou des fonctions implicites, la distinction entre le local et le global n'est pas soulignée.

- On pourra noter que les applications 2 et 4 utilisent des généralisations immédiates de la définition 1 et des théorèmes 2 et 3. En effet, on suppose alors connus les théorèmes d'inversion locale et globale dans le cadre des $\mathbb{R}$−espaces vectoriels de dimension finie quelconques.

QUESTIONS :

- ***Soit $n \in \mathbb{N}^*$, U un ouvert borné de $\mathbb{R}^n$ et $f : \overline{U} \longrightarrow \mathbb{R}^n$ une application continue et injective. On suppose de plus que f est de classe $\mathcal{C}^1$ sur U et que pour tout $x \in U$, df_x est bijective. Montrer alors que $f(Fr(U)) = Fr(f(U))$.***

Puisque U est un ouvert, notons de suite que $\overset{\circ}{U} = U$.

Procédons alors par double inclusion.

■ Soit $y \in f(Fr(U))$.

Il existe donc $x \in Fr(U) = \overline{U} \setminus \overset{\circ}{U} = \overline{U} \setminus U$ tel que $y = f(x)$. Mais l'application f est injective sur $\overline{U}$. Ainsi donc, $y \in f(\overline{U}) \setminus f(U)$.

Or il est clair que $f(\overline{U}) \subset \overline{f(U)}$. Aussi obtient-on

$$(1) \qquad y \in \overline{f(U)} \setminus f(U).$$

Par ailleurs, pour tout $x \in U$, df_x est bijective. Le théorème d'inversion globale prouve donc que $f(U)$ est un ouvert de $\mathbb{R}^n$ et ainsi

$$(2) \qquad Fr(f(U)) = \overline{f(U)} \setminus f(U).$$

Bref, avec (1) et (2), on peut alors conclure que $y \in Fr(f(U))$.

Finalement, $f(Fr(U)) \subset Fr(f(U))$.

■ Soit $y \in Fr(f(U)) = \overline{f(U)} \setminus f(U)$ d'après (2).

Il existe donc une suite (x_n) de U telle que la suite $(f(x_n))$ converge vers y.

Mais la suite (x_n) est aussi à valeurs dans $\overline{U}$, partie fermée bornée, donc compacte, de $\mathbb{R}^n$. Bref, il existe une suite extraite $(x_{\varphi(n)})$ convergeant vers $x \in \overline{U}$.
La continuité de f sur $\overline{U}$ montre alors que la suite $(f(x_{\varphi(n)}))$ converge vers $f(x)$.

D'autre part, la suite $(f(x_{\varphi(n)}))$, extraite de la suite $(f(x_n))$, converge vers y.
L'unicité de la limite prouve donc que $y = f(x)$.
Comme $y \notin f(U)$, nécessairement, $x \notin U$ et ainsi, $x \in \overline{U} \setminus U = Fr(U)$.

En conclusion, $y \in f(Fr(U))$.

Finalement, $Fr(f(U)) \subset f(Fr(U))$.

Les deux inclusions obtenues montrent bien que $Fr(f(U)) = f(Fr(U))$.

• *Soit* $n \in \mathbb{N}^*$ *et* $E = \mathbb{R}^n$ *muni d'une norme quelconque.*
On pose $B = \{ f \in L(E) \mid \| f - id_E \| < 1 \}$. *Montrer que* $\varphi : B \longrightarrow L(E)$, $f \longmapsto f^2$ *est localement inversible.*

> Pour alléger les notations, toutes les normes mises en jeu seront notées $\| \ \|$.

Soit $g \in B$ et $h \in L(E)$. On a alors

(3) $\quad \varphi(g+h) = (g+h)^2 = g^2 + g \circ h + h \circ g + h^2 = \varphi(g) + g \circ h + h \circ g + h^2.$

Mais l'application $\ell_g : L(E) \longrightarrow L(E)$, $h \longmapsto g \circ h + h \circ g$ est clairement linéaire. De plus, comme $L(E)$ est un espace vectoriel de dimension finie, l'application ℓ_g est continue. Enfin, il est clair que $h^2 = \underset{h \to 0}{o}(\| h \|)$.
Finalement, avec l'égalité (3), on conclut que φ est différentiable en g de différentielle $d\varphi_g$ égale à ℓ_g.
La continuité de l'application différentielle $d\varphi$ sur B étant évidente, on a donc prouvé que $\varphi \in \mathcal{C}^1(B, L(E))$.

> Afin d'appliquer le théorème d'inversion locale, il ne reste plus qu'à justifier le caractère bijectif de l'application $d\varphi_g$ lorsque $g \in B$.

Soit donc $g \in B$. Posons $\psi_g = \frac{1}{2}\varphi_g$. Soit de plus $h \in L(E)$. On a alors

$$\psi_g(h) - h = \frac{1}{2}(g - id_E) \circ h + \frac{1}{2} h \circ (g - id_E).$$

Il vient ainsi

$$\| (\psi_g(h) - h) \| \leqslant \frac{1}{2} \| g - id_E \| \| h \| \times 2.$$

Finalement, $\| \psi_g - id_{L(E)} \| \leqslant \| g - id_E \| < 1$. Cette inégalité prouve donc que ψ_g est inversible dans $L(L(E))$. Il en est donc de même de φ_g.

Résumons.

L'application φ est de classe $\mathcal{C}^1$ sur B et pour tout $g \in B$, $d\varphi_g$ est inversible. Le théorème d'inversion locale permet alors d'affirmer que φ est localement inversible sur B.

L18 ♣ ♣ ♣

Théorème des fonctions implicites. Applications en analyse et en géométrie différentielle.

DÉVELOPPEMENTS : D26 - D29

BIBLIOGRAPHIE : [Gdy] [LS4] [P] [Pr4] [Pr5] [RMS6]

A) Le théorème des fonctions implicites

1) Théorèmes

a) Le cas général

Théorème 1 :

Soit $(p, q, k) \in (\mathbb{N}^*)^3$ *et* A *un ouvert de* $\mathbb{R}^p \times \mathbb{R}^q$.
Soit de plus

$$f = (f_1, \ldots, f_q) : A \longrightarrow \mathbb{R}^q,\ (x, y) \longmapsto (f_1(x, y), \ldots, f_q(x, y))$$

une application de classe $\mathcal{C}^k$ *et* $(a, b) \in A$.
Supposons que le déterminant $\det \left(\dfrac{\partial f_i}{\partial y_j}(a, b)\right)_{(i,j)\in[1,q]^2}$ *soit non nul.*
Alors il existe un voisinage ouvert W *de* a*, un voisinage ouvert* Ω *de* (a, b) *et une application* $\varphi \in \mathcal{C}^k(W, \mathbb{R}^q)$ *tels que*

$$\big((x, y) \in \Omega \text{ et } f(x, y) = f(a, b)\big) \iff \big(x \in W \text{ et } y = \varphi(x)\big).$$

De plus, pour tout $x \in W$*, on a*

$$d\varphi_x = -\big(\partial_2 f(x, \varphi(x))\big)^{-1} \circ \big(\partial_1 f(x, \varphi(x))\big)$$

[Gdy p 319].

> Oralement, on pourra souligner que la non nullité du déterminant proposé est une condition impliquant la *bijectivité* de la différentielle partielle $\partial_2 f(a, b)$.
>
> D'autre part, on pourra insister sur le caractère *local* de ce théorème.

b) Un cas particulier très courant

Théorème 2 :

Soit $k \in \mathbb{N}^*$, A un ouvert de $\mathbb{R}^2$, $f : A \longrightarrow \mathbb{R}$ une application de classe $\mathcal{C}^k$. Soit de plus $(a,b) \in A$. On suppose que $f(a,b) = 0$ et que $\dfrac{\partial f}{\partial y}(a,b) \neq 0$.
Alors il existe $(\alpha, \beta) \in (\mathbb{R}_*^+)^2$ tel que pour tout $x \in \,]a-\alpha, a+\alpha[\, = I_\alpha$, l'équation $f(x,y) = 0$ admette une unique solution $y = \varphi(x)$ dans l'ouvert $]b-\beta, b+\beta[$.
La fonction φ est alors de classe $\mathcal{C}^k$ sur I_α et de plus, pour tout $x \in I_\alpha$,
$\varphi'(x) = -\dfrac{\frac{\partial f}{\partial x}(x,\varphi(x))}{\frac{\partial f}{\partial y}(x,\varphi(x))}$ [Gdy p 320].

Exemple 1 : il existe une application $\varphi : \mathbb{R} \longrightarrow \mathbb{R}$, de classe $\mathcal{C}^\infty$ au voisinage de 0, vérifiant $\varphi(0) = 0$ et définie implicitement par $\arctan(xy) + 1 = e^{x+y}$. De plus, $\varphi(x) = -x - x^2 - x^3 + \underset{x \to 0}{o}(x^3)$ [Pr4 p 265].

2) Quelques applications directes

Application 1 : soit $t \in \left]-\dfrac{1}{\sqrt{2}}, \dfrac{1}{\sqrt{2}}\right[$. Alors l'équation $\sin(tx) + \cos(tx) = x$ admet une unique solution $x = \varphi(t)$. De plus, l'application φ ainsi définie est de classe $\mathcal{C}^\infty$ sur $\left]-\dfrac{1}{\sqrt{2}}, \dfrac{1}{\sqrt{2}}\right[$ [LS4 p 32].

Application 2 : pour $(x,y) \in \,]1, +\infty[^2$, l'équation $x^y = y^x$ définit une application de classe $\mathcal{C}^\infty$ $y = \varphi(x)$ vérifiant $\varphi(x) \neq x$ si $x \neq e$ [P p 291].

▲ Attention à l'énoncé proposé par [P] : il faut bien évidemment lire $x \neq e$ au lieu de $x = e$.

Application 3 : soit $f \in \mathcal{C}^1(\mathbb{R}^2, \mathbb{R})$ une application vérifiant $\left|\dfrac{\partial f}{\partial x}\right| < \left|\dfrac{\partial f}{\partial y}\right|$. On suppose qu'il existe $(x_0, y_0) \in \mathbb{R}^2$ tel que $f(x_0, y_0) = 0$. Alors il existe une application $\varphi \in \mathcal{C}^1(\mathbb{R}, \mathbb{R})$ telle que $f(x, \varphi(x)) = 0$ pour tout $(x,y) \in \mathbb{R}^2$ avec de plus, $\varphi(x_0) = y_0$ [RMS6 p 124].

Dans cet exemple, l'application implicite construite à partir du point (x_0, y_0) est en fait prolongeable à tout $\mathbb{R}$. En d'autres termes, cette application est une espèce de théorème *global* des fonctions implicites.

B) Quelques grandes applications

1) Le théorème d'inversion locale

Théorème 3 :

Soit $n \in \mathbb{N}^*$, O un ouvert de $\mathbb{R}^n$, $f \in \mathcal{C}^k(O, \mathbb{R}^n)$ et $a \in O$ tel que $df_a \in GL(\mathbb{R}^n)$.
Alors il existe un ouvert Ω de E avec $a \in \Omega \subset O$ et un ouvert W de F tels que $f_{|\Omega}$ réalise un $\mathcal{C}^k$-difféomorphisme de Ω sur W [Gdy p 317].

Application 4 : soit $\mathcal{E}$ un espace euclidien et $f \in \mathcal{C}^1(\mathcal{E}, \mathcal{E})$ une application telle que pour tout $x \in \mathcal{E}$, df_x soit une isométrie. Alors f est une isométrie affine `Gdy p 323`.

Théorème 4 : une version *globale* du théorème d'inversion locale.

Soit $n \in \mathbb{N}^*$, O un ouvert de $\mathbb{R}^n$ et $f \in \mathcal{C}^k(O, \mathbb{R}^n)$ une application injective telle que pour tout $x \in O$, $df_x \in GL(\mathbb{R}^n)$. Alors $W = f(O)$ est un ouvert de $\mathbb{R}^n$.
De plus, l'application $g : W \longrightarrow O,\ y \longmapsto f^{-1}(y)$ est de classe $\mathcal{C}^k$ `Gdy p 318`.

> On pourra signaler que sans l'hypothèse d'injectivité sur f, l'ensemble $f(O)$ reste encore un ouvert de $\mathbb{R}^n$.

Application 5 : soit $\mathcal{E}$ un espace euclidien et $f \in \mathcal{C}^1(\mathcal{E}, \mathcal{E})$ une application strictement monotone. Alors f est un $\mathcal{C}^1$−difféomorphisme de $\mathcal{E}$ sur $\mathcal{E}$ `Gdy p 324`.

2) Le théorème des extrema liés

Théorème 5 :

Soit $(n,p) \in\in (\mathbb{N}^*)^2$, U un ouvert de $\mathbb{R}^n$ et $f, g_1, \ldots, g_p \in \mathcal{C}^1(U, \mathbb{R})$.
Soit $A = \{x \in U \mid g_1(x) = \ldots = g_p(x) = 0\}$. Si la restriction de f à A admet un extremum relatif en $a \in A$ et si les formes linéaires $dg_{1a}, \ldots, dg_{pa}$ sont linéairement indépendantes, alors il existe des réels $\alpha_1, \ldots, \alpha_p$ tels que $df_a = \sum_{k=1}^{p} \alpha_k dg_{ka}$ `Gdy p 311`.

Application 6 : l'inégalité arithmético-géométrique.

Pour tous réels positifs $x_1, \ldots, x_n$, $(x_1 \ldots x_n)^{\frac{1}{n}} \leqslant \dfrac{x_1 + \ldots + x_n}{n}$ `Gdy p 314`.

3) En géométrie différentielle

Exemple 2 : soit (Γ) l'intersection des deux surfaces (S_1) et (S_2) définies par

$$(S_1)\ :\ x^2 + y^2 + z^2 = 3 \quad \text{et} \quad (S_2)\ :\ x^2 + 3xy - 2y = 0.$$

Au voisinage du point $(1, -1, 1)$, (Γ) est le support d'un arc de classe $\mathcal{C}^\infty$ `Pr4 p 266`.

Théorème 6 :

Soit O un ouvert de $\mathbb{R}^2$ et $f \in \mathcal{C}^1(O, \mathbb{R})$. Soit de plus (Γ) la courbe d'équation $f(M) = 0$. Soit enfin $M_0(x_0, y_0)$ un point non singulier de Γ.
Alors, au voisinage de M_0, la courbe (Γ) admet un paramétrage local (I, ϕ) pour lequel M_0 est un point simple et régulier.
La tangente en M_0 à la courbe (I, ϕ), appelée tangente en M_0 à (Γ), admet pour équation : $(x - x_0)\frac{\partial f}{\partial x}(x_0, y_0) + (y - y_0)\frac{\partial f}{\partial y}(x_0, y_0) = 0$ `Pr5 p 93`.

Exemple 3 : soit (Γ) la courbe d'équation : $x^2 + y^2 + 3x^2y - y^3 = 0$. Alors (Γ) est la réunion du point $(0,0)$ et du support de la courbe paramétrée par : $x(t) = \dfrac{t(t^2+1)}{-3t^2+1}$ et $y(t) = \dfrac{t^2+1}{-3t^2+1}$ `Pr5 p 94`.

REMARQUES :

- **Extrait du rapport du jury 1996**

A propos des théorèmes d'inversion locale ou des fonctions implicites, la distinction entre le local et le global n'est pas soulignée.

QUESTIONS :

- *Montrer que l'équation* $(x^2+y^2+z^2)\log(x+y+z)-e^{x+y}=-1$ *définit* z *comme fonction implicite de* (x,y) *au voisinage de* $(0,0,1)$.

Soit U l'ouvert $\{(x,y,z)\in\mathbb{R}^3 \mid x+y+z>0\}$.

Définissons alors $f: U \longrightarrow \mathbb{R}$, $(x,y,z)\longmapsto (x^2+y^2+z^2)\log(x+y+z)-e^{x+y}+1$. L'application f est de classe $\mathcal{C}^\infty$ sur U.

De plus, $f(0,0,1)=0$ et $\dfrac{\partial f}{\partial z}(0,0,1)=1\neq 0$.

Le théorème des fonctions implicites assure alors l'existence d'un voisinage ouvert V de $(0,0)$, d'un voisinage ouvert W de $(0,0,1)$ et d'une application $\varphi: V\longrightarrow\mathbb{R}$ de classe $\mathcal{C}^\infty$ tels que

$$((x,y,z)\in W \text{ et } f(x,y,z)=0) \iff ((x,y)\in V \text{ et } z=\varphi(x,y)).$$

- *Pour* $a=(a_0,\ldots,a_n)\in\mathbb{R}^{n+1}$ *et* $x\in\mathbb{R}$, *on pose* $P_a(x)=\sum_{i=0}^{n} a_i x^i$. *On suppose qu'il existe* $b\in\mathbb{R}^{n+1}$ *tel que le polynôme* P_b *possède une racine simple* $x_b\in\mathbb{R}$. *Montrer qu'il existe un voisinage* U *de* b *dans* $\mathbb{R}^{n+1}$ *et un voisinage* V *de* x_b *dans* $\mathbb{R}$ *tels que pour tout* a *de* U, *le polynôme* P_a *admette une racine simple dans* V.

Définissons l'application $f:\mathbb{R}^{n+2}\longrightarrow\mathbb{R}$, $(a_0,\ldots,a_n,x)\longmapsto P_a(x)$. Cette application est clairement de classe $\mathcal{C}^1$.

D'autre part, on a $f(b_0,\ldots,b_n,x_b)=P_b(x_b)=0$.

De plus, $\dfrac{\partial f}{\partial x}(b_0,\ldots,b_n,x_b)=P_b'(x_b)\neq 0$ car x_b est une racine simple de P_b.

Le théorème des fonctions implicites assure alors l'existence d'un voisinage ouvert U de b et d'un voisinage ouvert V de x_b tels que pour tout a de U, le polynôme P_a admette une unique racine x_a dans V.

Mais l'application f, de classe $\mathcal{C}^1$, vérifie $\dfrac{\partial f}{\partial x}(b_0,\ldots,b_n,x_b)=P_b'(x_b)\neq 0$. Aussi existe-t-il un voisinage Ω de $(b_0,\ldots,b_n,x_b)$ tel que pour tout $(a,x)\in\Omega$, $\dfrac{\partial f}{\partial x}(a,x)=P_a'(x)\neq 0$.

Finalement, quitte à restreindre les voisinages U et V, pour tout a de U, le polynôme P_a admet une racine x_a dans V vérifiant $P_a'(x_a)\neq 0$. Bref, x_a est une racine simple de P_a.

L19 ♣♣

Suites de nombres réels ou complexes : convergence, théorèmes d'existence d'une limite. Exemples et applications.

DÉVELOPPEMENTS : D30 - D31

BIBLIOGRAPHIE : [AF2] [C] [Gdy] [MCDT] [P]

Dans toute cette leçon, sauf mentions contraires, toutes les suites considérées seront à valeurs dans $\mathbb{K}$.

A) Définitions et premières conséquences

1) Définitions

Définition 1 :

La suite (u_n) est dite convergente s'il existe $\ell \in \mathbb{K}$ tel que

$$\forall \varepsilon > 0,\ \exists N \in \mathbb{N},\ \forall n \in \mathbb{N}, \quad (n \geqslant N \Longrightarrow |u_n - \ell| \leqslant \varepsilon).$$

On dit alors que le scalaire ℓ est LA limite de la suite (u_n) [Gdy p 193].

On justifiera oralement l'emploi de l'article défini *LA*. En effet, la limite d'une suite, si elle existe, est unique.

Définition 2 :

Soit (u_n) une suite réelle. On dit que la suite (u_n) tend vers $+\infty$ si et seulement si

$$\forall M > 0, \exists N \in \mathbb{N}, \forall n \in \mathbb{N}, \quad (n \geqslant N \Longrightarrow u_n \geqslant M)$$

[MCDT p 30].

Le cas où la suite (u_n) tend vers $-\infty$ étant tout à fait analogue, on ne fera que l'évoquer oralement.

Définition 3 :

On appelle suite extraite de la suite (u_n) toute suite de la forme $(u_{\varphi(n)})$ où φ est une application strictement croissante de $\mathbb{N}$ sur $\mathbb{N}$ [Gdy p 194].

2) Propriétés immédiates

Propriété 1 :

Toute suite d'entiers relatifs convergente est stationnaire MCDT p 83.

▲ Attention : cette propriété figure au beau milieu de la résolution d'un exercice !

Propriété 2 :

Soit (u_n) (respectivement (v_n)) une suite convergeant vers ℓ_u (respectivement ℓ_v).
Alors la suite $(u_n + v_n)$ (respectivement $(u_n v_n)$) converge vers $\ell_u + \ell_v$ (respectivement $\ell_u \ell_v$).
Si $\ell_u \neq 0$ alors u_n est non nul à partir d'un certain rang et $\lim_{n\to\infty} \frac{1}{u_n} = \frac{1}{\ell_u}$ MCDT p 33.

Oralement, on signalera alors que toutes les autres propriétés d'opérations sur les limites seront admises.

Propriété 3 :

Toute suite extraite d'une suite convergente est convergente et la limite est inchangée Gdy p 194.

B) Théorèmes de convergence pour les suites réelles exclusivement

Dans toute cette section, les suites seront supposées réelles.

1) A partir d'encadrements

Théorème 1 : le théorème des gendarmes.

Soit (u_n), (v_n) et (w_n) trois suites vérifiant $u_n \leqslant v_n \leqslant w_n$ pour tout entier n. On suppose que les deux suites (u_n) et (w_n) convergent vers un même réel ℓ. Alors (v_n) converge vers ℓ Gdy p 194.

Exemple 1 : pour $n \in \mathbb{N}$, on définit $u_n = \sqrt{n + \sin n} - \sqrt{n}$. Alors la suite (u_n) converge vers 0 C p 13.

2) Les suites monotones

Théorème 2 :

Toute suite croissante (respectivement décroissante) majorée (respectivement minorée) est convergente Gdy p 194.

Exemple 2 : soit (u_n) la suite définie par : $u_0 \in \left[0, \frac{\pi}{2}\right]$ et pour tout $n \in \mathbb{N}$, $u_{n+1} = \sin(u_n)$. Alors la suite (u_n) décroît vers 0 Gdy p 218.

Exemple 3 : pour $n \in \mathbb{N}^*$, on pose $u_n = \left(1 + \frac{1}{n}\right)^n$. Alors la suite (u_n) converge vers un réel e appelé base de l'exponentielle naturelle [AF2 p 47].
De plus, $e \notin \mathbb{Q}$ [P p 16].

Exemple 4 : la moyenne arithmético-géométrique.

Soit (u_n) et (v_n) les suites définies par : $0 < v_0 < u_0$ et pour tout $n \in \mathbb{N}$, $u_{n+1} = \frac{u_n + v_n}{2}$ et $v_{n+1} = \sqrt{u_n v_n}$. Alors les suites (u_n) et (v_n) convergent vers une même limite appelée moyenne arithmético-géométrique [Gdy p 201].

3) Les suites adjacentes

Théorème 3 :

Soit (u_n) (respectivement (v_n)) une suite croissante (respectivement décroissante). On suppose de plus que $\lim_{n \to \infty} (u_n - v_n) = 0$. Alors les suites (u_n) et (v_n) sont convergentes et possèdent la même limite [Gdy p 194].

Application 1 : le critère des séries alternées.

Soit (d_n) une suite réelle, décroissante et de limite nulle. Alors la série alternée $\sum (-1)^n d_n$ converge.

De plus, pour tout $n \in \mathbb{N}$, $\left| \sum_{k \geqslant n} (-1)^k d_k \right| \leqslant d_n$ [Gdy p 209].

C) Théorèmes de convergence pour les suites réelles ou complexes

1) Théorèmes généraux

a) Lien avec les séries

Théorème 4 :

Si la série $\sum (u_n - u_{n-1})$ est convergente alors la suite (u_n) converge [AF2 p 64].

Application 2 : $\sum_{i=1}^{n} \frac{1}{i} = \log n + \gamma + \frac{1}{2n} - \frac{1}{12n^2} + \underset{n \to +\infty}{o}\left(\frac{1}{n^2}\right)$ [AF2 p 451].

Application 3 : la formule de Stirling.

On a $n! \underset{n \to \infty}{\sim} \left(\frac{n}{e}\right)^n \sqrt{2\pi n}$ [Gdy p 211].

b) Les suites de Cauchy

Théorème 5 :

Toute suite de Cauchy converge [Gdy p 194].

Exemple 5 : pour $n \in \mathbb{N}^*$, on pose $u_n = \sum_{i=1}^{n} \frac{1}{i}$. Alors la suite (u_n) diverge [C p 15].

> Oralement, on pourra signaler que cette divergence a déjà été vue lors du développement asymptotique de l'application 2. Toutefois, l'utilisation du critère de Cauchy permet d'établir cette divergence bien plus rapidement.

Exemple 6 : soit $\theta \in \mathbb{R}$ et $k \in]0,1[$. Pour $n \in \mathbb{N}$, posons $u_n = \sum_{i=0}^{n} k^i \cos(i\theta)$. Alors la suite (u_n) est convergente [C p 15].

c) Les suites extraites

Théorème 6 : le théorème de Bolzano-Weierstrass.

De toute suite bornée on peut extraire une suite convergente [Gdy p 194].

Application 4 : soit $\alpha \in \mathbb{R} \setminus \mathbb{Q}$. Considérons une suite de rationnels (α_n) convergeant vers α. Pour tout $n \in \mathbb{N}$, écrivons $\alpha_n = \dfrac{p_n}{q_n}$ où $(p_n, q_n) \in \mathbb{Z} \times \mathbb{N}^*$. Alors $\lim\limits_{n \to \infty} q_n = \lim\limits_{n \to \infty} |p_n| = +\infty$ [MCDT pp 70 - 82].

> ▲ Attention : [MCDT] considère une suite (q_n) à valeurs dans $\mathbb{Z}^*$ alors qu'il est impératif que cette suite soit à valeurs dans $\mathbb{N}^*$.

Théorème 7 :

Toute suite bornée admettant une unique valeur d'adhérence ℓ est convergente vers ℓ [Gdy p 30].

Exemple 7 : soit (u_n) une suite réelle telle que pour tout $(n,m) \in \mathbb{N}^2$, $u_n + u_m \leqslant u_{n+m}$. On suppose de plus que la suite $\left(\dfrac{u_n}{n}\right)$ est bornée. Alors la suite $\left(\dfrac{u_n}{n}\right)$ est convergente [MCDT p 60].

d) Les suites récurrentes

Théorème 8 :

Soit F une partie fermée de $\mathbb{K}$ et $f : F \longrightarrow F$ une application contractante. Soit de plus $u_0 \in F$, et pour $n \in \mathbb{N}$, posons $u_{n+1} = f(u_n)$. Alors la suite (u_n) converge vers l'unique point fixe de f [Gdy p 21].

Exemple 8 : soit $u_0 \in \mathbb{R}$ et pour $n \in \mathbb{N}$, posons $u_{n+1} = \cos(u_n)$. Alors la suite (u_n) converge [P p 77].

2) Deux situations particulières

a) Les moyennes de Cesàro

Théorème 9 :

Soit (u_n) une suite convergeant vers ℓ. Pour $n \in \mathbb{N}^*$, posons $v_n = \dfrac{1}{n}\sum_{i=1}^{n} u_i$.

Alors la suite (v_n) converge vers ℓ [MCDT p 54].

> Lorsque pour une suite (u_n) donnée, la suite (v_n) associée converge, on dit alors que la suite (u_n) converge en moyenne vers ℓ.
> On pourra alors signaler que la convergence en moyenne n'implique pas, en général, la convergence classique. On pensera par exemple à la suite (u_n) définie par : pour tout $n \in \mathbb{N}$, $u_n = (-1)^n$. Toutefois, si la suite (u_n) est une suite réelle monotone et si elle converge en moyenne, alors elle converge.
> De plus, on pourra signaler que le théorème 9 reste valable dans le cas d'une suite réelle de limite $+\infty$ ou $-\infty$.

b) Les sommes de Riemann

Théorème 10 :

Soit $(a, b) \in \mathbb{R}^2$ avec $a < b$ et $f \in \mathcal{C}([a, b], \mathbb{K})$. Pour $n \in \mathbb{N}^*$, posons $S_n(f) = \dfrac{b-a}{n}\displaystyle\sum_{i=1}^{n} f\left(a + i\frac{b-a}{n}\right)$. Alors la suite $(S_n(f))$ est convergente et $\lim\limits_{n\to\infty} S_n(f) = \displaystyle\int_a^b f(t)\,dt$ [Gdy p 124].

Exemple 9 : pour $n \in \mathbb{N}^*$, posons $u_n = \displaystyle\sum_{i=1}^{n} \frac{1}{n+i}$. Alors la suite (u_n) converge vers $\log 2$ [Gdy p 124].

Remarques :

- **Extrait du rapport du jury 1996**

Cette leçon est particulièrement pauvre en exemples et applications.

- La formule de Viète, exposée dans [Gdy p 201], pourrait être une nouvelle application figurant dans cette leçon.

Questions :

- *Soit (a_n) (respectivement (b_n)) une suite complexe convergeant vers a (respectivement b). Pour $n \in \mathbb{N}^*$, on pose $c_n = \dfrac{1}{n}\displaystyle\sum_{i=1}^{n} a_i b_{n-i}$. Montrer que (c_n) converge vers ab.*

Divisons l'étude en deux cas.

■ Premier cas : $a = 0$ ou $b = 0$. Supposons par exemple $a = 0$.

La suite (b_n), convergente, est une suite bornée. Il existe donc $M_b \in \mathbb{R}^+$ tel que pour tout entier n, $|b_n| \leqslant M_b$.

Soit $n \in \mathbb{N}^*$. On a alors

$$|c_n| \leqslant M_b \frac{1}{n}\sum_{i=1}^{n} |a_i|. \tag{1}$$

Mais, par hypothèse, $\lim_{n\to\infty} |a_n| = 0$. D'après le théorème de Cesàro, on a donc $\lim_{n\to\infty} \frac{1}{n}\sum_{i=1}^{n} |a_i| = 0$.

L'inégalité (1) prouve finalement que la suite (c_n) converge vers $0 = ab$.

■ Deuxième cas : a et b sont deux complexes quelconques.

Pour $n \in \mathbb{N}$, posons $\alpha_n = a_n - a$ et $\beta_n = b_n - b$. Alors la suite (α_n) (respectivement (β_n)) converge vers 0.

Par ailleurs, pour $n \in \mathbb{N}^*$, on a $c_n = \frac{1}{n}\sum_{i=1}^{n}(\alpha_n + a)(\beta_n + b)$. En développant, on aboutit alors à

$$(2) \qquad c_n = \frac{1}{n}\sum_{i=1}^{n} \alpha_n\beta_n + b\frac{1}{n}\sum_{i=1}^{n} \alpha_n + a\frac{1}{n}\sum_{i=1}^{n} \beta_n + ab.$$

Mais d'après le théorème de Cesàro, $\lim_{n\to\infty} \frac{1}{n}\sum_{i=1}^{n} \alpha_n = \lim_{n\to\infty} \frac{1}{n}\sum_{i=1}^{n} \beta_n = 0$.

Bref, l'égalité (2) et l'étude du premier cas conduisent à $\lim_{n\to\infty} c_n = ab$.

• *Soit* $\theta \in \mathbb{R}$. *Les suites* $(\cos(n\theta))$ *et* $(\sin(n\theta))$ *sont-elles convergentes ?*

---

i) Supposons la suite $(\cos(n\theta))$ convergente. Notons ℓ_c sa limite.

Comme pour tout entier n, $\cos(2n\theta) = 2\cos^2(n\theta) - 1$, à la limite, il vient $\ell_c = 2\ell_c^2 - 1$.

Bref, en résolvant l'équation vérifiée par ℓ_c, on obtient $\ell_c \in \left\{1, -\frac{1}{2}\right\}$.

■ Premier cas : $\lim_{n\to\infty} \cos(n\theta) = \ell_c = 1$.

Pour tout $n \in \mathbb{N}$, on a $\cos^2(n\theta) + \sin^2(n\theta) = 1$. Ainsi, à la limite, $\lim_{n\to\infty} \sin(n\theta) = 0$.
Par ailleurs, pour tout entier n, $\cos((n+1)\theta) = \cos(n\theta)\cos(\theta) - \sin(n\theta)\sin(\theta)$. En passant à la limite, on obtient alors $\cos\theta = 1$, soit $\theta \in 2\pi\mathbb{Z}$.
Mais dans ce cas, $\cos(n\theta) = 1$ pour tout entier n.

Bref, la suite $(\cos(n\theta))$ est bien convergente.

■ Deuxième cas : $\lim_{n\to\infty} \cos(n\theta) = \ell_c = -\frac{1}{2}$.
On a alors, nécessairement, $\theta \notin \pi\mathbb{Z}$ et donc $\sin\theta \neq 0$.

D'autre part, on a toujours $\cos((n+1)\theta) = \cos(n\theta)\cos(\theta) - \sin(n\theta)\sin(\theta)$ pour tout $n \in \mathbb{N}$. Ces égalités montrent donc que la suite $(\sin(n\theta))$ admet une limite ℓ_s vérifiant $-\frac{1}{2} = -\frac{1}{2}\cos(\theta) - \ell_s\sin(\theta)$. Mais comme $\theta \notin 2\pi\mathbb{Z}$, $\cos\theta \neq 1$ et donc $\ell_s \neq 0$.

Par ailleurs, pour tout entier n, on a $\sin(2n\theta) = 2\sin(\theta)\cos(\theta)$, soit, à la limite $\ell_s = 2\ell_s\left(-\frac{1}{2}\right) = -\ell_s$.

Finalement, on obtient $\ell_s = 0$, ce qui est absurde.

Résumons : la suite $(\cos(n\theta))$ converge si et seulement si $\theta \in 2\pi\mathbb{Z}$.

ii) Supposons que la suite $(\sin(n\theta))$ converge.

Comme pour tout entier n, $\cos(n(2\theta)) = 1 - 2\sin^2(n\theta)$, la suite $(\cos(n(2\theta)))$ est elle aussi convergente. L'étude précédente montre alors que $2\theta \in 2\pi\mathbb{Z}$. Bref, $\theta \in \pi\mathbb{Z}$ et la suite $(\sin(n\theta))$ est constamment égale à 0.

Résumons : la suite $(\sin(n\theta))$ converge si et seulement si $\theta \in \pi\mathbb{Z}$.

L20 ♣♣

Comportement d'une suite définie par une itération $u_{n+1} = f(u_n)$. Exemples.

DÉVELOPPEMENTS : D32 - D33

BIBLIOGRAPHIE : [BBR] [CMOS1] [Gdy] [Gx2] [P]

Dans cette leçon, on ne s'intéressera qu'à des suites réelles.

> Toutefois, on pourra préciser que l'application f ne sera pas toujours une application d'une *seule* variable réelle (*cf* les sections B) 4) et C).

A) Eléments d'étude du comportement des suites récurrentes

1) Théorèmes de convergence

a) Limite et continuité

Théorème 1 :

Soit I un intervalle fermé de $\mathbb{R}$ et $f : I \longrightarrow \mathbb{R}$ une application vérifiant $f(I) \subset I$.
Soit de plus $u_0 \in I$, et pour tout $n \in \mathbb{N}$, posons $u_{n+1} = f(u_n)$.
Si la suite (u_n) converge vers ℓ et si f est continue en ℓ alors ℓ est solution de l'équation $f(x) = x$ [Gdy p 194].

b) A partir de la monotonie

Théorème 2 :

Soit I un intervalle de $\mathbb{R}$ et $f : I \longrightarrow \mathbb{R}$ une application vérifiant $f(I) \subset I$.
Soit de plus $u_0 \in I$, et pour tout $n \in \mathbb{N}$, posons $u_{n+1} = f(u_n)$.
i) Si f est croissante alors la suite (u_n) est monotone et son sens de monotonie est donné par le signe de $u_1 - u_0$.
ii) Si f est décroissante alors les suites (u_{2n}) et (u_{2n+1}) sont monotones et leur sens de monotonie est opposé [Gdy p 195].

Exemple 1 : posons $\alpha = \dfrac{3+\sqrt{5}}{2}$. Soit de plus $u_0 \in [0, \alpha]$, et pour $n \in \mathbb{N}$, posons $u_{n+1} = \dfrac{1}{2 - \sqrt{u_n}}$. Alors la suite (u_n) est bien définie. De plus, on a les résultats suivants.
i) Si $u_0 \in [0, 1[$ alors la suite (u_n) converge vers 1 en croissant.
ii) Si $u_0 = 1$ alors la suite (u_n) est constamment égale à 1.

iii) Si $u_0 \in]1, \alpha[$ alors la suite (u_n) converge vers 1 en décroissant.
iv) Si $u_0 = \alpha$ alors la suite (u_n) est constamment égale à α [Gdy p 197].

c) A partir du théorème du point fixe

Théorème 3 :

Soit F une partie fermée de $\mathbb{R}$ et $f : F \longrightarrow F$ une application contractante. Soit de plus $u_0 \in F$, et pour $n \in \mathbb{N}$, posons $u_{n+1} = f(u_n)$. Alors la suite (u_n) converge vers l'unique point fixe de f [Gdy p 21].

Exemple 2 : soit $u_0 \in \mathbb{R}$ et pour $n \in \mathbb{N}$, posons $u_{n+1} = \cos(u_n)$. Alors la suite (u_n) converge [P p 77].

d) A partir de la stabilité des points fixes

Définition 1 :

Soit I un intervalle de $\mathbb{R}$ non réduit à un point et $f \in \mathcal{C}^1(I, I)$. Un point fixe s de f est dit stable (respectivement quasi-stable, instable) si et seulement si $|f'(s)| < 1$ (respectivement $|f'(s)| = 1$, $|f'(s)| > 1$) [P p 96].

Théorème 4 :

Soit I un intervalle de $\mathbb{R}$ non réduit à un point et $f \in \mathcal{C}^1(I, I)$. Soit de plus $u_0 \in I$, et pour $n \in \mathbb{N}$, posons $u_{n+1} = f(u_n)$.
i) Si la suite (u_n) converge vers un point fixe $s \in I$ de f et si s est instable alors la suite (u_n) stationne à s.
ii) Si $s \in I$ est un point fixe stable de f alors il existe un voisinage V_s de s tel que pour tout u_0 de V_s, la suite (u_n) converge vers s. De plus, il existe $k \in [0, 1[$ tel que pour tout $u_0 \in V_s$ et pour tout $n \in \mathbb{N}$, $|u_n - s| \leqslant k^n |u_0 - s|$ [P p 96].

> On pourra noter que la dernière inégalité donne une idée de la vitesse de convergence de la suite (u_n). Dans certains cas, cette vitesse peut être bien meilleure : c'est l'objet de la section suivante.

2) Vitesse de convergence

Théorème 5 : la méthode de Newton.

Soit $f \in \mathcal{C}^2([a, b], \mathbb{R})$ une application convexe telle que pour tout $x \in [a, b]$, $f'(x) > 0$. On suppose de plus, $f(a) < 0$ et $f(b) > 0$. Notons α l'unique solution de l'équation $f(x) = 0$ sur $[a, b]$.
Posons alors $u_0 = b$ et $u_{n+1} = u_n - \dfrac{f(u_n)}{f'(u_n)}$.
Notons enfin $m = \min\limits_{t \in [a,b]} f'(t)$, $M = \max\limits_{t \in [a,b]} f''(t)$ et $C = \dfrac{M}{2m}$.
Alors, si $C(b - \alpha) < 1$, la suite (u_n) converge vers α.
De plus, pour tout $n \in \mathbb{N}$, on a $0 \leqslant u_n - \alpha \leqslant \dfrac{1}{C}(C(b - \alpha))^{2^n}$. La vitesse de convergence de la suite (u_n) est donc au moins quadratique [CMOS1 p 163].

Application 1 : soit $u_0 = 3$ et pour $n \in \mathbb{N}$, posons $u_{n+1} = \dfrac{1}{2}\left(u_n + \dfrac{5}{u_n}\right)$. Alors la suite (u_n), bien définie, converge vers $\sqrt{5}$ et l'on a

$$\forall n \in \mathbb{N},\ 0 \leqslant u_n - \sqrt{5} \leqslant 2\left(\frac{1}{2}(3-\sqrt{5})\right)^{2^n}.$$

> Pour cet exemple non référencé, il suffit d'appliquer la méthode de Newton vue ci-dessus à l'application $f : [1,3] \longrightarrow \mathbb{R},\ x \longmapsto x^2 - 5$

3) Développements asymptotiques

Exemple 3 : soit (u_n) la suite récurrente définie par $0 < u_0 \leqslant \frac{\pi}{2}$ et, pour tout $n \in \mathbb{N}$, $u_{n+1} = \sin(u_n)$. Alors $u_n = \sqrt{\frac{3}{n}} - \frac{3\sqrt{3}}{10}\frac{\log n}{n\sqrt{n}} + \underset{n\to\infty}{o}\left(\frac{\log n}{n\sqrt{n}}\right)$ Gdy p 218.

Exemple 4 : soit (u_n) la suite définie par $u_0 > 0$ et pour tout $n \in \mathbb{N}$, $u_{n+1} = u_n + \frac{1}{u_n}$.

Alors il existe $K \in \mathbb{R}$ telle que $u_n = \sqrt{2n} + \frac{1}{4\sqrt{2}}\frac{\log n}{\sqrt{n}} + \frac{K}{2\sqrt{2}}\frac{1}{\sqrt{n}} + \underset{n\to\infty}{o}\left(\frac{1}{\sqrt{n}}\right)$ BBR p 28.

B) Quelques suites récurrentes classiques

1) Les suites arithmétiques

Définition 2 :

On appelle suite arithmétique de raison $a \in \mathbb{R}$ toute suite récurrente (u_n) vérifiant $u_{n+1} = a + u_n$ pour tout entier n Gdy p 195.

Théorème 6 :

Une suite arithmétique est convergente si et seulement si sa raison est égale à 0 Gdy p 195.

2) Les suites géométriques

Définition 3 :

On appelle suite géométrique de raison $q \in \mathbb{R}$ toute suite récurrente (u_n) vérifiant $u_{n+1} = qu_n$ pour tout entier n Gdy p 195.

Théorème 7 :

Une suite géométrique est convergente si et seulement si sa raison q vérifie $q \in]-1,1]$ ou si son premier terme est nul Gdy p 195.

3) Les suites homographiques

Définition 4 :

On appelle suite homographique toute suite récurrente (u_n) vérifiant : pour tout entier n, $u_{n+1} = \frac{au_n + b}{cu_n + d}$ où $(a,b,c,d) \in \mathbb{R}^4$ avec $c \neq 0$ et $ad - bc \neq 0$ Gdy p 195.

> Oralement, on pourra insister sur le fait qu'une suite homographique n'est pas toujours définie. Cela dépend bien sûr de son premier terme u_0 !

Théorème 8 :

Soit (u_n) une suite telle que pour tout entier n, $u_{n+1} = \dfrac{au_n + b}{cu_n + d}$ où $(a, b, c, d) \in \mathbb{R}^4$ avec $c \neq 0$ et $ad - bc \neq 0$. On suppose que u_0 est choisi de telle sorte que la suite (u_n) soit bien définie.
Soit alors $(\mathcal{E})$ l'équation $cx^2 + (d-a)x - b = 0$. Posons $\Delta = (d-a)^2 + 4bc$.
$i)$ Si $\Delta < 0$ alors la suite (u_n) diverge.
$ii)$ Si $\Delta > 0$, notons α et β les deux racines distinctes de $(\mathcal{E})$.
Si $u_0 = \alpha$ (respectivement β) alors la suite (u_n) stationne à α (respectivement β).
Sinon, posons $k = \dfrac{c\alpha + d}{c\beta + d}$. Si $|k| < 1$ (respectivement $|k| > 1$) alors la suite (u_n) converge vers β (respectivement α). Si $k = -1$ alors la suite (u_n) diverge.
$iii)$ Si $\Delta = 0$, notons α l'unique racine de $(\mathcal{E})$. Alors la suite (u_n) converge toujours vers α [Gx2 p 376].

Exemple 5 : soit $u_0 \in \mathbb{R}\setminus\{-1,\ 0,\ 1\}$ et pour $n \in \mathbb{N}$, posons $u_{n+1} = \dfrac{1+u_n}{1-u_n}$. Alors la suite (u_n) est bien définie. De plus, la suite (u_n) est 4−périodique [CMOS1 p 42].

Exemple 6 : soit $u_0 = -1$ et pour $n \in \mathbb{N}$, posons $u_{n+1} = \dfrac{3+2u_n}{2+u_n}$. Alors la suite (u_n) est bien définie. De plus, la suite (u_n) converge vers $\sqrt{3}$ [CMOS1 p 40].

Exemple 7 : soit $u_0 = 0$ et pour $n \in \mathbb{N}$, posons $u_{n+1} = \dfrac{1+u_n}{3-u_n}$. Alors la suite (u_n) est bien définie. De plus, la suite (u_n) converge vers 1 [CMOS1 p 41].

> Oralement, on pourra préciser que l'exemple 5 (respectivement 6, 7) illustre le cas $i)$ (respectivement $ii)$, $iii)$) du théorème 7.

4) Les suites à récurrence linéaire

Exemple 8 : soit $u_0 = 0$, $u_1 = 1$, $v_0 = 2$ et $v_1 = 1$. Pour tout entier n, posons $u_{n+2} = u_{n+1} + u_n$ et $v_{n+2} = v_{n+1} + v_n$.
$i)$ Pour tout $n \in \mathbb{N}$, u_n et v_n sont de même parité.
$ii)$ Pour tout $n \in \mathbb{N}^*$ et pour tout $k \in \mathbb{N}$, $u_n \mid u_{kn}$.
$iii)$ Pour tout $(m, n) \in (\mathbb{N}^*)^2$, $u_m \wedge u_n = u_{m \wedge n}$ [BBR p 15].

> On pourra signaler que la suite (u_n) est la suite de Fibonacci.
>
> D'autre part, cet exemple, comme tous ceux qui vont suivre, semble - *a priori* - ne pas être au cœur de la leçon.
> Afin de ramener l'étude de la suite de Fibonacci (u_n) à celle d'une suite du type $X_{n+1} = f(X_n)$, il suffit de faire la manipulation suivante.
> Soit $f : \mathbb{R}^2 \longrightarrow \mathbb{R}^2$, $(a, b) \longmapsto (b, a+b)$ et $X_n = (u_n, u_{n+1}) \in \mathbb{R}^2$. Dans ce cas, on peut bien écrire $X_{n+1} = f(X_n)$.

Exemple 9 : soit $(u_0, u_1, u_2) \in (\mathbb{R}^+)^3$ et pour tout $n \in \mathbb{N}$, posons

$$u_{n+3} = (u_n u_{n+1} u_{n+2})^{\frac{1}{3}}.$$

Alors la suite (u_n) converge vers $(u_0 u_1^2 u_2^3)^{\frac{1}{6}}$ Gx2 p 389.

▲ Attention : la suite ci-dessus n'est pas régie par une relation de récurrence linéaire. C'est uniquement son étude qui va faire appel à une suite vérifiant une relation de récurrence linéaire !

C) Exemples de suites simultanément récurrentes

Exemple 10 : la moyenne arithmético-géométrique.

Soit (u_n) et (v_n) les suites définies par : $0 < v_0 < u_0$ et pour tout $n \in \mathbb{N}$, $u_{n+1} = \dfrac{u_n + v_n}{2}$ et $v_{n+1} = \sqrt{u_n v_n}$. Alors les suites (u_n) et (v_n) convergent vers une même limite appelée moyenne arithmético-géométrique Gdy p 201.

Exemple 11 : soit $(u, v, w) \in \mathbb{R}^3$. Posons $u_0 = u$, $v_0 = v$, $w_0 = w$ et pour $n \in \mathbb{N}$, définissons $u_{n+1} = \frac{1}{4}v_n + \frac{3}{4}w_n$, $v_{n+1} = \frac{3}{4}u_n + \frac{1}{4}w_n$ et $w_{n+1} = \frac{1}{4}u_n + \frac{3}{4}v_n$. Alors les trois suites (u_n), (v_n) et (w_n) convergent toutes vers le réel $\frac{1}{3}(u + v + w)$ Gx2 pp 386 - 392.

REMARQUES :

- Même si le titre de cette leçon mentionne explicitement les suites définies par une itération du type $u_{n+1} = f(u_n)$, il est clair que les exemples des sections B) 4) et C) sont au cœur du sujet. Il faut alors utiliser une transformation d'écriture similaire à celle vue après l'exemple 8.

- **Extrait du rapport du jury 1996**

Dans la leçon concernant les suites récurrentes, le jury attend bien plus qu'une simple étude de convergence où celle du cas où «u_n se calcule». Le candidat doit parler de problèmes parmi les suivants : monotonie ; comportements cycliques ; points fixes attractifs, répulsifs ; développement asymptotique ; vitesse de convergence.

QUESTIONS :

- *Considérons la suite (u_n) définie par $u_0 \geqslant 1$ et pour tout $n \in \mathbb{N}$, $u_{n+1} = E(\sqrt{u_n})$. Montrer que la suite (u_n) est stationnaire à 1.*

Par récurrence, on montre aisément que la suite (u_n) est bien définie et que pour tout entier n, $u_n \geqslant 1$.

Par ailleurs, l'application $f : [1, +\infty[\longrightarrow \mathbb{R}$, $x \longmapsto E(\sqrt{x})$ est croissante. Ainsi, la suite (u_n) est monotone. Mais $u_1 = E(\sqrt{u_0}) \leqslant \sqrt{u_0} \leqslant u_0$. Finalement, la suite (u_n) est décroissante.

Résumons : la suite (u_n) est décroissante et minorée par 1 donc convergente vers une limite $\ell \geqslant 1$. Mais comme pour tout $n \in \mathbb{N}^*$, $u_n \in \mathbb{N}$, la suite (u_n) est nécessairement stationnaire. Il existe donc $N \in \mathbb{N}$ tel que pour tout $n \geqslant N$, $u_n = \ell$.

Il est essentiel de se rappeler qu'une suite convergente à valeurs dans un espace discret est nécessairement stationnaire.

Supposons $\ell > 1$. Alors $\ell = u_N > \sqrt{u_N} \geqslant E(\sqrt{u_N}) = u_{N+1} = \ell$, ce qui est absurde. Bref, $\ell = 1$.

En conclusion, la suite (u_n) stationne à 1.

• *Considérons la suite* (u_n) *définie par* $u_0 \in]0, 1[$ *et pour tout entier* n, $u_{n+1} = u_n(1 - u_n)$. *Montrer que* $u_n \underset{n \to \infty}{\sim} \frac{1}{n}$.

Par récurrence, on établit facilement que pour tout entier n, $u_n \in]0, 1[$.

Par ailleurs, si $n \in \mathbb{N}$, on a $u_{n+1} - u_n = -u_n^2 \leqslant 0$. La suite (u_n) est donc décroissante. Mais elle est aussi minorée par 0.
La suite (u_n) est donc convergente vers $\ell \in [0, 1[$. Mais pour tout $n \in \mathbb{N}$, on a $u_{n+1} = u_n(1 - u_n)$, ce qui donne, en passant à la limite, $\ell = \ell(1 - \ell)$.

Bref, on aboutit à $\ell = 0$.

Pour $n \in \mathbb{N}$, définissons alors $v_n = \frac{1}{u_{n+1}} - \frac{1}{u_n}$. Notons que la suite (v_n) est bien définie car $u_n \neq 0$ pour tout $n \in \mathbb{N}$.
Pour $n \in \mathbb{N}$, on a donc

$$v_n = \frac{u_n - u_{n+1}}{u_n u_{n+1}} = \frac{u_n - u_n(1 - u_n)}{u_n^2(1 - u_n)} = \frac{1}{1 - u_n}.$$

La suite (v_n) converge donc vers 1.

Pour $n \in \mathbb{N}^*$, posons alors $s_n = \frac{1}{n}\sum_{k=0}^{n-1} v_k$. D'après le théorème de Cesàro, la suite (s_n) converge elle aussi vers 1. Or, pour tout $n \in \mathbb{N}^*$, on a

$$(1) \qquad s_n = \frac{1}{n}\left(\frac{1}{u_n} - \frac{1}{u_0}\right).$$

La formule (1) et la convergence de la suite (s_n) vers 1 prouvent finalement que $\lim_{n \to \infty} n u_n = 1$ soit exactement $u_n \underset{n \to \infty}{\sim} \frac{1}{n}$.

L21 ♣♣♣

Exemples d'obtention et d'emploi de développements asymptotiques.

DÉVELOPPEMENTS : D32 - D34

BIBLIOGRAPHIE : AF2 BBR D DB FG Gdy MCDT P RODx1

A) Cas le plus simple : les développements limités

Théorème 1 : la formule de Taylor-Young.

Soit $n \in \mathbb{N}$, I un intervalle de $\mathbb{R}$ non réduit à un point et $f \in \mathcal{C}^n(I, \mathbb{R})$. Soit de plus $a \in \overset{\circ}{I}$ tel que $f^{(n+1)}(a)$ existe. Alors

$$f(a+h) = \sum_{k=0}^{n} \frac{h^k}{k!} f^{(k)}(a) + \frac{h^{n+1}}{(n+1)!} f^{(n+1)}(a) + \underset{h \to 0}{o}(h^{n+1})$$

Gdy p 73.

> On signalera oralement que cette formule est à l'origine de la plupart des développements limités des fonctions usuelles.

Exemple 1 : pour tout $n \in \mathbb{N}$, $e^x = \displaystyle\sum_{k=0}^{n} \frac{x^k}{k!} + \underset{x \to 0}{o}(x^n)$ Gdy p 88.

> On pourra alors signaler que les opérations sur les développements limités permettent d'obtenir les développements limités de fonctions plus complexes.

Exemple 2 : $(1 + \sin x)^x = 1 + x^2 - \frac{1}{2}x^3 + \frac{2}{3}x^4 - \frac{7}{12}x^5 + \underset{x \to 0}{o}(x^5)$ AF2 p 283.

> De plus, les développements limités peuvent être à l'origine de certains développements asymptotiques à l'infini.

Exemple 3 : $(x^3 + x)^{\frac{1}{3}} + (x^3 - x)^{\frac{1}{3}} = \dfrac{2}{3x} + \underset{x \to +\infty}{o}\left(\dfrac{1}{x^4}\right)$ Gdy p 90.

Application 1 : les développements limités permettent d'obtenir certaines limites de fonctions, par exemple $\displaystyle\lim_{x \to 0,\ x > 0} \frac{x^{(x^x)} - \log x}{x^x - 1} = 1$ Gdy p 91.

Application 2 : les développements asymptotiques permettent de donner la position d'une courbe par rapport à ses asymptotes.

Par exemple, soit $f : \mathbb{R} \setminus \{0,\ 1\} \longrightarrow \mathbb{R},\ t \longmapsto \dfrac{t^2+1}{t-1}e^{\frac{1}{t}}$. Notons $\mathcal{C}_f$ sa courbe représentative et soit Δ la droite d'équation : $y = x + 2$. Alors, la droite Δ est asymptote à $\mathcal{C}_f$ en $+\infty$ et en $-\infty$. De plus, $\mathcal{C}_f$ est au-dessus de Δ en $+\infty$ et au-dessous de Δ en $-\infty$ `RODx1 p 104`.

> En préambule aux deux autres parties, on pourra insister sur l'importance des développements limités dans l'obtention des développements asymptotiques.

B) Développements asymptotiques de suites

1) Développements asymptotiques de sommes partielles de séries divergentes ou de restes de séries convergentes

Théorème 2 :

Pour $\alpha > 1$, $\displaystyle\sum_{k=n}^{+\infty} \frac{1}{k^\alpha} = \frac{1}{(\alpha-1)n^{\alpha-1}} + \underset{n\to\infty}{o}\left(\frac{1}{n^{\alpha-1}}\right)$.

Pour $0 < \alpha < 1$, $\displaystyle\sum_{k=1}^{n} \frac{1}{k^\alpha} = \frac{n^{1-\alpha}}{1-\alpha} + \underset{n\to\infty}{o}(n^{1-\alpha})$ `AF2 pp 470 - 472`.

> ▲ Attention : `AF2` donne des équivalents, mais, afin d'être parfaitement dans le cadre de la leçon, on transformera ces équivalents en développements asymptotiques.
> De plus, on précisera que ces développements ont été obtenus à l'aide d'une comparaison avec une intégrale.

Application 3 : $\displaystyle\sum_{k=1}^{n} \frac{1}{k} = \log n + \gamma + \frac{1}{2n} - \frac{1}{12n^2} + \underset{n\to\infty}{o}\left(\frac{1}{n^2}\right)$ `AF2 p 450`.

Application 4 : $n! = \left(\dfrac{n}{e}\right)^n \sqrt{2\pi n}\left(1 + \dfrac{1}{12n} + \underset{n\to\infty}{o}\left(\dfrac{1}{n}\right)\right)$ `AF2 p 453`.

Théorème 3 : la formule d'Euler-Mac Laurin.

Soit $(m,n) \in \mathbb{Z}^2$, $m < n$, $r \in \mathbb{N}^*$, *et* $f : [m,n] \longrightarrow \mathbb{C}$ *de classe* $\mathcal{C}^r$. *Alors,*

$$\sum_{k=m}^{n} f(k) = \int_m^n f(x)\,\mathrm{d}x + S + \sum_{k=2}^{r} \frac{b_k}{k}(f^{(k-1)}(n) - f^{(k-1)}(m)) + R_r$$

où $S = \dfrac{f(m)+f(n)}{2}$ *et* $R_r = \dfrac{(-1)^{r+1}}{r!}\displaystyle\int_m^n \tilde{B}_r(x) f^{(r)}(x)\,\mathrm{d}x$, $\tilde{B}_r$ *désignant l'application de* $\mathbb{R}$ *dans* $\mathbb{R}$, $1-$*périodique, coïncidant avec le* $r-$*ème polynôme de Bernoulli* B_r *sur* $]0,1[$ *et telle que* $\tilde{B}_r(0) = \dfrac{1}{2}(B_r(0) + B_r(1))$.

De plus, le nombre de Bernoulli b_r *est égal à* $B_r(0)$ `Gdy p 297`.

> Même si la formule d'Euler-Mac Laurin ne donne pas *directement* de développement asymptotique, il est tout de même bon de l'écrire car de nombreux exemples reposent sur cette égalité.

Application 5 : soit $r \in \mathbb{N}^*$.

Alors, en utilisant l'application $f : \mathbb{R}_*^+ \longrightarrow \mathbb{R}$, $x \longmapsto \dfrac{1}{x}$, on obtient, en conservant les notations précédentes,

$$\sum_{k=1}^{n} \frac{1}{k} = \log n + \gamma + \frac{1}{2n} + \sum_{k=2}^{r-1} \frac{(-1)^{k-1} b_k}{kn^k} + \underset{n\to\infty}{O}\left(\frac{1}{n^r}\right)$$ `Gdy p 297`.

> La formule d'Euler-Mac Laurin est souvent utilisée avec les applications suivantes :
> *i)* $f : \mathbb{R}_*^+ \longrightarrow \mathbb{R}$, $x \longmapsto \log x$: on obtient alors un développement asymptotique à n'importe quel ordre de $\log n!$;
> *ii)* $f : \mathbb{R}^+ \longrightarrow \mathbb{R}$, $x \longmapsto x^\alpha$ où $\alpha \in \mathbb{R}^+$: on obtient alors un développement asymptotique à n'importe quel ordre de $\displaystyle\sum_{k=1}^{n} k^\alpha$.

2) Développements asymptotiques de suites définies par une relation de récurrence

Exemple 4 : soit (u_n) la suite récurrente définie par $0 < u_0 \leqslant \dfrac{\pi}{2}$ et, pour tout $n \in \mathbb{N}$, $u_{n+1} = \sin(u_n)$.

Alors $u_n = \sqrt{\dfrac{3}{n}} - \dfrac{3\sqrt{3}}{10} \dfrac{\log n}{n\sqrt{n}} + \underset{n\to\infty}{o}\left(\dfrac{\log n}{n\sqrt{n}}\right)$ `Gdy p 218`.

Exemple 5 : soit (u_n) la suite récurrente définie par $u_0 > 0$ et, pour tout $n \in \mathbb{N}$, $u_{n+1} = u_n + \dfrac{1}{u_n}$.

Alors il existe $K \in \mathbb{R}$ tel que $u_n = \sqrt{2n} - \dfrac{\log n}{4\sqrt{2n}} + \dfrac{K}{2\sqrt{2n}} + \underset{n\to\infty}{o}\left(\dfrac{1}{\sqrt{n}}\right)$ `BBR p 28`.

3) Développements asymptotiques de suites définies de manière implicite

Exemple 6 : soit $n \in \mathbb{N}$. On note α_n la n-ème racine positive de l'équation $x = \tan x$.

Alors $\alpha_n = n\pi + \dfrac{\pi}{2} - \dfrac{1}{n\pi} + \dfrac{1}{2\pi n^2} + \underset{n\to\infty}{o}\left(\dfrac{1}{n^2}\right)$ `RODx p 99`.

4) Développements asymptotiques de suites quelconques

Exemple 7 : pour $n \in \mathbb{N}^*$, on désigne par p_n le demi-périmètre du polygone à 2^n cotés inscrits dans un cercle de rayon 1. Alors $p_n = \pi - \dfrac{1}{6}\dfrac{\pi^3}{4^n} + \underset{n\to\infty}{o}\left(\dfrac{1}{4^n}\right)$ `MCDT p 279`.

Application 6 : à partir d'un développement asymptotique du terme général d'une suite (u_n), on peut déterminer la nature de la série $\sum u_n$.
Par exemple, pour tout $\alpha > \frac{1}{2}$, la série $\sum \frac{(-1)^{n-1}}{n^\alpha + (-1)^n}$ est convergente [Gdy p 214].

C) Développements asymptotiques de fonctions

1) Fonctions définies de manière implicite

Exemple 8 : soit $t > 0$ et $\alpha(t)$ l'unique solution de l'équation : $xe^x = t$. Alors $\alpha(t) = \log t - \log(\log t) + \underset{t\to+\infty}{o}(\log(\log t))$ [DB p 25].

2) Fonctions définies par une intégrale

On signalera que les deux exemples suivants sont basées sur des intégrations par parties successives.

Exemple 9 : le logarithme intégral.

Soit $n \in \mathbb{N}$. Alors,

$$\int_2^{+\infty} \frac{1}{\log t}\,\mathrm{d}t = \frac{x}{\log x}\sum_{k=0}^{n}\frac{k!}{(\log x)^k} + \underset{x\to+\infty}{o}\left(\frac{x}{(\log x)^{n+1}}\right)$$

[Gdy p 170].

Exemple 10 : soit $n \in \mathbb{N}$. On a alors le développement asymptotique suivant $\int_x^{+\infty} \mathrm{e}^{-t^2}\,\mathrm{d}t = \frac{\mathrm{e}^{-x^2}}{2}\sum_{k=0}^{n}\frac{(-1)^k(2k)!}{4^k k!}\frac{1}{x^{2k+1}} + \underset{x\to+\infty}{o}\left(\frac{\mathrm{e}^{-x^2}}{x^{2n+1}}\right)$ [D p 98].

3) Fonctions définies par la somme d'une série

Pour les deux exemples suivants, tout repose sur une comparaison entre série et intégrale.

Exemple 11 : $\sum_{n\geqslant 1} x^{n^2} = \frac{\sqrt{\pi}}{2\sqrt{1-x}} + \underset{x\to1,\ x<1}{o}\left(\frac{1}{\sqrt{1-x}}\right)$ [Gdy p 154].

Exemple 12 : la fonction ζ de Riemann.

On a

$$\zeta(x) = \frac{1}{x-1} + \gamma + \underset{x\to1,\ x>1}{o}(1)$$

[Gdy p 290].

4) A propos de certaines fonctions arithmétiques

Dans cette section, on pose : $\sigma_0(n) = \sum_{d|n} 1$ et $\sigma_1(n) = \sum_{d|n} d$ où $n \in \mathbb{N}^*$.

De plus, φ (respectivement γ) désigne l'indicateur (respectivement la constante) d'Euler.

Enfin, pour tout $x \in \mathbb{R}^+$, $\Pi(x)$ désigne le nombre de nombres premiers avant x.

Exemple 13 : $\sum_{n \leqslant x} \sigma_0(n) = x \log x + (2\gamma - 1)x + \underset{x \to +\infty}{O}(\sqrt{x})$ [BBR p 27].

> ▲ Attention : [BBR] ne donne pas la bonne définition de $\sigma_0(n)$, qui est alors noté $d(n)$.

Exemple 14 : $\sum_{n \leqslant x} \sigma_1(n) = \frac{\pi^2}{12} x^2 + \underset{x \to +\infty}{O}(x \log x)$ [P p 133].

Exemple 15 : $\sum_{n \leqslant x} \varphi(n) = \frac{3}{\pi^2} x^2 + \underset{x \to +\infty}{O}(x \log x)$ [P p 133].

> ▲ Attention : la constante proposée par [P] est erronée.

Application 7 : pour tout $n \in \mathbb{N}^*$, on désigne par p_n la probabilité pour que deux entiers choisis au hasard entre 1 et n soient premiers entre eux. Alors $\lim_{n \to +\infty} p_n = \frac{6}{\pi^2}$ [P p 133].

Exemple 16 : $\Pi(x) = \frac{x}{\log x} + \underset{x \to +\infty}{o}\left(\frac{x}{\log x}\right)$ [FG p 113].

> On précisera bien que cet exemple est purement donné à titre culturel. On pourra de plus mentionner que les applications Π et logarithme intégral ont même équivalent.

Remarques :

- Dans la partie C), on pourrait ajouter une section consacrée aux développements asymptotiques des fonctions solutions d'une équation différentielle. Mais les exemples restent relativement compliqués. A ce sujet, on pourra lire [Gdy p 387].
- Etant donné le titre de la leçon : «Exemples d'*obtention*...» , on s'efforcera, oralement, de donner les grandes lignes permettant d'aboutir au développement asymptotique souhaité.

QUESTIONS :

• *Donner un développement limité à l'ordre 4 en 0 de $f : \mathbb{R} \longrightarrow \mathbb{R},\ x \longmapsto e^{\cos x}$.*

On a

$$f(x) = \exp\left(1 - \frac{x^2}{2!} + \frac{x^4}{4!} + \underset{x\to 0}{o}(x^4)\right)$$
$$fx) = e\ \exp\left(-\frac{x^2}{2!} + \frac{x^4}{4!} + \underset{x\to 0}{o}(x^4)\right)$$
$$f(x) = e\ \left(1 - \frac{x^2}{2!} + \frac{x^4}{4!} + \frac{1}{2!}\left(\frac{-x^2}{2!}\right)^2 + \underset{x\to 0}{o}(x^4)\right)$$
$$f(x) = e\ \left(1 - \frac{x^2}{2} + \frac{x^4}{6} + \underset{x\to 0}{o}(x^4)\right).$$

Bref, on obtient le développement limité suivant : $f(x) = e - \frac{e}{2}x^2 + \frac{e}{6}x^4 + \underset{x\to 0}{o}(x^4)$.

> Bien que ce calcul semble simple, il n'a pas toujours été mené correctement par les candidats à l'oral 1996 !...

• *Pour $n \in \mathbb{N}$, on pose $u_n = \sqrt[n]{n+1} - \sqrt[n+1]{n}$. Donner un développement asymptotique à 1 terme de u_n en ∞.*

On a

$$u_n = \sqrt[n]{n}\left(1 + \frac{1}{n}\right)^{\frac{1}{n}} - \sqrt[n+1]{n}$$
$$u_n = \sqrt[n]{n}\exp\left(\frac{1}{n}\log\left(1 + \frac{1}{n}\right)\right) - \exp\left(\frac{\log n}{n+1}\right)$$
$$u_n = \sqrt[n]{n}\exp\left(\frac{1}{n^2} + \underset{n\to\infty}{o}\left(\frac{1}{n^2}\right)\right) - \exp\left(\frac{\log n}{n}\left(1 - \frac{1}{n} + \underset{n\to\infty}{o}\left(\frac{1}{n}\right)\right)\right)$$
$$u_n = \sqrt[n]{n}\left(1 + \frac{1}{n^2} + \underset{n\to\infty}{o}\left(\frac{1}{n^2}\right) - \exp\left(-\frac{\log n}{n^2} + \underset{n\to\infty}{o}\left(\frac{\log n}{n^2}\right)\right)\right)$$
$$u_n = \sqrt[n]{n}\left(\frac{\log n}{n^2} + \underset{n\to\infty}{o}\left(\frac{\log n}{n^2}\right)\right).$$

Comme $\lim\limits_{n\to\infty} \sqrt[n]{n} = \lim\limits_{n\to\infty} \exp\left(\frac{\log n}{n}\right) = 1$, il vient $u_n = \frac{\log n}{n^2} + \underset{n\to\infty}{o}\left(\frac{\log n}{n^2}\right)$.

L22 ♣ ♣

Continuité et dérivabilité des fonctions réelles d'une variable réelle. Exemples et contre-exemples.

DÉVELOPPEMENTS : D35 - D36

BIBLIOGRAPHIE : AF2 Gdy Gx2 H P RODx2

A) Continuité

Dans toute cette section, sauf mentions contraires, A désigne une partie non vide de $\mathbb{R}$, a un point de A, I un intervalle de $\mathbb{R}$ et $f : A \longrightarrow \mathbb{R}$ une application.

1) Définitions

Définition 1 :

On dit que :
i) f est continue en $a \in A$ si et seulement si pour tout voisinage W de $f(a)$, il existe un voisinage V de a tel que $f(V \cap A) \subset W$;
ii) f est continue à droite (respectivement à gauche) en a si et seulement si la restriction de f à $A \cap [a, +\infty[$ (respectivement $A \cap]-\infty, a]$) est continue en a ;
iii) f est continue (respectivement continue à droite, continue à gauche) sur A si et seulement si f est continue (respectivement continue à droite, continue à gauche) en tout point de A AF2 pp 108 - 115.

Oralement, on pourra donner la définition de la discontinuité en a.

Exemple 1 : si D est une partie discrète de $\mathbb{R}$, toute application $\varphi : D \longrightarrow \mathbb{R}$ est continue AF2 p 109.

Exemple 2 : la fonction partie entière est continue à droite sur $\mathbb{R}$ et continue sur $\mathbb{R} \setminus \mathbb{Z}$ AF2 p 116.

2) Caractérisations

Proposition 1 :

Les propositions suivantes sont équivalentes :
i) f est continue en a ;
ii) f est continue à droite et à gauche en a ;
iii) $\forall \varepsilon > 0$, $\exists \alpha > 0$, ($x \in A$ et $|x - a| \leqslant \alpha \Longrightarrow |f(x) - f(a)| \leqslant \varepsilon$) ;
iv) pour toute suite (a_n) de points de A convergeant vers a, la suite $f(a_n)$ est convergente AF2 pp 108 - 110 - 116.

Exemple 3 : l'application $g : \mathbb{R} \longrightarrow \mathbb{R},\ x \longmapsto \sin\left(\frac{1}{x}\right)$ si $x \neq 0$, 0 sinon, n'est pas continue en 0 `P p 82`.

Exemple 4 : la fonction caractéristique de $\mathbb{Q}$ n'est continue en aucun point de $\mathbb{R}$ `AF2 p 109`.

3) Stabilité

Proposition 2 :

> *Soit A et B deux parties non vides de $\mathbb{R}$ et $f : A \longrightarrow B$, $g : B \longrightarrow \mathbb{R}$ deux applications. Si f est continue en a et g est continue en $f(a)$ alors $g \circ f$ est continue en a* `AF2 p 110`.

Proposition 3 :

> *L'ensemble des applications continues de A dans $\mathbb{R}$, noté $\mathcal{C}(A, \mathbb{R})$, est une $\mathbb{R}$−algèbre* `AF2 p 112`.

4) Propriétés générales

Propriété 1 :

> *Si l'application f est continue en a avec $f(a) \neq 0$ alors, localement en a, f est du signe de $f(a)$* `Gx2 p 230`.

On pourra signaler oralement que cette propriété sera à la base de la proposition suivante, très utile en intégration : si $h \in \mathcal{C}([a,b], \mathbb{R})$ est une application positive, non identiquement nulle, alors $\int_a^b h(t)\,\mathrm{d}t > 0$.

Théorème 1 : le théorème des valeurs intermédiaires.

> *Soit $f \in \mathcal{C}(I, \mathbb{R})$. Alors $f(I)$ est un intervalle* `AF2 p 121`.

On insistera sur le fait que les intervalles I et $f(I)$ ne sont pas forcément de même nature. Il suffit de considérer l'application $]0, 4\pi[\longrightarrow \mathbb{R},\ x \longmapsto \sin x$.

Application 1 : soit $h : [a,b] \longrightarrow \mathbb{R}$ une application continue vérifiant $h(a)h(b) < 0$. Alors il existe $\alpha \in]a,b[$ tel que $h(\alpha) = 0$ `Gx2 p 231`.

On signalera oralement que ce résultat est à la base des deux résultats suivants : *i*) la dichotomie, méthode permettant de donner une valeur approchée d'un zéro d'une fonction continue ; *ii*) le théorème de D'Alembert-Gauss.

Théorème 2 :

> *Soit K une partie compacte non vide de $\mathbb{R}$ et $f \in \mathcal{C}(K, \mathbb{R})$. Alors $f(K)$ est un compact de $\mathbb{R}$. En particulier, f est bornée sur K et y atteint ses bornes* `AF2 p 118`.

5) Continuité et monotonie

Propriété 2 :

Soit $f \in \mathcal{C}(I, \mathbb{R})$. Alors f est injective si et seulement si f est strictement monotone. Dans ce cas, f est un homéomorphisme de I sur $f(I)$ et f et f^{-1} sont toutes deux croissantes ou toutes deux décroissantes `P p 83` `Gx2 p 233`.

Propriété 3 :

Soit $f : I \longrightarrow \mathbb{R}$ une application croissante. Alors f est continue si et seulement si l'image de I par f est un intervalle `P p 83`.

B) Dérivabilité

Dans toute cette section, sauf mentions contraires, I désigne un intervalle d'intérieur non vide de $\mathbb{R}$, a un point de I et $f : I \longrightarrow \mathbb{R}$ une application.

1) Définitions

Définition 2 :

On dit que :

i) f est dérivable en a (respectivement dérivable à droite en a, dérivable à gauche en a) si et seulement si $\lim\limits_{\substack{x \to a \\ x \in I \setminus \{a\}}} \dfrac{f(x)-f(a)}{x-a}$ (respectivement $\lim\limits_{\substack{x \to a \\ x \in I \cap]a,+\infty[}} \dfrac{f(x)-f(a)}{x-a}$, $\lim\limits_{\substack{x \to a \\ x \in I \cap]-\infty,a[}} \dfrac{f(x)-f(a)}{x-a}$) existe. Lorsqu'elle existe, la limite est notée $f'(a)$ (respectivement $f'_d(a)$, $f'_g(a)$) ;

ii) f est dérivable sur I si et seulement si f est dérivable en tout point de I `Gdy p 67`.

Définition 3 :

Soit D l'ensemble des points de I où l'application f est dérivable. Alors l'application $f' : D \longrightarrow \mathbb{R}$, $a \longmapsto f'(a)$ est appelée application dérivée de f `Gdy p 68`.

2) Premières conséquences

Propriété 4 : si a est un point intérieur à I, alors f est dérivable en a si et seulement si f est dérivable à droite et à gauche de a `Gdy p 68`.

Propriété 5 : si f est dérivable en a, alors f est continue en a `Gdy p 68`.

> On insistera sur le fait que la réciproque est fausse, comme le montre l'exemple 5.

Exemple 5 : la fonction de Weierstrass.

Soit m un entier pair supérieur ou égal à 6. Alors la série $\sum \dfrac{\cos(m^n t)}{2^n}$ converge pour tout $t \in \mathbb{R}$. Notons $W(t)$ sa somme : W est continue sur $\mathbb{R}$, dérivable en aucun point de $\mathbb{R}$ et monotone sur aucun intervalle d'intérieur non vide `RODx2 p 58`.

> On soulignera le fait que la dérivée d'une application dérivable n'est pas nécessairement continue, comme le montre l'exemple 6.

Exemple 6 : soit l'application $\psi : \mathbb{R} \longrightarrow \mathbb{R}$, $x \longmapsto x^2 \sin\left(\frac{1}{x}\right)$ si $x \neq 0$, 0 sinon. Alors ψ est dérivable mais ψ' n'est pas continue en 0 [H p 68].

3) Stabilité

Proposition 4 :

Soit I et J deux intervalles d'intérieur non vide de $\mathbb{R}$ et $f : I \longrightarrow J$, $g : J \longrightarrow \mathbb{R}$ deux applications. Si f (respectivement g) est dérivable en a (respectivement $f(a)$) alors $g \circ f$ est dérivable en a et $(g \circ f)'(a) = f'(a)g'(f(a))$ [Gdy p 69].

Proposition 5 :

L'ensemble des applications dérivables de I dans $\mathbb{R}$, noté $\mathcal{D}(I, \mathbb{R})$, est une $\mathbb{R}$-algèbre [AF2 p 177].

4) Prolongement d'une application dérivable

Théorème 3 :

Soit $f : [a, b[\longrightarrow \mathbb{R}$ une application continue, dérivable sur $]a, b[$ et telle que $\lim\limits_{t \to a,\ t > a} f'(t) = \ell$ existe. Alors f est dérivable en a et $f'(a) = \ell$ [Gdy p 73].

C) Les grands théorèmes

1) Le théorème de Rolle

Lemme 1 :

Soit I un intervalle de $\mathbb{R}$ et $f : I \longrightarrow \mathbb{R}$ une application. Si f admet un extremum en un point a intérieur à I et si f est dérivable en a alors $f'(a) = 0$ [Gdy p 69].

Théorème 4 : le théorème de Rolle.

Soit $f : [a, b] \longrightarrow \mathbb{R}$ une application continue sur $[a, b]$, dérivable sur $]a, b[$ et vérifiant $f(a) = f(b)$. Alors il existe $c \in]a, b[$ tel que $f'(c) = 0$ [Gdy p 70].

> On signalera oralement que ce théorème est spécifique des fonctions à valeurs réelles.
> En effet, si l'on considère l'application $f : [0, 2\pi] \longrightarrow \mathbb{R}$, $t \longmapsto e^{it}$, on a bien $f(0) = f(2\pi)$ mais l'application dérivée f' ne s'annule pas sur $]0, 2\pi[$.

Application 2 : si P est un polynôme scindé sur $\mathbb{R}$ alors le polynôme dérivé P' est également scindé sur $\mathbb{R}$ [P p 86].

Théorème 5 : le théorème de Rolle généralisé.

Soit $f : [a, +\infty[\longrightarrow \mathbb{R}$ *une application continue sur* $[a, +\infty[$*, dérivable sur* $]a, +\infty[$ *et vérifiant* $f(a) = \lim_{t \to +\infty} f(t)$*. Alors il existe* $c \in]a, +\infty[$ *tel que* $f'(c) = 0$ `P p 86`.

2) Le théorème des accroissements finis

Théorème 6 : le théorème des accroissements finis.

Soit $f : [a, b] \longrightarrow \mathbb{R}$ *une application continue sur* $[a, b]$ *et dérivable sur* $]a, b[$*. Alors il existe* $c \in]a, b[$ *tel que* $f(b) - f(a) = f'(c)(b - a)$ `Gdy p 70`.

> On pourra donner l'interprétation géométrique de cette égalité.
> Par ailleurs, là encore, on pourra mentionner que ce théorème est spécifique des fonctions à but réel.

Application 3 :

Soit $f : [a, b] \longrightarrow \mathbb{R}$ *une application continue sur* $[a, b]$ *et dérivable sur* $]a, b[$*. Alors* f *est croissante (respectivement constante) si et seulement si pour tout* $x \in]a, b[$, $f'(x) \geqslant 0$ *(respectivement* $f'(x) = 0$*)* `Gdy p 70`.

Théorème 7 : le théorème des accroissements finis généralisés.

Soit $f : [a, b] \longrightarrow \mathbb{R}$ *et* $g : [a, b] \longrightarrow \mathbb{R}$ *deux applications continues sur* $[a, b]$ *et dérivables sur* $]a, b[$*.*
Alors il existe $c \in]a, b[$ *tel que*

$$g'(c)(f(b) - f(a)) = f'(c)(g(b) - g(a))$$

`Gdy p 71`.

Application 4 : la règle de l'Hospital.

Soit $f : [a, b] \longrightarrow \mathbb{R}$ *et* $g : [a, b] \longrightarrow \mathbb{R}$ *deux applications continues sur* $[a, b]$ *et dérivables sur* $]a, b[$ *vérifiant* $f(a) = g(a) = 0$ *et telles que* $\lim_{\substack{x \to a \\ x \neq a}} \frac{f'(x)}{g'(x)} = \ell$ *existe.*
Alors $\lim_{\substack{x \to a \\ x \neq a}} \frac{f(x)}{g(x)} = \ell$ `Gdy p 71`.

> On pourra alors signaler que la réciproque est fausse.
> Il suffit en effet de considérer $f : \mathbb{R} \longrightarrow \mathbb{R}$, $x \longmapsto x^2 \sin\left(\frac{1}{x}\right)$ si $x \neq 0$, 0 sinon et $g : \mathbb{R} \longrightarrow \mathbb{R}$, $x \longmapsto \sin x$. Alors $\lim_{\substack{x \to 0 \\ x \neq 0}} \frac{f(x)}{g(x)} = 0$ alors que la limite de $\frac{f'(x)}{g'(x)}$ quand x tend vers 0, en restant différent de 0, n'existe pas.

3) Le théorème de Darboux

Théorème 8 :

Soit I un intervalle de $\mathbb{R}$ et $f : I \longrightarrow \mathbb{R}$ une application dérivable. Alors $f'(I)$ est un intervalle Gdy p 76.

En d'autres termes, l'application dérivée f' vérifie le théorème des valeurs intermédiaires.
On pourra toutefois signaler que la réciproque de ce théorème est fausse. En effet, toute application vérifiant le théorème des valeurs intermédiaires n'est pas nécessairement une fonction dérivée.

Remarques :

• On pourrait étoffer cette leçon en donnant, par exemple, les définitions des points de discontinuité de première ou de seconde espèce. Toutefois, donner de telles définitions implique un minimum de connaissances les mettant en jeu, notamment le résultat suivant :

Une fonction dérivée ne possède que des discontinuités de première espèce.

• On pourrait aussi citer le théorème de Baire - valable dans tout espace complet et *a fortiori* dans $\mathbb{R}$. On pourrait alors donner l'application suivante :

Soit $f : \mathbb{R} \longrightarrow \mathbb{R}$ une application dérivable. Alors l'ensemble des points de continuité de la dérivée f' est dense dans $\mathbb{R}$.

• **Extrait du rapport du jury 1994**

Les plans et les exposés restent souvent trop élémentaires. Sans chercher des exemples monstrueux, on peut citer des exemples de fonctions continues non dérivables, etc...

Questions :

• *Soit $f : [0,1] \longrightarrow \mathbb{R}$ une application continue vérifiant $f(0) = f(1)$. Pour $n \in \mathbb{N}^*$, montrer qu'il existe $t_n \in \left[0, 1 - \frac{1}{n}\right]$ tel que $f\left(t_n + \frac{1}{n}\right) = f(t_n)$.*
En déduire que si une voiture parcourt 100 km en une heure, alors il existe un intervalle de temps égal à une demi-heure pendant lequel la voiture a parcouru 50 km.

i) Soit $h : \left[0, 1 - \frac{1}{n}\right] \longrightarrow \mathbb{R},\ t \longmapsto f\left(t + \frac{1}{n}\right) - f(t)$.

Supposons que h ne s'annule pas sur $\left[0, 1 - \frac{1}{n}\right]$.

Comme h est continue sur $\left[0, 1 - \frac{1}{n}\right]$, h est donc de signe constant sur $\left[0, 1 - \frac{1}{n}\right]$.

Quitte à considérer $-h$, on peut supposer que pour tout $t \in \left[0, 1 - \frac{1}{n}\right]$, $h(t) > 0$.

Ainsi,

$$0 < \sum_{k=0}^{n-1} h\left(\frac{k}{n}\right) = \sum_{k=0}^{n-1} f\left(\frac{k+1}{n}\right) - \sum_{k=0}^{n-1} f\left(\frac{k}{n}\right) = f(1) - f(0) = 0,$$

ce qui est absurde, d'où l'existence d'un point $t_n \in \left[0, 1 - \frac{1}{n}\right]$ tel que

$$f\left(t_n + \frac{1}{n}\right) = f(t_n).$$

ii) Pour l'application, on considère $f : [0,1] \longrightarrow \mathbb{R}$, $t \longmapsto d(t) - 100t$ où $d(t)$ est la distance parcourue en km après t heure.

L'application f est continue et telle que $f(0) = f(1) = 0$.

En appliquant le résultat précédent à $n = 2$, le laps de temps $\left[t_2, t_2 + \frac{1}{2}\right]$ est donc solution au problème.

• *Soit $\alpha \in]0,1[$. Soit de plus $f : \mathbb{R} \longrightarrow \mathbb{R}$ dérivable en 0 et telle que pour tout $x \in \mathbb{R}$, $f(\alpha x) = \alpha f(x)$. Montrer qu'il existe $a \in \mathbb{R}$ tel que pour tout $x \in \mathbb{R}$, $f(x) = ax$.*

Par hypothèse, on a $f(0) = \alpha f(0)$ et comme $\alpha \in]0,1[$, il vient $f(0) = 0$.

Soit $x \in \mathbb{R}^*$.

Comme $\lim_{n\to\infty} \alpha^n x = 0$, la dérivabilité de f en 0 donne $\lim_{n\to\infty} \frac{f(\alpha^n x)}{\alpha^n x} = f'(0)$.
Mais, par récurrence, on montre facilement que pour $n \in \mathbb{N}$, $f(\alpha^n x) = \alpha^n f(x)$.
Ainsi, $\lim_{n\to\infty} \frac{f(x)}{x} = f'(0)$ et donc, pour tout $x \in \mathbb{R}^*$, $f(x) = f'(0)x$, égalité restant vraie pour $x = 0$.

La constante a cherchée est donc $f'(0)$.

L23 ♣♣

Fonctions convexes d'une variable réelle. Exemples et applications.

DÉVELOPPEMENTS : D13 - D37

BIBLIOGRAPHIE : AF2 BBR Gdy Gx3 P Pr3

Dans toute cette leçon, I désignera un intervalle de $\mathbb{R}$ non réduit à un point.

A) Définitions et premières propriétés

1) Définitions

Théorème 1 :

Soit $f : I \longrightarrow \mathbb{R}$ une application. Alors les propriétés suivantes sont équivalentes :
i) pour tout $(x, y) \in I^2$, pour tout $\lambda \in [0, 1]$,

$$f(\lambda x + (1 - \lambda)y) \leqslant \lambda f(x) + (1 - \lambda)f(y);$$

ii) l'ensemble $\mathcal{E}pi(f) = \{ (x, y) \in I \times \mathbb{R} \mid y \geqslant f(x) \}$ est une partie convexe de $\mathbb{R}^2$;
iii) soit $a \in I$ et $p_a : I \setminus \{a\} \longrightarrow \mathbb{R}$, $x \longmapsto \dfrac{f(x) - f(a)}{x - a}$, alors p_a est une application croissante Gdy p 92.

Définition 1 :

L'application $f : I \longrightarrow \mathbb{R}$ est dite convexe (respectivement concave) si et seulement si f (respectivement $-f$) vérifie l'une des propriétés précédentes Gdy p 92.

Exemple 1 : soit $f : [a, b] \longrightarrow \mathbb{R}$ une application semi-convexe - c'est-à-dire telle que pour tous x, $y \in [a, b]$, $f\left(\dfrac{x + y}{2}\right) \leqslant \dfrac{f(x) + f(y)}{2}$ - et bornée, alors f est convexe sur $[a, b]$ BBR p 79.

Définition 2 :

L'application $f : I \longrightarrow \mathbb{R}$ est dite strictement convexe si et seulement si pour tout $(x, y) \in I^2$ avec $x \neq y$ et pour tout $\lambda \in]0, 1[$,

$$f(\lambda x + (1 - \lambda)y) < \lambda f(x) + (1 - \lambda)f(y).$$

L'application $f : I \longrightarrow \mathbb{R}$ est dite strictement concave si et seulement si $-f$ est strictement convexe Gdy p 92.

2) Conséquences immédiates

Proposition 1 :

L'application $f : I \longrightarrow \mathbb{R}$ *est convexe si et seulement si pour tout* $n \in \mathbb{N}^*$, *pour tout* $(x_1, \ldots, x_n) \in I^n$ *et pour tout* $(\lambda_1, \ldots, \lambda_n) \in [0,1]^n$ *vérifiant* $\sum_{i=1}^{n} \lambda_i = 1$, $f\left(\sum_{i=1}^{n} \lambda_i x_i\right) \leqslant \sum_{i=1}^{n} \lambda_i f(x_i)$ P p 107.

Oralement, on signalera que pour une fonction strictement convexe, l'inégalité précédente est une égalité dans les deux cas suivants seulement :
$i)$ tous les $(x_i)_{i=1\ldots n}$ sont égaux ;
$ii)$ il existe $i_0 \in [\![1, n]\!]$ tel que $\lambda_{i_0} = 1$.

Proposition 2 :

L'application $f : I \longrightarrow \mathbb{R}$ *est convexe si et seulement si pour tout* $(x, y, z) \in I^3$ *vérifiant* $x < y < z$, $\dfrac{f(y) - f(x)}{y - x} \leqslant \dfrac{f(z) - f(x)}{z - x} \leqslant \dfrac{f(z) - f(y)}{z - y}$ Gdy p 93.

Cette double inégalité est connue sous le nom d'inégalité des trois pentes. On pourra alors proposer la figure suivante, qui résume les différentes propriétés vues sur la convexité.

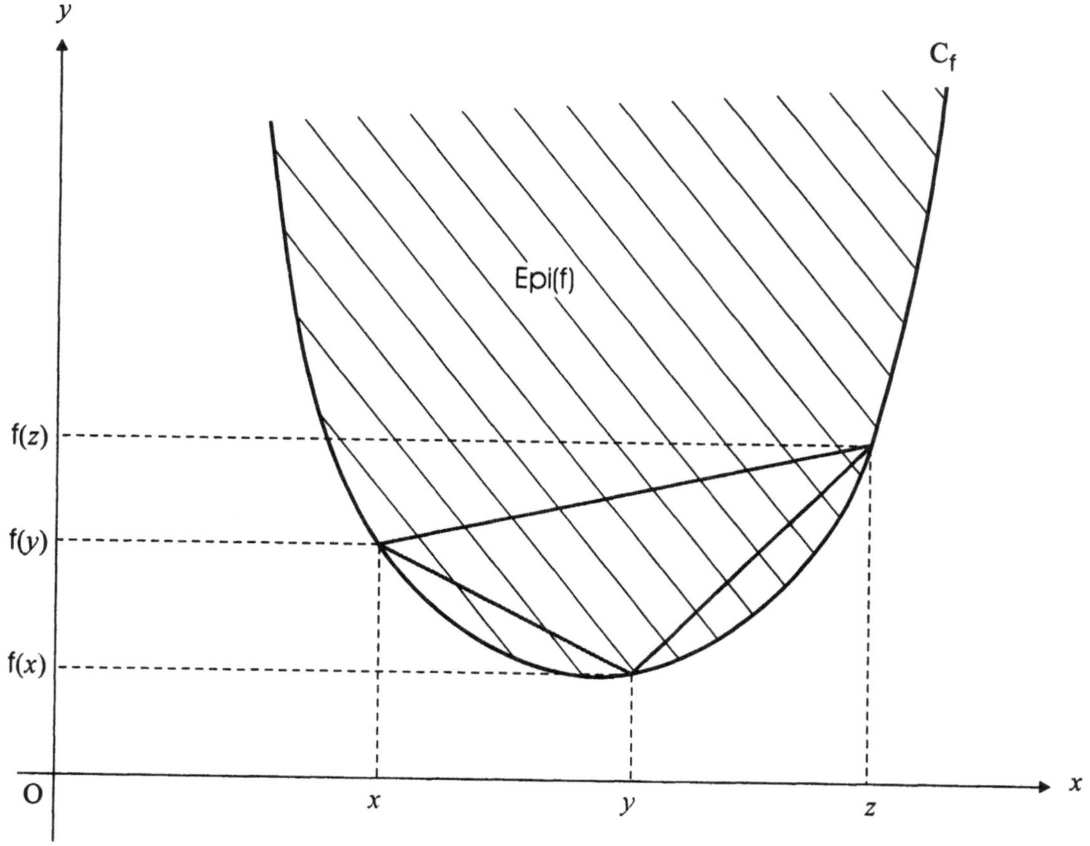

Proposition 3 : l'application $f : I \longrightarrow \mathbb{R}$ est à la fois convexe et concave si et seulement si f est affine AF2 p 230.

3) Stabilité

Propriété 1 : toute combinaison linéaire à coefficients positifs de fonctions convexes est convexe P p 107.

Propriété 2 : la limite simple d'une suite de fonctions convexes est une fonction convexe.

> ▲ Attention : cette propriété évidente n'est pas référencée.
> Oralement, on soulignera alors les points suivants :
> *i*) l'ensemble des fonctions convexes de I dans $\mathbb{R}$ n'est pas un espace vectoriel ;
> *ii*) en général, le produit de deux fonctions convexes n'est pas forcément une fonction convexe : considérer les fonctions f et g définies sur $\mathbb{R}$ par $f(x) = x^2$ et $g(x) = x$;
> *iii*) en général, la composée de deux fonctions convexes n'est pas nécessairement une fonction convexe : considérer les fonctions f et g définies sur $\mathbb{R}$ par $f(x) = -x$ et $g(x) = x^2$.

3) Etude des extrema

Proposition 4 :

Soit $f : I \longrightarrow \mathbb{R}$ une fonction convexe.
i) Si f possède un extremum local en un point intérieur α de I alors f possède un minimum global en α.
ii) Si f possède deux minima locaux aux points α et β de I, alors ces deux valeurs minimales sont égales et f est constante entre α et β P p 113.

4) Quelques compléments

Proposition 5 : soit $f : \mathbb{R} \longrightarrow \mathbb{R}$ une fonction convexe majorée. Alors f est constante Gdy p 97.

> Oralement, on signalera que le résultat ne subsiste plus si l'on suppose seulement f définie sur $\mathbb{R}^+$, convexe et majorée sur $\mathbb{R}^+$: considérer $f : \mathbb{R}^+ \longrightarrow \mathbb{R}^+$, $x \longmapsto \dfrac{1}{1+x}$.

Proposition 6 : soit $f : \mathbb{R}^+ \longrightarrow \mathbb{R}$ une fonction convexe croissante et non constante. Alors $\lim_{x \to +\infty} f(x) = +\infty$ AF2 p 243.

Proposition 7 : soit $f : \mathbb{R}^+ \longrightarrow \mathbb{R}$ une fonction convexe. Alors la limite de $\dfrac{f(x)}{x}$ quand x tend vers $+\infty$ existe dans $\mathbb{R} \cup \{+\infty\}$. Si cette limite ℓ est réelle, alors la limite de $f(x) - \ell x$ quand x tend vers $+\infty$ existe dans $\mathbb{R} \cup \{-\infty\}$ Gdy p 97.

B) Convexité et régularité

1) Théorèmes généraux

Théorème 2 :

Soit $f : I \longrightarrow \mathbb{R}$ une application convexe. Alors f possède, en tout point de $\mathring{I}$, une dérivée à droite, f'_d, et une dérivée à gauche, f'_g. De plus, les applications f'_d et f'_g sont croissantes sur $\mathring{I}$, vérifiant : pour tout $x \in \mathring{I}$, $f'_g(x) \leqslant f'_d(x)$ [Gdy p 94].

Théorème 3 :

Soit $f : I \longrightarrow \mathbb{R}$ une application convexe. Alors f est continue sur $\mathring{I}$ [Gdy p 94].

> Oralement, on pourra souligner le point suivant : une fonction convexe $f : [a, b] \longrightarrow \mathbb{R}$ est continue sur $]a, b[$, mais n'est pas nécessairement continue aux bornes. Il suffit de considérer l'application $f : [0, 1] \longrightarrow \mathbb{R}$ définie par $f(x) = 0$ pour $x \in]0, 1[$ et $f(0) = f(1) = 1$.

Théorème 4 :

Soit $f : I \longrightarrow \mathbb{R}$ une application dérivable sur I. Alors les propriétés suivantes sont équivalentes :
i) f est une fonction convexe ;
ii) l'application dérivée f' est croissante ;
iii) la courbe représentative de f est située au-dessus de sa tangente en tout point [Gdy p 94].

Théorème 5 :

Soit $f : I \longrightarrow \mathbb{R}$ une application deux fois dérivable sur I. Alors f est une fonction convexe si et seulement si pour tout $x \in I$, $f''(x) \geqslant 0$ [Gdy p 94].

> ▲ Attention : c'est seulement à partir de ce théorème que l'on peut proposer des exemples de fonctions convexes pour lesquels la convexité est prouvée à l'aide du signe de la dérivée seconde.
> Aussi la convexité des applications citées jusqu'à maintenant - notamment $f : \mathbb{R} \longrightarrow \mathbb{R}$, $x \longmapsto x^2$ et $g : \mathbb{R}^+ \longrightarrow \mathbb{R}^+$, $x \longmapsto \dfrac{1}{1+x}$ - devrait-elle être justifiée, par exemple, à l'aide la croissance de la fonction pente p_a et non grâce à la dérivée seconde.

2) Application à l'obtention de fonctions convexes

Exemple 2 : l'application $\exp : \mathbb{R} \longrightarrow \mathbb{R}_*^+$, $x \longmapsto e^x$ est strictement convexe [P p 108].

Exemple 3 : l'application sin est concave sur $\left[0, \dfrac{\pi}{2}\right]$ [P p 108].

Exemple 4 : la fonction Γ d'Euler définie sur $\mathbb{R}_*^+$ par $\Gamma(x) = \displaystyle\int_0^{+\infty} e^{-t} t^{x-1}\, dt$ est convexe [Gdy p 290].

C) Applications

1) Quelques inégalités de convexité

Exemple 5 : pour tout $x \in \left[0, \frac{\pi}{2}\right]$, $\frac{2}{\pi}x \leqslant \sin x \leqslant x$ [P p 108].

Application 1 : l'intégrale $\int_0^{+\infty} \frac{1}{1 + x^4(\sin x)^2}\, dx$ est convergente [Gdy p 152].

Exemple 6 : l'inégalité arithmético-géométrique.

Pour tous réels positifs $x_1, \ldots, x_n$

$$(x_1 \ldots x_n)^{\frac{1}{n}} \leqslant \frac{x_1 + \ldots + x_n}{n},$$

avec égalité si et seulement si tous les $(x_i)_{i=1\ldots n}$ *sont égaux* [P p 108].

Application 2 : si $A \in S_n^+$ alors $(\det A)^{\frac{1}{n}} \leqslant \frac{\operatorname{tr} A}{n}$ [Gx3 p 261].

Application 3 : soit $\mathcal{T}$ un tétraèdre régulier et M un point intérieur à $\mathcal{T}$; on note V le volume de $\mathcal{T}$, S l'aire de chaque surface de $\mathcal{T}$ et $P(M)$ le produit des distances de M à chaque côté de $\mathcal{T}$. Alors la fonction P atteint son maximum au centre du tétraèdre, la valeur maximale étant égale à $\left(\frac{3V}{4S}\right)^4$ [P p 109].

2) Inégalités de Hölder et Minkowski

Proposition 8 : l'inégalité de Hölder.

Soit $(p, q) \in (\mathbb{R}_*^+)^2$ *tel que* $\frac{1}{p} + \frac{1}{q} = 1$ *et* $n \in \mathbb{N}^*$. *Alors, pour tout* $(a_1, \ldots, a_n) \in (\mathbb{R}^+)^n$ *et pour tout* $(b_1, \ldots, b_n) \in (\mathbb{R}^+)^n$,

$$\sum_{k=1}^n a_k b_k \leqslant \left(\sum_{k=1}^n a_k^p\right)^{\frac{1}{p}} \left(\sum_{k=1}^n b_k^q\right)^{\frac{1}{q}}$$

[Gdy p 94].

Proposition 9 : l'inégalité de Minkowski.

Soit $p \geqslant 1$ *et* $n \in \mathbb{N}^*$. *Alors, pour tout* $(a_1, \ldots, a_n) \in (\mathbb{R}^+)^n$ *et pour tout* $(b_1, \ldots, b_n) \in (\mathbb{R}^+)^n$,

$$\left(\sum_{k=1}^n (a_k + b_k)^p\right)^{\frac{1}{p}} \leqslant \left(\sum_{k=1}^n a_k^p\right)^{\frac{1}{p}} + \left(\sum_{k=1}^n b_k^q\right)^{\frac{1}{p}}$$

[Gdy p 95].

Application 4 : pour $p \geqslant 1$ et $n \in \mathbb{N}^*$, l'application

$$N_p : \mathbb{K}^n \longrightarrow \mathbb{R}^+, \ (x_1, \ldots, x_n) \longmapsto \left(\sum_{k=1}^n |x_k|^p\right)^{\frac{1}{p}}$$

est une norme sur $\mathbb{K}^n$.
De plus, si $1 \leqslant p < q$, on a $N_q \leqslant N_p \leqslant n^{\frac{1}{p}-\frac{1}{q}} N_q$ [Pr3 p 103].

3) Inégalité de Jensen

Proposition 10 :

Soit $\varphi : \mathbb{R} \longrightarrow \mathbb{R}$ une application convexe continue et soit $f : [0,1] \longrightarrow \mathbb{R}$ une application continue. Alors $\varphi\left(\int_0^1 f(t)\,\mathrm{d}t\right) \leqslant \int_0^1 \varphi(f(t))\,\mathrm{d}t$ [P p 110].

5) A propos d'une équation différentielle

Proposition 11 :

Soit l'équation différentielle (E) : $y'' - q(t)y = 0$ où $q : \mathbb{R} \longrightarrow \mathbb{R}$ est une application continue strictement positive sur $\mathbb{R}$. Alors
$i)$ la seule solution de (E) bornée sur $\mathbb{R}$ est la fonction nulle ;
$ii)$ une solution non nulle de (E) s'annule au plus une fois sur $\mathbb{R}$ [Gdy p 369].

REMARQUES :

• Le plan étant relativement long, on passera rapidement sur certains points, comme, par exemple, la définition 2, la proposition 1...

Extrait du rapport du jury 1996

La présentation classique « On dit que f est convexe si et seulement si elle vérifie les N propriétés équivalentes... » prend trop de temps, au détriment des proppriétés plus intéressantes sur la stabilité, les extrema, les conséquences de Jensen, etc...

• Si l'on parle de fonctions logarithmiquement convexes - c'est le cas par exemple de la fonction Γ d'Euler, il faut bien-sûr avoir à l'esprit l'implication : si $f : I \longrightarrow \mathbb{R}_*^+$ est logarithmiquement convexe alors f est convexe. Ceci découle de la proposition suivante :

Si $g : I \longrightarrow J$ est une fonction convexe et si $f : J \longrightarrow \mathbb{R}$ est une fonction convexe et croissante alors $f \circ g : I \longrightarrow \mathbb{R}$ est convexe.

Extrait du rapport du jury 1996

La notion de fonction log-convexe est souvent parachutée, sans que le candidat sache dire s'il s'agit d'une proprité plus ou moins forte que la convexité ordinaire.

QUESTIONS :

• *Soit $f : I \longrightarrow J$ une application continue et strictement croissante. Montrer que f est convexe si et seulement si la bijection réciproque f^{-1} est concave.*

Notons que f est bien bijective car strictement croissante et continue. De plus, f^{-1} est elle aussi croissante strictement.

■ Supposons f convexe et posons $h = f^{-1}$.

Soit $(x, y) \in J^2$ et $\lambda \in [0, 1]$. Ecrivons $x = f(a)$ et $y = f(b)$ où $(a, b) \in I^2$.

Par convexité de f, on a $f(\lambda a + (1 - \lambda)b) \leqslant \lambda f(a) + (1 - \lambda)b = \lambda x + (1 - \lambda)y$, et par croissance de l'application réciproque h, il vient $\lambda a + (1 - \lambda)b \leqslant h(\lambda x + (1 - \lambda)y)$ soit encore $h(\lambda x + (1 - \lambda)y) \geqslant \lambda h(x) + (1 - \lambda)h(y)$.

Bref, h est concave.

■ La réciproque se traite de manière tout à fait analogue.

• *Soit I un intervalle ouvert de $\mathbb{R}$ et $f : I \longrightarrow \mathbb{R}$ une application convexe et dérivable. Montrer que f est de classe $\mathcal{C}^1$.*

La convexité de f implique la croissance de f'.

De plus, d'après le théorème de Darboux, f' vérifie le théorème des valeurs intermédiaires.
Or toute fonction $\varphi : J \longrightarrow \mathbb{R}$ croissante et vérifiant le théorème des valeurs intermédiaires est continue, aussi l'application f est-elle de classe $\mathcal{C}^1$.

L24 ♣♣

Suites et séries de fonctions : différentes notions de convergence, propriétés de la limite. Exemples et contre-exemples.

DÉVELOPPEMENTS : D01 - D02 - D38

BIBLIOGRAPHIE : [C] [Gdy]

Dans toute cette leçon, X désignera un ensemble non vide, (f_n) une suite d'applications de X dans $\mathbb{K}$ et $f : X \longrightarrow \mathbb{K}$ une application.

De plus, pour $(a, b) \in \mathbb{R}^2$ avec $a < b$, $[a, b]$ désignera le segment d'extrémités a et b de $\mathbb{R}$.

A) La convergence simple

1) Définition

Définition 1 :

La suite de fonctions (f_n) converge simplement vers f si et seulement si pour tout $x \in X$, la suite $(f_n(x))$ de points de $\mathbb{K}$ converge vers $f(x)$ [Gdy p 220].

2) Exemples

Exemple 1 : considérons $X = [0, 1]$ et pour $n \in \mathbb{N}$, soit $f_n : X \longrightarrow \mathbb{R}$, $x \longmapsto x^n$. Alors (f_n) converge simplement vers $f : X \longrightarrow \mathbb{R}$, $x \longmapsto 0$ si $x \in [0, 1[$ et $f(1) = 1$ [Gdy p 221].

Exemple 2 : soit $X = \mathbb{R}$ et pour tout $n \in \mathbb{N}^*$, soit l'application $f_n : X \longrightarrow \mathbb{R}$ définie par $f_n(x) = n^2 x$ si $|x| \leqslant \dfrac{1}{n}$ et $f_n(x) = \dfrac{1}{x}$ sinon. Alors (f_n) converge simplement vers $f : X \longrightarrow \mathbb{R}$, $x \longmapsto \dfrac{1}{x}$ si $x \neq 0$, 0 sinon [C p 80].

3) Propriétés

Propriété 1 :

Soit X un intervalle de $\mathbb{R}$ et (f_n) une suite de fonctions réelles croissantes (respectivement décroissantes, convexes) convergeant simplement vers f. Alors f est croissante (respectivement décroissante, convexe) [C p 80].

4) De l'insuffisance de la convergence simple

Remarque 1 : si pour tout entier n, l'application f_n est bornée et si (f_n) converge simplement vers f, alors f n'est pas nécessairement bornée `C p 81`.

> L'exemple 2 est une illustration de ce phénomène.

Remarque 2 : si pour tout entier n, l'application f_n est continue sur X et si (f_n) converge simplement vers f, alors f peut présenter des points de discontinuité sur X `C p 81`.

> Les exemples 1 et 2 illustrent cette remarque.
> La convergence simple ne conserve donc pas certaines propriétés essentielles : aussi allons-nous introduire une nouvelle forme de convergence - la convergence uniforme - qui répondra à cette attente.

B) La convergence uniforme

1) Définition et première remarque

Définition 2 :

La suite de fonctions (f_n) converge uniformément vers f si et seulement si

$$\forall \varepsilon > 0,\ \exists N \in \mathbb{N},\ \forall x \in X,\ \forall n \in \mathbb{N},\ (n \geqslant N \Longrightarrow |f_n(x) - f(x)| \leqslant \varepsilon)$$

`Gdy p 220`.

> On signalera oralement que si la suite de fonctions (f_n) converge uniformément vers f, alors f est appelée limite uniforme de la suite de fonctions (f_n).

Propriété 2 : la convergence uniforme implique la convergence simple `Gdy p 221`.

2) Une condition nécessaire et suffisante de convergence uniforme : le critère de Cauchy uniforme

Propriété 3 :

La suite de fonctions (f_n) converge uniformément vers f si et seulement si

$$\forall \varepsilon > 0,\ \exists N \in \mathbb{N},\ \forall x \in X,\ \forall (p,q) \in \mathbb{N}^2,\ (p,q \geqslant N \Longrightarrow |f_p(x) - f_q(x)| \leqslant \varepsilon)$$

`Gdy p 221`.

3) Exemples

Exemple 3 : la suite de fonctions $(f_n)_{n\in\mathbb{N}^*}$ définie par

$$f_n : \mathbb{R}^+ \longrightarrow \mathbb{R},\ x \longmapsto \left(1 - \frac{x}{n}\right)^n \text{ si } x \in [0,n],\ f_n(x) = 0 \text{ si } x > n$$

converge uniformément sur $\mathbb{R}^+$ vers l'application $f : \mathbb{R}^+ \longrightarrow \mathbb{R},\ x \longmapsto e^{-x}$ [Gdy p 225].

Exemple 4 : soit $f : [0,1] \longrightarrow \mathbb{C}$ une application continue. On définit, pour $n \in \mathbb{N}$, les fonctions polynômes

$$B_n(f) : [0,1] \longrightarrow \mathbb{C},\ x \longmapsto \sum_{k=0}^{n} C_n^k f\left(\frac{k}{n}\right) x^k(1-x)^{n-k}.$$

Alors la suite de fonctions $(B_n(f))_{n\in\mathbb{N}}$ converge uniformément vers f sur $[0,1]$ [Gdy p 230].

> ▲ Attention : la définition des polynômes de Bernstein proposée par [Gdy] comporte une erreur d'exposants.
> Oralement, on pourra signaler que le théorème de Weierstrass est basé sur cet exemple.

Exemple 5 : soit (f_n) la suite de fonctions vue à l'exemple 1. Alors (f_n) ne converge pas uniformément vers f sur X. En revanche, pour tout $\delta \in [0,1[$, (f_n) converge uniformément vers 0 sur $[0,\delta]$ [Gdy p 221].

4) Propriétés

Dans cette partie, sauf mentions contraires, X désigne une partie non vide de $\mathbb{K}$.

Théorème 1 :

Toute limite uniforme de fonctions continues est continue [Gdy p 222].

> On pourra signaler que ce théorème peut permettre de justifier qu'il n'y a pas convergence uniforme, comme le montre l'exemple 1.

Théorème 2 :

Soit X une partie de $\mathbb{K}$, a un point adhérent à X. Pour tout $n \in \mathbb{N}$, considérons $f_n : X \longrightarrow \mathbb{K}$. Supposons que la suite (f_n) converge uniformément vers f sur X et que, pour tout $n \in \mathbb{N}$, la limite de $f_n(x)$ quand x tend vers a dans X existe et vaut ℓ_n. Alors la suite (ℓ_n) est convergente. De plus, si l'on désigne par ℓ sa limite, on a $\lim\limits_{\substack{x\to a\\ x\in X}} f(x) = \ell$ [C p 85].

> Autrement dit, on peut écrire $\lim\limits_{\substack{x\to a\\ x\in X}} \lim\limits_{n\to\infty} f_n(x) = \lim\limits_{n\to\infty} \lim\limits_{\substack{x\to a\\ x\in X}} f_n(x)$.

Théorème 3 :

Soit (f_n) une suite de fonctions continues sur $[a,b]$ qui converge uniformément vers f, alors $\displaystyle\int_a^b f(t)\,dt = \lim_{n\to\infty} \int_a^b f_n(t)\,dt$ [Gdy p 223].

Théorème 4 :

Soit (f_n) une suite de fonctions de classe $\mathcal{C}^1$ sur $[a,b]$. Supposons qu'il existe $x_0 \in [a,b]$ tel que la suite $(f_n(x_0))$ soit convergente. Supposons de plus que la suite de fonctions (f_n') converge uniformément vers $g : [a,b] \longrightarrow \mathbb{K}$. Alors (f_n) converge uniformément vers une application $f \in \mathcal{C}^1([a,b],\mathbb{K})$ vérifiant $f' = g$ [Gdy p 224].

> On pourra signaler que ce théorème reste valable lorsque les fonctions (f_n) sont seulement supposées dérivables. A ce sujet, on pourra lire [Gdy p 232].

Théorème 5 :

Soit I un intervalle de $\mathbb{R}$. Soit (f_n) une suite de fonctions de classe $\mathcal{C}^1$ sur I. Supposons que pout tout segment $[a,b]$ de I :
i) il existe $x_0 \in [a,b]$ tel que la suite $(f_n(x_0))$ soit convergente ;
ii) la suite de fonctions (f'_n) converge uniformément vers $g_{[a,b]} : [a,b] \longrightarrow \mathbb{K}$.
Alors, sur tout segment $[a,b]$ de I, la suite de fonctions (f_n) converge uniformément vers une fonction $f_{[a,b]} \in \mathcal{C}^1([a,b],\mathbb{K})$ telle que $f'_{[a,b]} = g_{[a,b]}$.
Finalement, la suite de fonctions (f_n) converge simplement sur I vers une fonction $f \in \mathcal{C}^1(I,\mathbb{K})$ [Gdy p 225].

5) Cas où la convergence simple est en fait uniforme

Théorème 6 : le premier théorème de Dini.

Soit (f_n) une suite croissante de fonctions réelles définies et continues sur $[a,b]$.
Si (f_n) converge simplement vers une fonction $f : [a,b] \longrightarrow \mathbb{R}$, continue sur $[a,b]$, alors la convergence est uniforme [Gdy p 229].

> Oralement, on pourra insister sur la nécessité de l'hypothèse : f *continue*. Considérons en effet la suite de fonctions (f_n) définies par
>
> $$\forall n \in \mathbb{N},\ f_n : [0,1] \longrightarrow \mathbb{R},\ x \longmapsto 1 - x^n.$$
>
> Alors (f_n) est une suite croissante de fonctions continues qui converge simplement sur $[0,1]$ vers l'application discontinue $f = \mathbf{1}_{[0,1[}$. Mais la convergence de (f_n) vers f n'est bien évidemment pas uniforme !

Application 1 : soit $P_0 : [0,1] \longrightarrow \mathbb{R},\ x \longmapsto 0$ et pour $n \in \mathbb{N}$, définissons la fonction polynomiale $P_n : [0,1] \longrightarrow \mathbb{R}$ par la relation de récurrence suivante :

$$\forall x \in [0,1],\ P_{n+1}(x) = P_n(x) + \frac{1}{2}\left(x - (P_n(x))^2\right).$$

Alors la suite de fonctions (P_n) converge uniformément vers l'application $f : [0,1] \longrightarrow \mathbb{R},\ x \longmapsto \sqrt{x}$ [C p 83].

Théorème 7 : le deuxième théorème de Dini.

Soit (f_n) une suite de fonctions croissantes, réelles, définies et continues sur $[a,b]$.
Si (f_n) converge simplement vers une fonction $f : [a,b] \longrightarrow \mathbb{R}$, continue sur $[a,b]$, alors la convergence est uniforme [Gdy p 229].

Théorème 8 :

Soit (f_n) une suite de fonctions convexes de $[a,b]$ dans $\mathbb{R}$.
On suppose que la suite (f_n) converge simplement vers $f : [a,b] \longrightarrow \mathbb{R}$.
Alors la suite de fonctions (f_n) converge uniformément vers f sur $[a,b]$.

C) Les séries de fonctions

1) Lien avec les suites de fonctions

Définition 3 :

Etudier la convergence de la série de fonctions $\sum f_n$ sur X, c'est étudier la convergence de la suite de fonctions des sommes partielles $\left(\sum_{k=1}^{n} f_k\right)_{n\in\mathbb{N}}$ C p 100.

> On signalera alors que tout ce qui a été vu précédemment sur les suites de fonctions se transpose évidemment aux séries de fonctions, notamment le critère de Cauchy uniforme, la continuité ou la dérivabilité de la somme d'une série... C'est d'ailleurs pour cette raison qu'aucun résultat sur les propriétés de la somme d'une série ne sera exposé.

2) La convergence normale

Définition 4 :

Soit (f_n) une suite d'applications bornées. On dit que la série de fonctions $\sum f_n$ converge normalement si et seulement si la série numérique $\sum \| f_n \|_\infty$ converge Gdy p 222.

> On insistera sur le fait que cette convergence est propre aux séries de fonctions.

Propriété 4 : la convergence normale d'une série de fonctions implique la convergence uniforme Gdy p 222.

3) Exemples

Exemple 6 : soit $\alpha \in]0,\pi[$, $X = [\alpha, 2\pi - \alpha]$ et pour $n \in \mathbb{N}^*$, définissons $f_n : X \longrightarrow \mathbb{C}$, $x \longmapsto \dfrac{e^{inx}}{n}\cdot$ Alors la série de fonctions $\sum f_n$ converge uniformément sur X C p 102.

Exemple 7 : pour $n \in \mathbb{N}^*$, on définit $f_n : \mathbb{R}^+ \longrightarrow \mathbb{R}$, $x \longmapsto \dfrac{x}{x^2+n^2}\cdot$ Alors la série de fonctions $\sum f_n$ converge simplement sur $\mathbb{R}^+$ vers une application continue mais la convergence n'est pas uniforme sur $\mathbb{R}^+$. De plus, la série de fonctions $\sum (-1)^n f_n$ converge uniformément sur $\mathbb{R}^+$ mais la convergence n'est pas normale sur $\mathbb{R}^+$ Gdy p 227.

Exemple 8 : soit $f \in \mathcal{C}(\mathbb{R}, \mathbb{C})$ une application 2π-périodique de classe $\mathcal{C}^1$ par morceaux. Alors la série de Fourier de f converge normalement vers f Gdy p 259

> Afin d'élargir l'exposé ci-dessus, on pourra finalement signaler l'existence d'autres types de convergence, notamment la convergence presque sûre ou encore la convergence dans les espaces L^p. Les modes de convergence de la théorie des probabilités pourront aussi être évoqués.

REMARQUES :

• Afin de gagner du temps, on pourra utiliser des abréviations évidentes comme CV, CVS, CVU, CVN... Mais il faut préciser ce détail dès le départ.

• Si l'on décide d'exposer des résultats sur la convergence presque partout ou la convergence dans les espaces L^p, il est indispensable d'écourter l'ensemble du plan précédent. Signalons enfin que la simple évocation de ces modes de convergence peut inciter le jury à vérifier vos connaissances sur ces différents points.

QUESTIONS :

• *Soit (P_n) une suite de fonctions polynomiales définies sur $\mathbb{R}$ et à valeurs réelles. On suppose que la suite de fonctions (P_n) converge uniformément sur $\mathbb{R}$ vers une application f. Que peut-on dire de f ?*

Montrons que f est polynomiale.

Par hypothèse, il existe $N \in \mathbb{N}$ tel que pour tout $(q,p) \in \mathbb{N}^2$ vérifiant $p \geqslant N$ et $q \geqslant N$, $\| P_p - P_q \|_\infty \leqslant 1$.

Soit alors $p \in \mathbb{N}$, $p \geqslant N$.

On a donc $\| P_p - P_N \|_\infty \leqslant 1$. En d'autres termes, $P_p - P_N$ est une fonction polynomiale bornée : c'est donc une fonction constante.

Bref, il existe $c_p \in \mathbb{R}$ tel que $P_p - P_N = c_p$. Ainsi, $P_p(0) - P_N(0) = c_p$, ce qui prouve que la suite (c_p) est convergente, sa limite étant égale à $f(0) - P_N(0)$.

Finalement, pour tout $x \in \mathbb{R}$,

$$f(x) = \lim_{n\to\infty} P_n(x) = \lim_{n\to\infty} (P_N(x) + c_n) = P_N(x) + f(0) - P_N(0).$$

Bref, f est une fonction polynomiale.

• *Pour $n \in \mathbb{N}^*$, on pose $u_n : \mathbb{R}^+ \longrightarrow \mathbb{R}$, $x \longmapsto \frac{1}{n}$ si $x \in [n, n+1[$, 0 sinon. Etudier la convergence de la série de fonctions $\sum u_n$.*

Soit $(p,q) \in (\mathbb{N}^*)^2$ avec $q < p$.

Soit de plus $x \in \mathbb{R}^+$. Alors $\left| \sum_{k=q}^{p} u_k(x) \right| \leqslant \frac{1}{q} \cdot$ Ainsi, $\left\| \sum_{k=q}^{p} u_k \right\|_\infty \leqslant \frac{1}{q}$ et le reste de la série de fonctions $\sum u_n$ est uniformément de Cauchy sur $\mathbb{R}^+$. Bref, la série $\sum u_n$ converge uniformément sur $\mathbb{R}^+$.

Par ailleurs, pour $n \in \mathbb{N}^*$, $\| u_n \|_\infty = \frac{1}{n} \cdot$ Comme la série $\sum \frac{1}{n}$ diverge, la série de fonctions $\sum u_n$ ne converge pas normalement sur $\mathbb{R}^+$.

Cet exemple montre l'existence de séries de fonctions positives convergeant uniformément mais pas normalement.

L25 ♣♣

Interversion d'une limite et d'une intégrale. Exemples et applications.

DÉVELOPPEMENTS : D11 - D12 - D39

BIBLIOGRAPHIE : [AF2] [C] [Gdy] [H] [LS3] [P] [Pr4] [QZ]

Limite et intégrale ne peuvent s'intervertir sans précautions, comme le montre l'exemple suivant.

Pour $n \in \mathbb{N}^*$, on définit l'application $f_n : [0,1] \longrightarrow \mathbb{R}$ par :

i) si $0 \leqslant x \leqslant \frac{1}{n}$, $f_n(x) = n^2 x$;

ii) si $\frac{1}{n} \leqslant x \leqslant \frac{2}{n}$, $f_n(x) = -n^2 x + 2n$;

iii) sinon, $f_n(x) = 0$.

Alors $\lim\limits_{n\to\infty} \int_0^1 f_n(t)\,\mathrm{d}t = 1 \neq 0 = \int_0^{+\infty} \lim\limits_{n\to\infty} f_n(t)\,\mathrm{d}t$ [H p 108].

La leçon va alors s'intéresser à différentes conditions suffisantes permettant d'intervertir limite et intégrale.

> Avant tout, signalons que l'interversion limite - intégrale peut apparaître sous des formes légérement masquées.
> Par exemple, l'interversion $\sum \int = \int \sum$ est une véritable interversion entre limite et intégrale.

A) Conditions classiques d'interversion dans le cadre de l'intégrale de Riemann

1) Utilisation de la convergence uniforme

a) Théorème

Théorème 1 :

Soit $(a,b) \in \mathbb{R}^2$ avec $a < b$. De plus, pour $n \in \mathbb{N}$, soit $f_n \in \mathcal{C}([a,b],\mathbb{K})$. On suppose que la suite de fonctions (f_n) converge uniformément vers $f : [a,b] \longrightarrow \mathbb{R}$. Alors f est intégrable sur $[a,b]$ et

$$\int_a^b f(t)\,\mathrm{d}t = \lim_{n\to\infty} \int_a^b f_n(t)\,\mathrm{d}t$$

[Gdy p 223].

b) Remarques

Remarque 1 : le théorème 1 donne une condition suffisante, mais *non nécessaire*, d'interversion.
Afin de le vérifier, il suffit de considérer la suite de fonctions (f_n) définie sur $[0,1]$ par : $f_n(x) = x^n$ pour tout $n \in \mathbb{N}$ et pour tout $x \in [0,1]$ C p 93.

Remarque 2 : il est possible de se ramener au théorème 1, même si l'hypothèse de convergence uniforme de la suite de fonctions (f_n) ne vaut pas sur tout le segment $[a,b]$.

Cette remarque est utilisée, par exemple, pour montrer que $\lim\limits_{n\to\infty} \displaystyle\int_0^{\frac{\pi}{2}} \sin^n t \, dt = 0$ C p 94.

Remarque 3 : le théorème 1 ne vaut que sur un *segment* $[a,b]$.
En effet, pour $n \in \mathbb{N}^*$, définissons l'application $f_n : \mathbb{R}^+ \longrightarrow \mathbb{R}$ par : $f_n(x) = 0$ si $x \notin [n^2 - n, n^2 + n]$, $f_n(n^2) = \dfrac{1}{n}$ et f_n est affine sur les deux segments $[n^2 - n, n^2]$ et $[n^2, n^2 + n]$. Alors la suite de fonctions (f_n) converge uniformément vers l'application nulle, notée N, et pourtant, $\lim\limits_{n\to\infty} \displaystyle\int_0^{+\infty} f_n(t)\, dt = 1 \neq 0 = \int_0^{+\infty} N(t)\, dt$ H p 109.

Remarque 4 : le théorème 1 est un critère de non-convergence uniforme Pr4 p 27.

c) Exemples et applications

Exemple 1 : le théorème de Hardy.

> *Soit $\sum c_n$ une série numérique convergente. Alors la fonction $g : \mathbb{R}^+ \longrightarrow \mathbb{R}$, $t \longmapsto \displaystyle\sum_{n=0}^{\infty} \frac{c_n}{n!} t^n$ est bien définie.*
>
> *De plus, g est continue sur $\mathbb{R}^+$ et $\displaystyle\int_0^{+\infty} g(t) e^{-t} dt = \sum_{n=0}^{\infty} c_n$* AF2 p 661.

Application 1 : on a $\displaystyle\int_0^{+\infty} \frac{t^2}{e^t - 1} dt = 2\zeta(3)$ LS3 p 129.

Dans les deux prochaines applications, on considère une série entière $\sum a_n z^n$ de rayon de convergence $R > 0$ et on définit $s : D_o(R) \longrightarrow \mathbb{C}$, $z \longmapsto \displaystyle\sum_{n=0}^{\infty} a_n z^n$.

Application 2 : la formule de Cauchy.

> *Pour tout $r \in]0, R[$ et pour tout $n \in \mathbb{N}$, on a*
>
> $$2\pi r^n a_n = \int_0^{2\pi} s\big(re^{i\theta}\big) e^{-in\theta} \, d\theta$$
>
> Gdy p 237.

Oralement, on pourra signaler que cette formule permet, par exemple, de démontrer le théorème de Liouville.

Application 3 : l'égalité de Parseval.

Pour tout $r \in]0, R[$, la série $\sum |a_n|^2 r^{2n}$ est convergente avec

$$\sum_{n=0}^{\infty} |a_n|^2 r^{2n} = \frac{1}{2\pi} \int_0^{2\pi} |s(re^{i\theta})|^2 \, d\theta$$

Gdy p 237.

2) Régularité des fonctions définies par des intégrales simples à paramètres

Dans cette section, l'interversion limite-intégrale n'est pas mise en relief par une égalité du type $\lim \int = \int \lim$. Cette interversion est seulement sous-jacente.
A ce propos, on lira les remarques situées à la fin du plan.

Théorème 2 :

Soit I un intervalle de $\mathbb{R}$, $(a,b) \in \mathbb{R}^2$ avec $a < b$.
Soit de plus $f : [a,b] \times I \longrightarrow \mathbb{K}$ une application continue.
Alors l'application $\Theta : I \longrightarrow \mathbb{K},\ x \longmapsto \int_a^b f(t,x)\, dt$ est continue sur I.
De plus, si l'application $\frac{\partial f}{\partial x}$ existe et est continue sur $[a,b] \times I$ alors Θ est de classe $\mathcal{C}^1$ sur I avec

$$\forall x \in I,\ \Theta'(x) = \int_a^b \frac{\partial f}{\partial x}(t,x)\, dt$$

Gdy pp 157 - 158.

Oralement, on pourra donner la formulation idéale de la continuité de Θ par rapport au titre de la leçon, à savoir :

$$\forall x_0 \in I,\ \lim_{x \to x_0} \int_a^b f(x,t)\, dt = \int_a^b \lim_{x \to x_0} f(x,t)\, dt = \int_a^b f(x_0,t)\, dt$$

Exemple 2 : soit $g : [0,1] \longrightarrow \mathbb{R},\ x \longmapsto \int_0^1 \frac{e^{-(t^2+1)x^2}}{t^2+1}\, dt$. Alors $g \in \mathcal{C}^1([0,1], \mathbb{R})$

Gdy p 163.

Application 4 : calcul de l'intégrale de Gauss.

On a

$$\int_0^{+\infty} e^{-t^2}\, dt = \frac{\sqrt{\pi}}{2}$$

Gdy p 163.

B) Conditions classiques d'interversion dans le cadre de l'intégrale de Lebesgue

Dans toute cette section, $(E, \mathcal{B}, \mu)$ désignera un espace mesuré.

1) Le théorème de Beppo Levi

Théorème 3 :

Soit (f_n) une suite croissante de fonctions mesurables positives sur E. On note f la limite simple de la suite de fonctions (f_n).
Alors f est mesurable.
De plus, $\lim_{n\to\infty} \int_E f_n(t)\mathrm{d}\mu(t) = \int_E f(t)\mathrm{d}\mu(t)$ [P p 338].

Exemple 3 : la formule d'Euler.

Pour $x > 0$, on a $\Gamma(x) = \lim_{n\to\infty} \frac{n^x n!}{x(x+1)\dots(x+n)}$ [QZ p 306].

Application 5 : prolongement de la fonction Gamma d'Euler.

La fonction Gamma d'Euler se prolonge en une fonction holomorphe dans l'ouvert $\mathbb{C} \setminus \mathbb{Z}^-$ [QZ p 306].

2) Le lemme de Fatou

Théorème 4 :

Soit (f_n) une suite de fonctions mesurables positives sur E.
Alors la fonction $\liminf_{n\to\infty} f_n$ est mesurable.
De plus, $\int_E \liminf_{n\to\infty} f_n(t)\mathrm{d}\mu(t) \leqslant \liminf_{n\to\infty} \int_E f_n(t)\mathrm{d}\mu(t)$ [P p 339].

Application 6 : soit $f \in \mathcal{C}(\mathbb{R}, \mathbb{K})$ une application 2π-périodique. On suppose que pour tout $n \in \mathbb{Z}$, $c_n(f) = \frac{1}{2\pi}\int_0^{2\pi} f(t)\mathrm{e}^{-\mathrm{i}nt}\,\mathrm{d}t \geqslant 0$. Alors $\sum_{n\in\mathbb{Z}} c_n(f) < +\infty$ [QZ p 131].

> Oralement, on pourra signaler que ce résultat permet, par exemple, de montrer l'existence de séries trigonométriques partout convergentes sans être pour autant des séries de Fourier. A ce sujet, on pourra lire [QZ p 117].

3) Le théorème de convergence dominée

Théorème 5 :

Soit (f_n) une suite de fonctions mesurables de E vers $\mathbb{R}$. On suppose que la suite de fonctions (f_n) converge simplement vers une fonction f. Par ailleurs, on suppose qu'il existe une application $g : E \longrightarrow \mathbb{R}$ intégrable telle que pour tout $n \in \mathbb{N}$ et pour tout $x \in E$, $|f_n(x)| \leqslant g(x)$.
Alors f est intégrable sur E.
De plus, $\lim_{n\to\infty} \int_E f_n(t)\mathrm{d}\mu(t) = \int_E f(t)\mathrm{d}\mu(t)$ [P p 338].

Application 7 : continuité d'une fonction définie par une intégrale à paramètre.

Soit (X,d) un espace métrique et $a \in X$. Soit de plus $f : X \times E \longrightarrow \mathbb{R}$ une application vérifiant :
i) pour tout $x \in X$, l'application $t \longmapsto f(x,t)$ est intégrable ;
ii) pour presque tout $t \in E$, $\lim\limits_{x \to a} f(x,t) = f(a,t)$;
iii) il existe une application $g : E \longrightarrow \mathbb{R}$ intégrable telle que pour tout $x \in X$ et pour tout $t \in E$, $|f(x,t)| \leqslant g(t)$.
Alors la fonction $x \longmapsto \int_E f(x,t)\mathrm{d}\mu(t)$ est continue en a [P p 339].

▲ Attention : l'énoncé proposé par [P] omet l'hypothèse essentielle de domination.

Application 8 : sur les transformées de Fourier.

Soit $f : \mathbb{R} \longrightarrow \mathbb{R}$ une application intégrable. Alors sa transformée de Fourier définie par

$$\hat{f} : \mathbb{R} \longrightarrow \mathbb{R}, \; x \longmapsto \frac{1}{\sqrt{2\pi}} \int_{-\infty}^{+\infty} f(t)\mathrm{e}^{-\mathrm{i}xt}\,\mathrm{d}t$$

est continue sur $\mathbb{R}$ [P p 341].

Enfin, on pourra signaler que le théorème de convergence dominée permet, par exemple, de donner des résultats liés à la dérivabilité d'une fonction définie par une intégrale à paramètre.

A partir de là, l'étude des transformées de Fourier peut être plus approfondie. A ce sujet, on pourra lire [P pp 339 - 341].

REMARQUES :

- Il est à noter que tous les théorèmes liés à l'intégrale de Lebesgue pourraient être exposés avec des hypothèses plus faibles. Pour cela, il suffit d'ajouter l'expression «*presque partout*» à chacune des hypothèses faites.

- Afin d'alléger l'exposé, on peut très bien placer la section B) dans le seul cadre de $\mathbb{R}^n$ muni de la mesure de Lebesgue.
Dans ce cas, l'application 6 doit disparaître : celle-ci fait en effet appel à la mesure de comptage.

- Cette leçon, comme la leçon L35, nécessite une attention particulière.
En effet, l'interversion limite-intégrale est parfois implicite : c'est le cas, par exemple, pour les théorèmes de régularité des fonctions définies par une intégrale à paramètre. Aussi est-il bon d'avoir sans cesse à l'esprit la véritable interversion qui intervient dans le théorème exposé. Ceci permettra de pouvoir justifier la présence de tel ou tel énoncé au cœur de la leçon.

QUESTIONS :

• *Calculer* $\lim\limits_{n\to\infty}\displaystyle\int_0^{\pi}\frac{(\sin x)^n}{\sqrt{x}}\,\mathrm{d}x$.

Soit tout d'abord $n \in \mathbb{N}$.
Alors l'application $x \longmapsto \dfrac{(\sin x)^n}{\sqrt{x}}$ est continue sur $]0,\pi]$.
De plus, pour tout $x \in\,]0,\pi]$, on a

$$\left|\frac{(\sin x)^n}{\sqrt{x}}\right| \leqslant \frac{1}{\sqrt{x}}. \tag{1}$$

Mais d'après le critère de Riemann, l'intégrale $\displaystyle\int_0^{*}\frac{1}{\sqrt{x}}\,\mathrm{d}x$ est convergente. Aussi l'intégrale $\displaystyle\int_0^{\pi}\frac{(\sin x)^n}{\sqrt{x}}\,\mathrm{d}x$ est-elle bien définie.

Par ailleurs, pour tout $x \in\,]0,\pi]$, on a $\lim\limits_{n\to\infty}\dfrac{(\sin x)^n}{\sqrt{x}} = \dfrac{1}{\sqrt{x}}\,\mathbf{1}_{\{\frac{\pi}{2}\}}(x)$.
Finalement, la majoration (1) montre que le théorème de convergence dominée s'applique et ainsi

$$\lim_{n\to\infty}\int_0^{\pi}\frac{(\sin x)^n}{\sqrt{x}}\,\mathrm{d}x = \int_0^{\pi}\frac{1}{\sqrt{x}}\,\mathbf{1}_{\{\frac{\pi}{2}\}}(x)\,\mathrm{d}x = 0.$$

• *Soit* $(a,b)\in\mathbb{R}^2$ *avec* $a<b$. *Soit de plus* $f : [a,b] \longrightarrow \mathbb{R}$ *une application continue par morceaux. Pour* $n\in\mathbb{N}$, *posons* $I_n(f) = \displaystyle\int_a^b f(t)\sin(nt)\,\mathrm{d}t$. *Montrer que la suite* $(I_n(f))$ *converge et calculer sa limite.*

> Etant donné le titre de la leçon, l'idée naturelle serait d'intervertir limite et intégrale. Or, cette interversion conduirait à étudier la limite de la suite $(\sin(nt))$ où t est un réel fixé dans $[a,b]$. Mais la suite $(\sin(nt))$ est clairement divergente.
>
> Il s'agit donc d'une méthode tout à fait différente. Celle-ci va consister à étudier la situation pour trois classes différentes de fonctions f.
>
> Le lecteur perspicace aura d'ailleurs reconnu ici une des multiples versions du lemme de Riemann-Lebesgue.

■ Premier cas : f est constante.

Il existe donc $M\in\mathbb{R}^+$ tel que $f(t) = M$ pour tout $t\in[a,b]$. Dans ce cas, pour tout $n\in\mathbb{N}^*$,

$$I_n(f) = M\int_a^b \sin(nt)\,\mathrm{d}t = M\left[-\frac{\cos(nt)}{n}\right]_a^b = \frac{M\big(\cos(na)-\cos(nb)\big)}{n}. \tag{2}$$

L'égalité (2) prouve donc que la suite $(I_n(f))$ est convergente, sa limite étant égale à 0.

■ <u>Deuxième cas</u> : f est une fonction en escalier.

Il existe donc une subdivision $(\alpha_i)_{i=0\dots p}$ du segment $[a,b]$ et des réels $(M_i)_{i=1\dots p}$ tels que pour tout $i \in [\![1,p]\!]$ et pour tout $x \in]\alpha_{i-1},\alpha_i[$, $f(x) = M_i$. Ainsi,

$$(3) \qquad \forall n \in \mathbb{N},\ I_n(f) = \sum_{i=1}^{p} \int_{\alpha_{i-1}}^{\alpha_i} M_i \sin(nt)\,\mathrm{d}t.$$

Mais d'après le premier cas, on a $\lim\limits_{n\to\infty} \displaystyle\int_{\alpha_{i-1}}^{\alpha_i} M_i \sin(nt)\,\mathrm{d}t = 0$, pour $i \in [\![1,p]\!]$.
Bref, l'égalité (3) prouve que la suite $I_n(f)$ converge vers 0.

■ <u>Troisième cas</u> : f est continue par morceaux sur $[a,b]$.

Soit $\varepsilon > 0$.
La densité de l'espace des fonctions en escalier sur $[a,b]$ dans l'espace des fonctions continues par morceaux sur $[a,b]$ prouve qu'il existe une application $g : [a,b] \longrightarrow \mathbb{R}$ en escalier telle que $\| f - g \|_\infty \leqslant \varepsilon$.

Mais pour tout $n \in \mathbb{N}$, on a $I_n(f) = I_n(f-g) + I_n(g)$.
Or, d'après le cas précédent, $\lim\limits_{n\to\infty} I_n(g) = 0$.
De plus, pour tout $n \in \mathbb{N}$, on a $| I_n(f-g) | \leqslant (b-a)\| f - g \|_\infty \leqslant (b-a)\,\varepsilon$.

Finalement, la suite $I_n(f)$ converge vers 0.

L26 ♣♣

Exemples de calcul d'intégrales.

DÉVELOPPEMENTS : D39 - D40

BIBLIOGRAPHIE : [AF2] [B] [Gdy] [LS3] [P]

En introduction, on pourra signaler que cette leçon a pour but de présenter, par des exemples, les *différentes méthodes classiques* permettant de calculer une intégrale.

A) Utilisation des méthodes les plus simples

1) Les primitives

Exemple 1 : $\displaystyle\int_0^{+\infty} \frac{1}{1+t^2}\,\mathrm{d}t = \frac{\pi}{2}$ [Gdy p 135].

Exemple 2 : à l'aide d'une décomposition en éléments simples, on obtient $\displaystyle\int \frac{\mathrm{d}x}{x(x^2+1)^2} = \log|x| - \frac{1}{2}\left(\log(1+x^2) - \frac{1}{1+x^2}\right) + C,\ C \in \mathbb{R}$ [Gdy p 140].

2) Les intégrations par parties

Exemple 3 : $\displaystyle\int \log x\,\mathrm{d}x = x\log x - x + C,\ C \in \mathbb{R}$.

Exemple 4 : les intégrales de Wallis.

> *Soit* $n \in \mathbb{N}$. *On pose* $I_n = \displaystyle\int_0^{\frac{\pi}{2}} (\sin x)^n \mathrm{d}x$. *Alors on a*
>
> *i) pour tout entier* n, $I_{2n} = \dfrac{1\ldots(2n-3)(2n-1)}{2\ldots(2n-2)(2n)}\dfrac{\pi}{2}$;
>
> *ii) pour tout entier* n, $I_{2n+1} = \dfrac{2\ldots(2n-2)(2n)}{1\ldots(2n-1)(2n+1)}$;
>
> *iii)* $I_n \underset{n\to\infty}{\sim} \sqrt{\dfrac{\pi}{2n}}$ [Gdy p 127].

3) Les changements de variables

Exemple 5 : l'intégrale de Dirichlet.

> *On a*
>
> $$\int_0^{\frac{\pi}{2}} \log(\sin x)\,\mathrm{d}x = -\frac{\pi\log 2}{2}$$
>
> [Gdy p 175].

Exemple 6 : une intégrale abélienne.

On a

$$\int x\sqrt{\frac{x-2}{x+1}}\mathrm{d}x = \left(\frac{2x-5}{4}\right)\sqrt{x^2-x-2}+\frac{3}{8}\log(2\sqrt{x^2-x-2}+2x-1)+C$$

où $C \in \mathbb{R}$ [Gdy p 142].

Exemple 7 : une primitive de fraction rationnelle en $\exp x$.

On a

$$\int \frac{\mathrm{d}x}{\mathrm{e}^{2x}+\mathrm{e}^{x}+1} = x-\frac{1}{2}\log(\mathrm{e}^{2x}+\mathrm{e}^{x}+1)-\frac{1}{\sqrt{3}}\arctan\left(\frac{2\mathrm{e}^{x}+1}{\sqrt{3}}\right)+C,\ C\in\mathbb{R}$$

[AF2 p 385].

Exemple 8 : utilisation des règles de Bioche pour obtenir une primitive de fraction rationnelle en $\cos x$, $\sin x$.

On a

$$\int \frac{(\sin x)^3}{1+(\cos x)^2}\mathrm{d}x = \cos x - 2\arctan(\cos x)+C,\ C\in\mathbb{R}$$

[Gdy p 138].

B) Calcul d'intégrales multiples ou curvilignes

Exemple 9 : si $\mathcal{A}$ désigne l'aire de la lemniscate de Bernoulli, d'équation polaire $r^2 = a^2\cos(2\theta)$, $\theta \in \left[\frac{-\pi}{4}, \frac{\pi}{4}\right]$, $a > 0$, alors $\mathcal{A} = \frac{a^2}{2}(4-\pi)$ [Gdy p 336].

Exemple 10 : à l'aide d'une d'intégrale double, on peut calculer l'intégrale de Gauss $\int_{-\infty}^{+\infty} \mathrm{e}^{-x^2}\,\mathrm{d}x = \sqrt{\pi}$ [Gdy p 329].

C) Les méthodes variationnelles

Exemple 11 : en étudiant l'application

$$f : [0,+\infty[\longrightarrow \mathbb{R},\ x \longmapsto \int_0^1 \frac{\exp(-(t^2+1)x^2)}{t^2+1}\mathrm{d}t,$$

on obtient une nouvelle méthode pour le calcul de l'intégrale de Gauss [Gdy p 163].

Exemple 12 : en étudiant l'application $f : [0,1[\longrightarrow \mathbb{R},\ x \longmapsto \int_x^{x^2} \frac{1}{\log t}\,\mathrm{d}t$, on peut calculer $\int_0^1 \frac{t-1}{\log t}\,\mathrm{d}t = \lim_{x\to 1,\, x<1} f(x) = \log 2$ [Gdy p 174].

Exemple 13 : l'étude des transformées de Laplace permet, par exemple, de calculer $\int_0^{+\infty} \frac{\sin t}{t}\,\mathrm{d}t = \frac{\pi}{2}$ [P p 199].

D) Des comparaisons séries-intégrales

Exemple 14 : $\displaystyle\int_0^1 \frac{\log t \log(1-t)}{t}\mathrm{d}t = \sum_{n=1}^{\infty} \frac{1}{n^3}$ [LS3 p 85].

Théorème 1 : théorème de Hardy.

Soit $\sum c_n$ une série numérique convergente.

Alors la fonction $g : \mathbb{R}^+ \longrightarrow \mathbb{R}$, $t \longmapsto \displaystyle\sum_{n=0}^{\infty} \frac{c_n}{n!} t^n$ est bien définie.

De plus, g est continue sur $\mathbb{R}^+$ et $\displaystyle\int_0^{+\infty} \mathrm{e}^{-t} g(t)\mathrm{d}t = \sum_{n=0}^{\infty} c_n$ [AF2 p 661].

E) Utilisation de la formule des résidus

Exemple 15 : soit a un réel, alors $\displaystyle\int_0^{+\infty} \frac{\cos(ax)}{1+x^2}\,\mathrm{d}x = \frac{\pi}{2}\mathrm{e}^{-|a|}$ [B p 117].

F) Autres calculs

Exemple 16 : l'intégrale de Fresnel.

On a

$$\int_0^{+\infty} \mathrm{e}^{\mathrm{i}x^2}\,\mathrm{d}x = \mathrm{e}^{\mathrm{i}\frac{\pi}{4}} \frac{\sqrt{\pi}}{2}$$

[Gdy p 336].

Exemple 17 : calcul de la transformée de Fourier de $\phi : \mathbb{R} \longrightarrow \mathbb{R}$, $x \longmapsto \mathrm{e}^{\frac{-x^2}{2}}$; on a $\hat{\phi} = \phi$ [P p 200].

Exemple 18 : soit a, $b > 0$, alors $\displaystyle\int_0^{+\infty} \frac{\mathrm{e}^{-ax} - \mathrm{e}^{-bx}}{x}\,\mathrm{d}x = \log\frac{b}{a}$ [Gdy p 156].

REMARQUES :

- Il faut essayer d'exhiber ici les méthodes de calculs les plus utilisées.
- Bien évidemment, il faut s'attendre, lors de la séance de questions, à un calcul d'intégrale !...

QUESTIONS :

- *Calculer* $\displaystyle\int_0^{\frac{\pi}{2}} \frac{\sin x}{\sqrt{1+\sin x \cos x}}\,\mathrm{d}x = I.$

Il est naturel d'essayer d'appliquer les règles de Bioche, mais en vain !...
On essaie donc le changement par défaut en $\tan\left(\dfrac{x}{2}\right)$. Là encore, cette transformation est infructueuse.
Aussi peut-on penser à un changement de variable affine.

Soit le changement de variable : $x = t + \dfrac{\pi}{4}$.

Comme pour tout réel x, $\sin x \cos x = \dfrac{1}{2}\sin(2x)$, il vient

$$I = \int_{\frac{-\pi}{4}}^{\frac{\pi}{4}} \frac{\sin t + \cos t}{\sqrt{2 + \sin(2t + \frac{\pi}{2})}} \mathrm{d}t,$$

soit encore

$$I = \int_{\frac{-\pi}{4}}^{\frac{\pi}{4}} \frac{\sin t + \cos t}{\sqrt{2 + \cos(2t)}} \mathrm{d}t = \int_{\frac{-\pi}{4}}^{\frac{\pi}{4}} \frac{\sin t}{\sqrt{2 + \cos(2t)}} \mathrm{d}t + \int_{\frac{-\pi}{4}}^{\frac{\pi}{4}} \frac{\cos t}{\sqrt{2 + \cos(2t)}} \mathrm{d}t$$

Grâce à la parité de la fonction cosinus et à l'imparité de la fonction sinus, on obtient alors

$$I = 2\int_0^{\frac{\pi}{4}} \frac{\cos t}{\sqrt{2 + \cos(2t)}} \mathrm{d}t.$$

Effectuons alors le changement de variable $u = \sin t$.

On aboutit à $I = 2\displaystyle\int_0^{\frac{\sqrt{2}}{2}} \frac{1}{\sqrt{3 - 2u^2}} \mathrm{d}u$, soit finalement

$$I = \sqrt{2} \arcsin\left(\frac{1}{\sqrt{3}}\right).$$

L27 ♣

Séries de nombres réels ou complexes : convergence, convergence absolue, sommation des relations de comparaison. Exemples.

DÉVELOPPEMENTS : D41 - D42 - D43

BIBLIOGRAPHIE : [AF2] [BDFG] [C] [Gdy] [Gx3] [LS3] [P]

Dans toute cette leçon, (u_n) désignera une suite réelle ou complexe.

A) Définitions et premières propriétés

1) La convergence

Définition 1 :

Pour $n \in \mathbb{N}$, posons $U_n = \sum_{i=0}^{n} u_i$. La suite (U_n) est appelée suite des sommes partielles. On dit que la série $\sum u_n$ converge si et seulement si la suite des sommes partielles (U_n) est convergente [Gdy p 203].

Propriété 1 : si la série $\sum u_n$ converge alors $\lim_{n\to\infty} u_n = 0$ [Gdy p 203].

Propriété 2 : le critère de Cauchy [Gdy p 203].

La série $\sum u_n$ converge si et seulement si

$$\forall \varepsilon > 0,\ \exists N \in \mathbb{N},\ \forall p \in \mathbb{N},\ \forall n \in \mathbb{N},\quad \left(n \geqslant N \Longrightarrow \left|\sum_{i=n}^{n+p} u_i\right| \leqslant \varepsilon\right).$$

2) La convergence absolue

Définition 2 :

La série $\sum u_n$ converge absolument si et seulement si la série à termes positifs $\sum |u_n|$ converge [Gdy p 203].

> Oralement, on pourra signaler qu'une série convergente mais non absolument convergente est appelée série semi-convergente.

Propriété 3 : toute série absolument convergente est convergente `Gdy p 203`.

> Cette propriété montre l'intérêt tout particulier qui doit être porté sur les séries à termes positifs. Aussi, celles-ci font-elles, ci-après, l'objet d'une étude particulière.

B) Les séries à termes positifs

1) Des critères de convergence

a) Théorèmes généraux

Théorème 1 :

La série $\sum u_n$ à termes positifs converge si et seulement si la suite des sommes partielles est majorée `Gdy p 204`.

Théorème 2 :

Soit deux suites (u_n) et (v_n) telles que pour tout entier n, $0 \leqslant u_n \leqslant v_n$.
i) Si la série $\sum v_n$ converge alors la série $\sum u_n$ converge.
ii) Si la série $\sum u_n$ diverge alors la série $\sum v_n$ diverge `Gdy p 204`.

Théorème 3 :

Soit (u_n) et (v_n) deux suites à termes positifs.
i) Si $v_n = \underset{n\to\infty}{O}(u_n)$ et si la série $\sum u_n$ converge alors la série $\sum v_n$ converge.
ii) Si $u_n \underset{n\to\infty}{\sim} v_n$ alors les séries $\sum u_n$ et $\sum v_n$ sont de même nature `Gdy p 204`.

Propriété 4 :

Soit (u_n) et (v_n) deux suites à termes strictement positifs telles que, à partir d'un certain rang, $\dfrac{u_{n+1}}{u_n} \leqslant \dfrac{v_{n+1}}{v_n}$.
i) Si la série $\sum v_n$ converge alors la série $\sum u_n$ converge.
ii) Si la série $\sum u_n$ diverge alors la série $\sum v_n$ diverge `Gdy p 207`.

b) Comparaison série-intégrale

Dans cette partie, a désignera un réel et f une application décroissante de $[a, +\infty[$ dans $\mathbb{R}^+$.

Théorème 4 :

L'intégrale $\displaystyle\int_a^{+\infty} f(x)\,\mathrm{d}x$ converge si et seulement si la série $\displaystyle\sum_{n\geqslant a} f(n)$ est convergente `AF2 p 411`.

Exemple 1 : les séries de Riemann.

Les séries $\displaystyle\sum \frac{1}{n^\alpha}$ et $\displaystyle\sum \frac{1}{n(\log n)^\alpha}$ convergent si et seulement si $\alpha > 1$ `AF2 pp 468 - 469`.

> A ce niveau, on pourra signaler que la réciproque de la propriété 1 est fausse. En effet, la série $\displaystyle\sum \frac{1}{n}$ diverge alors que $\displaystyle\lim_{n\to\infty} \frac{1}{n} = 0$.

Théorème 5 :

On suppose que $\int_a^{+\infty} f(x)\,\mathrm{d}x$ *converge. Alors, pour tout* $n \in \mathbb{N}$ *avec* $n \geqslant a$, *on a la double inégalité :*

$$\int_{n+1}^{+\infty} f(x)\,\mathrm{d}x \leqslant \sum_{k=n+1}^{\infty} f(k) \leqslant \int_{n}^{+\infty} f(x)\,\mathrm{d}x$$

[AF2 p 469].

Exemple 2 : pour $\alpha > 1$, $\displaystyle\sum_{k=n}^{\infty} \frac{1}{k^\alpha} \underset{n\to+\infty}{\sim} \frac{1}{(\alpha-1)n^{\alpha-1}}$ [AF2 p 470].

Exemple 3 : soit $f \in \mathcal{C}(\mathbb{R}^+, \mathbb{R})$ une application décroissante telle que l'intégrale $\int_0^{+\infty} f(t)\,\mathrm{d}t$ converge. Alors, pour tout $x > 0$, la série $\sum f(nx)$ converge [Gdy p 154].

c) La règle de D'Alembert

Propriété 5 :

Soit (u_n) *une suite de réels strictement positifs. On suppose que la suite* $\left(\dfrac{u_{n+1}}{u_n}\right)$ *converge vers* $\ell \in \mathbb{R}^+$. *Si* $\ell < 1$ *(respectivement* $\ell > 1$*) alors la série* $\sum u_n$ *converge (respectivement diverge)* [Gdy p 208].

On pourra signaler que cette règle ne donne aucune conclusion pour le cas $\ell = 1$. Toutefois, sous certaines hypothèses supplémentaires, il est possible de préciser le comportement de la série $\sum u_n$. La règle ci-après en est une illustration.

d) La règle de Raabe-Duhamel

Propriété 6 :

Soit (u_n) *une suite de réels strictement positifs telle que pour tout* $n \in \mathbb{N}^*$, $\dfrac{u_{n+1}}{u_n} = 1 - \dfrac{a}{n} + v_n$ *où* v_n *est le terme général d'une série absolument convergente et où* a *est une constante réelle.*
Alors il existe $C \in \mathbb{R}^*$ *tel que* $u_n \underset{n\to\infty}{\sim} Cn^{-a}$ *et la série* $\sum u_n$ *converge si et seulement si* $a > 1$ [P p 139].

Exemple 4 : soit $\alpha > 0$. Pour $n \in \mathbb{N}^*$, on pose $u_n = \dfrac{n\, n!}{(\alpha+1)\ldots(\alpha+n)}$. Alors la série $\sum u_n$ converge si et seulement si $\alpha > 2$ [LS3 p 8].

▲ Attention : l'exercice proposé par [LS3] ne propose pas exactement la détermination des réels α tels que la série $\sum u_n$ converge. Toutefois, la modification qui s'impose se fait sans difficulté.

2) La sommation des relations de comparaison

Théorème 6 :

> *Soit (u_n) et (v_n) deux suites à termes positifs telles que $u_n \underset{n\to\infty}{\sim} v_n$.*
> *i) Si la série $\sum u_n$ converge alors $\displaystyle\sum_{k\geqslant n} u_k \underset{n\to\infty}{\sim} \sum_{k\geqslant n} v_k$.*
> *ii) Si la série $\sum u_n$ diverge alors $\displaystyle\sum_{k=0}^{n} u_k \underset{n\to\infty}{\sim} \sum_{k=0}^{n} v_k$* [Gdy p 204].

Application 1 : $\displaystyle\sum_{k=1}^{n} \frac{1}{k} = \log n + \gamma + \frac{1}{2n} - \frac{1}{12n^2} + \underset{n\to\infty}{o}\left(\frac{1}{n^2}\right)$ [AF2 p 450].

Application 2 : soit (u_n) la suite récurrente définie par $0 < u_0 \leqslant \dfrac{\pi}{2}$ et pour tout $n \in \mathbb{N}$, $u_{n+1} = \sin(u_n)$. Alors $u_n = \sqrt{\dfrac{3}{n}} - \dfrac{3\sqrt{3}}{10}\dfrac{\log n}{n\sqrt{n}} + \underset{n\to\infty}{o}\left(\dfrac{\log n}{n\sqrt{n}}\right)$ [Gdy p 218].

C) Des critères généraux de convergence

1) La règle d'Abel

Théorème 7 :

> *Soit (d_n) une suite réelle, décroissante et convergeant vers 0. De plus, soit une suite (v_n) telle que sa suite des sommes partielles (V_n) soit bornée. Alors la série $\sum d_n v_n$ est convergente* [Gdy p 209].

Exemple 5 : soit $\theta \in \mathbb{R} \setminus 2\pi\mathbb{Z}$ et $\alpha > 0$. Alors la série $\sum \dfrac{e^{in\theta}}{n^\alpha}$ est convergente [Gdy p 210].

> Pour $\alpha \in \,]0,1]$, on pourra signaler que la série $\sum \dfrac{e^{in\theta}}{n^\alpha}$ est semi-convergente.

2) Le critère des séries alternées

Théorème 8 :

> *Soit (d_n) une suite réelle, décroissante et convergeant vers 0. Alors la série alternée $\sum (-1)^n d_n$ est convergente.*
>
> *De plus, pour tout $n \in \mathbb{N}$, $\displaystyle\left|\sum_{k\geqslant n} (-1)^k d_k\right| \leqslant d_n$* [Gdy p 209].

> On pourra signaler que la *convergence* de la série alternée $\sum (-1)^n d_n$ peut s'établir grâce à la règle d'Abel.
>
> **Extrait du rapport du jury 1996**
>
> *Le lien entre le théorème d'Abel et les séries alternées n'est pas évoqué.*

Exemple 6 : soit $\alpha \in \mathbb{R}$. Alors la série $\sum \frac{(-1)^{n-1}}{n^\alpha + (-1)^n}$ converge si et seulement si $\alpha > \frac{1}{2}$ [Gdy p 215].

3) La sommation par paquets

Théorème 9 :

Soit $\varphi : \mathbb{N} \longrightarrow \mathbb{N}$ une application strictement croissante telle que $\varphi(0) = 0$. Soit de plus (u_n) une suite à valeurs dans $\mathbb{K}$. Pour tout entier n, on pose alors

$$v_n = \sum_{i=\varphi(n)}^{\varphi(n+1)-1} u_i \quad \text{et} \quad \ell_n = \sum_{i=\varphi(n)}^{\varphi(n+1)-1} |u_i|.$$

On suppose enfin que la série $\sum v_n$ converge et que la suite (ℓ_n) converge vers 0.
Alors la série $\sum u_n$ converge et $\sum_{n \geqslant 0} u_n = \sum_{n \geqslant 0} v_n$ [P p 143].

On pourra signaler que l'une ou l'autre des hypothèses suivantes implique automatiquement la convergence de la suite (ℓ_n) vers 0 :
$(\mathcal{H}1)$: la suite (u_n) est réelle et telle que pour tout entier n, les réels $u_{\varphi(n)}, \ldots, u_{\varphi(n+1)-1}$ sont tous de même signe ;
$(\mathcal{H}2)$: la suite $(\varphi(n+1) - \varphi(n))$ est bornée et la suite (u_n) converge vers 0.

Exemple 7 : si $E : \mathbb{R} \longrightarrow \mathbb{R}$ désigne la fonction partie entière, la série $\frac{(-1)^{E(\sqrt{n})}}{n}$ est convergente [Gx3 p 53].

4) Le produit de Cauchy

Théorème 10 :

Soit $\sum u_n$ et $\sum v_n$ deux séries absolument convergentes. Pour tout entier n, on pose $p_n = \sum_{i=0}^{n} u_i v_{n-i}$. Alors la série $\sum p_n$ converge absolument [P p 144].

Exemple 8 : pour tout $(z_1, z_2) \in \mathbb{C}^2$, $\exp(z_1 + z_2) = \exp z_1 \ \exp z_2$ [C p 63].

On pourra signaler que la convergence simple des deux séries $\sum u_n$ et $\sum v_n$ n'implique pas forcément la convergence de la série $\sum p_n$. Pour s'en convaincre, il suffit de poser $u_n = v_n = \frac{(-1)^n}{\sqrt{n}}$ pour tout $n \in \mathbb{N}^*$.
Toutefois, on pourra citer le théorème, plus fort, de Cauchy-Mertens [P p 145].

REMARQUES :

• **Extrait du rapport du jury 1996**

On cite la convergence commutative des séries absolument convergentes, mais une condition permettant la sommation par paquets n'est en général pas connue.

C'est donc en toute connaissance de cause que l'on s'intéressera à la convergence commutative !

• En conclusion, on pourrait évoquer d'autres formes de convergence, notamment la sommation au sens d'Abel ou au sens de Cesàro. A ce sujet, on pourra lire BDFG pp 133 - 138.

QUESTIONS :

• *Soit (u_n) une suite réelle, décroissante. On suppose que la série $\sum u_n$ converge. Montrer que la suite (nu_n) converge vers 0.*

Notons tout d'abord que la suite (u_n) est à termes positifs. En effet, comme la série $\sum u_n$ converge, on a $\lim\limits_{n\to\infty} u_n = 0$. D'autre part, la suite (u_n) est décroissante. Bref, (u_n) décroît vers 0. Par conséquent, pour tout $n \in \mathbb{N}$, $u_n \geqslant 0$.

Soit $\varepsilon > 0$.

Puisque la série $\sum u_n$ converge, il existe $N \in \mathbb{N}$ tel que pour tout entier $n \geqslant N$, $\left|\sum\limits_{k=n}^{\infty} u_k\right| = \sum\limits_{k=n}^{\infty} u_k \leqslant \varepsilon.$
La décroissance de la suite positive (u_n) implique alors

$$\forall n \geqslant N, \quad 0 \leqslant (n-N)u_n \leqslant (n-N+1)u_n \leqslant u_N + \ldots + u_n \leqslant \sum_{k=N}^{\infty} u_k \leqslant \varepsilon.$$

Pour tout entier $n \geqslant 2N$, on obtient donc $0 \leqslant \dfrac{n}{2}u_n \leqslant (n-N)u_n \leqslant \varepsilon$, soit encore $0 \leqslant nu_n \leqslant 2\varepsilon$.

Finalement, la suite (nu_n) converge vers 0.

• *Pour $n \in \mathbb{N}$, on pose $u_n = 0$ si le chiffre 9 intervient dans l'écriture décimale de n et $\dfrac{1}{n}$ sinon. Montrer que la série $\sum u_n$ converge.*

Pour $n \in \mathbb{N}$, désignons par a_n le nombre de nombres N tels que
i) $10^n \leqslant N \leqslant 10^{n+1} - 1$;
ii) le chiffre 9 n'intervient pas dans l'écriture décimale de N.

Montrons alors que pour tout $n \in \mathbb{N}$, $a_n \leqslant 9^{n+1}$.

Soit $n \in \mathbb{N}$. Un nombre N vérifiant les conditions *i*) et *ii*) a une écriture décimale possédant $(n+1)$ chiffres. Mais chaque chiffre de l'écriture décimale de N appartient alors à l'ensemble $[\![0, 8]\!]$. Bref, on aboutit bien à $a_n \leqslant 9^{n+1}$.

Pour $n \in \mathbb{N}$, posons alors $v_n = u_{10^n} + \ldots + u_{10^{n+1}-1}$. Par définition de la suite (u_k), on obtient donc

$$0 \leqslant v_n \leqslant \frac{a_n}{10^n} \leqslant 9\left(\frac{9}{10}\right)^n.$$

Or, la série $\sum \left(\frac{9}{10}\right)^n$ est convergente. Bref, la série $\sum v_n$ converge.

Finalement, puisque la suite (u_n) est à termes positifs, le théorème de sommation par paquets prouve que la série $\sum u_n$ converge.

L28 ♣ ♣

Comparaison d'une série et d'une intégrale. Exemples et applications.

DÉVELOPPEMENTS : D39 - D42

BIBLIOGRAPHIE : [AF2] [BBR] [LS3] [Gdy] [LFA] [MV] [MVT] [P]

A) Relations entre la convergence des intégrales et la convergence des séries

1) Théorèmes généraux

Dans cette partie, sauf mentions contraires, on considère un réel a et une fonction $f : [a, +\infty[\longrightarrow \mathbb{R}$ localement intégrable sur $[a, +\infty[$.

Théorème 1 :

> *L'intégrale* $\displaystyle\int_a^{+\infty} f(x)\,\mathrm{d}x$ *converge si et seulement si pour toute suite* (x_n) *de réels supérieurs ou égaux à* a *et tendant vers* $+\infty$, *la série* $\sum u_n$ *converge où l'on a posé* $u_n = \displaystyle\int_{x_n}^{x_{n+1}} f(x)\,\mathrm{d}x$ [LF p 499].

> Ce théorème est en fait souvent utilisé pour établir la divergence d'une intégrale.

Exemple 1 : l'intégrale $\displaystyle\int_0^{+\infty} \frac{\sin x}{x}\,\mathrm{d}x$ est semi-convergente [LF p 499].

Dans toute la suite de cette partie, les notations seront celles du Théorème 1.

Théorème 2 :

> *Soit* (x_n) *UNE suite croissante de réels supérieurs ou égaux à* a *et tendant vers* $+\infty$. *Alors, si l'intégrale* $\displaystyle\int_a^{+\infty} f(x)\,\mathrm{d}x$ *converge, la série* $\sum u_n$ *converge* [P p 161].

> Oralement, on précisera que la réciproque est fausse : il suffit de considérer la fonction f définie sur $\mathbb{R}^+$ par $f(x) = \sin x$ et la suite (x_n) où, pour tout $n \in \mathbb{N}$, $x_n = 2n\pi$ [P p 161].

Théorème 3 :

Soit (x_n) UNE suite croissante de réels supérieurs ou égaux à a et tendant vers $+\infty$ telle que la suite de terme général $\int_{x_n}^{x_{n+1}} |f(x)|\,\mathrm{d}x$ converge vers 0.

Alors, si la série $\sum u_n$ converge, l'intégrale $\int_a^{+\infty} f(x)\,\mathrm{d}x$ converge P p 161.

Exemple 2 : soit f une fonction définie sur $\mathbb{R}^+$, positive, décroissante et de limite nulle en $+\infty$. Alors l'intégrale $\int_0^{+\infty} f(x)\sin x\,\mathrm{d}x$ converge P p 162.

Corollaire 1 :

Soit (x_n) UNE suite croissante de réels supérieurs ou égaux à a et tendant vers $+\infty$. Si f est POSITIVE, alors l'intégrale $\int_a^{+\infty} f(x)\,\mathrm{d}x$ converge si et seulement si la série $\sum u_n$ converge AF2 p 410.

Théorème 4 :

Soit $f : \mathbb{R} \longrightarrow \mathbb{R}_*^+$ une fonction de classe $\mathcal{C}^1$ telle que $\lim\limits_{x\to+\infty} \frac{f'(x)}{f(x)} = p$, où $p \in \mathbb{R}^*$. Alors :

i) si $p > 0$, la série $\sum f(n)$ diverge et $\sum\limits_{k=0}^{n} f(k) \underset{n\to\infty}{\sim} \frac{p}{e^p - 1}\int_0^{n+1} f(t)\,\mathrm{d}t$;

ii) si $p < 0$, la série $\sum f(n)$ converge et $\sum\limits_{k=n}^{+\infty} f(k) \underset{n\to\infty}{\sim} \frac{p}{e^p - 1}\int_n^{+\infty} f(t)\,\mathrm{d}t$

MV p 68.

2) Un cas particulier important : $f : [a, +\infty[\longrightarrow \mathbb{R}^+$, décroissante

Théorème 5 :

L'intégrale $\int_a^{+\infty} f(x)\,\mathrm{d}x$ converge si et seulement si la série $\sum\limits_{n\geqslant a} f(n)$ converge AF2 p 411.

Exemple 3 : les séries $\sum \frac{1}{n^\alpha}$ et $\sum \frac{1}{n(\log n)^\alpha}$ convergent si et seulement si $\alpha > 1$ AF2 pp 468 - 469.

a) Etude en cas de convergence

Théorème 6 :

On suppose que l'intégrale $\int_a^{+\infty} f(x)\,\mathrm{d}x$ converge. Alors, pour tout $n \in \mathbb{N}$ avec $n \geqslant a$, on a la double inégalité :

$$\int_{n+1}^{+\infty} f(x)\,\mathrm{d}x \leqslant \sum_{k=n+1}^{\infty} f(k) \leqslant \int_n^{+\infty} f(x)\,\mathrm{d}x$$

AF2 p 469.

Exemple 4 : pour $\alpha > 1$, $\displaystyle\sum_{k=n}^{\infty} \frac{1}{k^\alpha} \underset{n\to\infty}{\sim} \frac{1}{(\alpha-1)n^{\alpha-1}}$ [AF2 p 470].

Application 1 : $\displaystyle\sum_{k=1}^{n} \frac{1}{k} = \log n + \gamma + \frac{1}{2n} - \frac{1}{12n^2} + \underset{n\to\infty}{o}\left(\frac{1}{n^2}\right)$ [AF2 p 450].

Exemple 5 : la fonction ζ de Riemann vérifie $\zeta(s) = \dfrac{1}{s-1} + \gamma + \underset{s\to 1,\, s>1}{o}(1)$ [Gdy p 278].

Théorème 7 :

Soit $f \in \mathcal{C}(\mathbb{R}^+, \mathbb{R})$ une application non identiquement nulle, décroissante et telle que l'intégrale $\displaystyle\int_0^{+\infty} f(x)\,\mathrm{d}x$ converge. Alors pour tout $x > 0$, la série $\sum f(nx)$ converge et $\displaystyle\sum_{n=1}^{\infty} f(nx) \underset{x\to 0^+}{\sim} \frac{1}{x}\int_0^{+\infty} f(t)\,\mathrm{d}t$ [Gdy p 154].

Application 2 : $\displaystyle\sum_{n=1}^{\infty} x^{n^2} \underset{x\to 1^-}{\sim} \frac{\sqrt{\pi}}{2\sqrt{1-x}}$ [Gdy p 154].

b) Etude en cas de divergence

Théorème 8 :

Si la série $\displaystyle\sum_{n\geqslant a} f(n)$ diverge alors $\displaystyle\sum_{a\leqslant k\leqslant n} f(k) \underset{n\to\infty}{\sim} \int_a^n f(x)\,\mathrm{d}x$ [AF2 p 471].

Exemple 6 : pour $0 < \alpha < 1$, $\displaystyle\sum_{k=1}^{n} \frac{1}{k^\alpha} \underset{n\to\infty}{\sim} \frac{n^{1-\alpha}}{1-\alpha}$ [AF2 p 472].

B) Autres aspects

1) Egalité de Parseval

Théorème 9 :

Soit $f : \mathbb{R} \longrightarrow \mathbb{C}$ une fonction 2π-périodique, continue par morceaux. Alors on a

$$\frac{1}{2\pi}\int_0^{2\pi} |f(x)|^2 \mathrm{d}x = \frac{|a_0|^2}{4} + \frac{1}{2}\left(\sum_{n=1}^{\infty} |a_n|^2 + |b_n|^2\right)$$

où (a_n) et (b_n) représentent les suites des coefficients de Fourier de f [Gdy p 257].

Exemple 7 : $\displaystyle\sum_{n=1}^{\infty} \frac{1}{n^4} = \frac{\pi^4}{90}$ [Gdy p 259].

Exemple 8 : l'inégalité isopérimétrique.

Soit une courbe régulière, simple, fermée et de classe $\mathcal{C}^1$. Notons L la longueur totale de cette courbe et S son aire intérieure. Alors $L^2 \geqslant 4\pi S$. De plus, l'égalité ne se produit que dans le cas du cercle MVT pp 169 - 213.

2) Formule d'Euler Mac-Laurin

Théorème 10 :

Soit $(m,n) \in \mathbb{Z}^2$, $m < n$, $r \in \mathbb{N}^*$, et $f : [m,n] \longrightarrow \mathbb{C}$ de classe $\mathcal{C}^r$. Alors,

$$\sum_{k=m}^{n} f(k) = \int_m^n f(x)\,\mathrm{d}x + S + \sum_{k=2}^{r} \frac{b_k}{k}(f^{(k-1)}(n) - f^{(k-1)}(m)) + R_r$$

où

$$S = \frac{f(m)+f(n)}{2} \quad \text{et} \quad R_r = \frac{(-1)^{r+1}}{r!}\int_m^n \tilde{B}_r(x) f^{(r)}(x)\,\mathrm{d}x,$$

$\tilde{B}_r$ désignant l'application de $\mathbb{R}$ dans $\mathbb{R}$, $1-$périodique, coïncidant avec le $r-$ème polynôme de Bernoulli B_r sur $]0,1[$ et telle que $\tilde{B}_r(0) = \frac{1}{2}(B_r(0) + B_r(1))$.

De plus, le nombre de Bernoulli b_r est égal à $B_r(0)$ Gdy p 297.

Exemple 9 : soit $r \in \mathbb{N}^*$; en conservant les notations précédentes, on a $\displaystyle\sum_{k=1}^{n} \frac{1}{k} = \log n + \gamma + \frac{1}{2n} + \sum_{k=2}^{r-1} \frac{(-1)^{k-1} b_k}{kn^k} + \underset{n\to\infty}{O}\left(\frac{1}{n^r}\right)$ Gdy p 297.

3) Théorème de Hardy

Théorème 11 :

Soit $\sum c_n$ une série numérique convergente. Alors la fonction $g : \mathbb{R}^+ \longrightarrow \mathbb{R}$, $t \longmapsto \displaystyle\sum_{n=0}^{\infty} \frac{c_n}{n!} t^n$ est bien définie.

De plus, g est continue sur $\mathbb{R}^+$ et $\displaystyle\int_0^{+\infty} e^{-t} g(t)\mathrm{d}t = \sum_{n=0}^{\infty} c_n$ AF2 p 661.

4) Calculs divers

Exemple 10 : soit un complexe z tel que $|z| < 1$.

Alors on a $\displaystyle\int_{-\infty}^{+\infty} \frac{\mathrm{sh}(zt)}{\mathrm{sh}\, t}\mathrm{d}t = \sum_{k=0}^{\infty} \frac{4z}{(2k+1)^2 - z^2}$ AF2 p 663.

Exemple 11 : $\displaystyle\int_0^1 \frac{\log t \log(1-t)}{t}\mathrm{d}t = \sum_{n=1}^{\infty} \frac{1}{n^3}$ LS3 p 85.

Exemple 12 : la partie entière de $\displaystyle\sum_{n=1}^{10^9} \frac{1}{n^{\frac{2}{3}}}$ est égale à 2997 BBR p 14.

REMARQUES :

• Le mot *comparaison* est à prendre au sens large : on peut en effet comparer la nature d'une série et la nature d'une intégrale, mais on peut aussi chercher à comparer numériquement la somme d'une série convergente et la valeur d'une intégrale... Aussi cette leçon doit-elle proposer un vaste choix d'exemples et de théorèmes.

• De cette leçon, on retiendra notamment *la technique de monotonie* utilisée dans les démonstrations des théorèmes 5 et 6.

• Il est bon de savoir que les nombres de Bernoulli $(b_{2k+1})_{k\in\mathbb{N}^*}$ sont tous nuls. L'application 1 et l'exemple 9 donnent alors, sans trop de peine, le développement asymptotique suivant : $\displaystyle\sum_{k=1}^{n}\frac{1}{k}=\log n+\gamma+\frac{1}{2n}-\frac{1}{12n^2}+\underset{n\to\infty}{O}\left(\frac{1}{n^4}\right).$

QUESTIONS :

• *L'intégrale* $\displaystyle\int_0^{+\infty}\frac{1}{1+x^4\sin^2 x}\,\mathrm{d}x$ *est-elle convergente ?*

Oui.

> Il suffit, en utilisant le corollaire 1, de prouver que la série $\sum u_n$ converge où $u_n=\displaystyle\int_{n\pi}^{(n+1)\pi}\frac{1}{1+x^4\sin^2 x}\,\mathrm{d}x\geqslant 0.$

Cherchons alors une majoration convenable de u_n.
Avec le changement de variable $u=x-n\pi$, on obtient

$$u_n\leqslant\int_0^{\pi}\frac{1}{1+(u+n\pi)^4\sin^2 u}\,\mathrm{d}u\leqslant\int_0^{\pi}\frac{1}{1+n^4\pi^4\sin^2 u}\,\mathrm{d}u=\int_0^{\frac{\pi}{2}}\frac{2}{1+n^4\pi^4\sin^2 u}\,\mathrm{d}u.$$

Comme sur $\left[0,\frac{\pi}{2}\right]$, $\sin x\geqslant\frac{2}{\pi}x$, il vient

$$0\leqslant u_n\leqslant 2\int_0^{\frac{\pi}{2}}\frac{1}{1+n^4\pi^4\frac{4x^2}{\pi^2}}\,\mathrm{d}x\leqslant\frac{1}{n^2\pi}\int_0^{+\infty}\frac{1}{1+x^2}\,\mathrm{d}x.$$

On en conclut donc que la série $\sum u_n$ converge et ainsi, l'intégrale proposée est bien convergente.

• *Existe-t-il des fonctions f, définies sur $\mathbb{R}^+$, positives, non bornées telles que* $\displaystyle\int_0^{+\infty}f(x)dx$ *converge ?*

Oui.

En effet, considérons la fonction $f : \mathbb{R}^+ \longrightarrow \mathbb{R}$ définie de la manière suivante :

i) f est nulle sur $\left[0, \frac{15}{8}\right] = \left[0, 2 - \frac{1}{2^3}\right]$;

ii) pour tout entier $n \geqslant 2$, $f(n) = n$, $f\left(n - \frac{1}{n^3}\right) = f\left(n + \frac{1}{n^3}\right) = 0$;

iii) f est affine sur $\left[n - \frac{1}{n^3}, n\right]$ et $\left[n, n + \frac{1}{n^3}\right]$;

iv) f est nulle partout ailleurs.

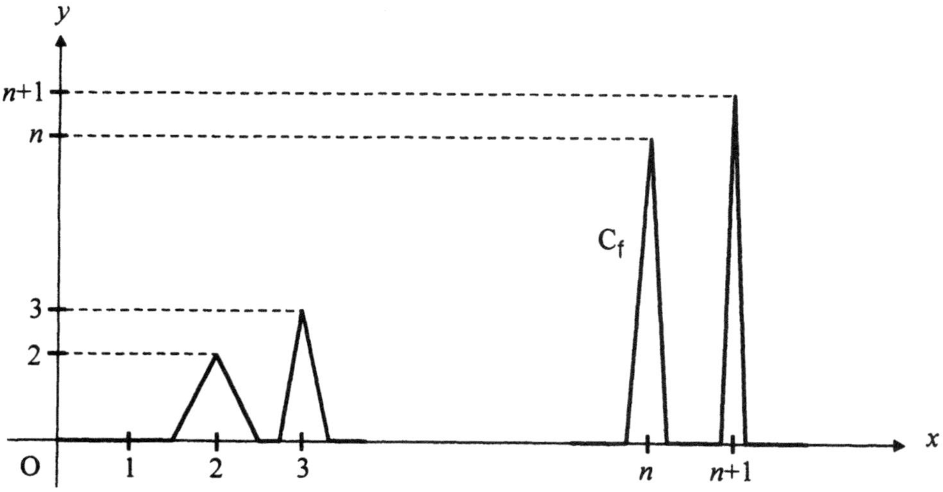

L'application f est alors positive et non bornée.

De plus, on a $\int_0^{+\infty} f(x)\,\mathrm{d}x = \sum_{n=2}^{\infty} \frac{1}{n^2}$ et donc, grâce au critère de Riemann pour les séries, l'intégrale considérée est bien convergente.

L29 ♣♣

Illustrer par des exemples et des contre-exemples la théorie des séries numériques.

DÉVELOPPEMENTS : D41 - D43

BIBLIOGRAPHIE : [BDFG] [C] [Gdy] [Gx3] [H] [LS3] [P]

A) Généralités

1) Comportement du terme général d'une série convergente

> On rappellera oralement que le terme général d'une série convergente tend vers 0 en ∞. Toutefois, comme le montre l'exemple suivant, la réciproque est fausse.

Exemple 1 : la série harmonique $\sum \frac{1}{n}$ est divergente alors que son terme général tend clairement vers 0 en ∞ [Gdy p 203].

2) Convergence simple et convergence absolue

> Après avoir rappelé que la convergence absolue implique la convergence simple, on prouvera, par un exemple, que la réciproque est fausse.

Exemple 2 : pour $n \in \mathbb{N}$, on pose $u_{2n} = \dfrac{1}{n+1}$ et $u_{2n+1} = \dfrac{-1}{n+1}\cdot$ Alors la série $\sum u_n$ est convergente mais non absolument convergente.

B) Cas des séries à termes positifs

1) Utilisation des sommes partielles

> On rappellera qu'une série à termes positifs est convergente si et seulement si la suite de ses sommes partielles est majorée.

2) A propos des critères de Cauchy ou de D'Alembert

> En introduction, on pourra énoncer les deux critères en question.

Exemple 4 : le critère de D'Alembert montre que la série $\sum \frac{z^n}{n!}$ converge pour tout complexe z [C p 63].

> On pourra rappeller ensuite que la règle de Cauchy est plus forte que la règle d'Alembert, comme le prouve l'exemple suivant.

Exemple 5 : soit a et b deux réels vérifiant $a > 1$, $0 < b < 1$ et $ab < 1$. Pour $n \in \mathbb{N}$, on pose $u_{2n} = a^n b^n$ et $u_{2n+1} = a^{n+1} b^n$.
La règle de Cauchy permet alors de prouver la convergence de la série $\sum u_n$ alors que la règle d'Alembert n'aboutit pas [C p 42].

> On s'intéressera alors au cas douteux apparaissant dans ces deux règles.

Exemple 6 : soit $\alpha \in \mathbb{R}$. Pour $n \in \mathbb{N}^*$, posons $u_n = \frac{1}{n^\alpha}$.
Alors $\lim_{n\to\infty} u_n^{\frac{1}{n}} = \lim_{n\to\infty} \frac{u_{n+1}}{u_n} = 1$.
Pourtant, pour $\alpha > 1$, la série $\sum u_n$ est convergente alors que pour $\alpha \leqslant 1$, la série $\sum u_n$ diverge [C pp 40 - 41].

> Il existe toutefois des cas où le doute peut être levé. La règle suivante en est une illustration.

3) La règle de Raabe-Duhamel

Propriété 1 :

Soit (u_n) une suite de réels strictement positifs telle que pour tout $n \in \mathbb{N}^*$, $\frac{u_{n+1}}{u_n} = 1 - \frac{a}{n} + v_n$ où v_n est le terme général d'une série absolument convergente et où a est une constante réelle.
Alors il existe $C \in \mathbb{R}^*$ tel que $u_n \underset{n\to\infty}{\sim} Cn^{-a}$ et la série $\sum u_n$ converge si et seulement si $a > 1$ [P p 139].

Exemple 7 : soit $\alpha > 0$. Pour $n \in \mathbb{N}^*$, on pose $u_n = \frac{n\, n!}{(\alpha+1)\dots(\alpha+n)}$.
Alors la série $\sum u_n$ converge si et seulement si $\alpha > 2$ [LS3 p 8].

> ▲ Attention : l'exercice proposé par [LS3] ne propose pas exactement la détermination des réels α tels que la série $\sum u_n$ converge.
> Toutefois, la modification qui s'impose se fait sans difficulté.

C) Cas des séries à termes quelconques

1) Utilisation des relations de comparaison

Exemple 8 : pour $n \in \mathbb{N}^*$, posons $u_n = \dfrac{(-1)^n}{\sqrt{n}}$ et $v_n = \dfrac{(-1)^n}{\sqrt{n}} + \dfrac{1}{n}\cdot$ Alors $u_n \underset{n\to\infty}{\sim} v_n$ mais la série $\sum u_n$ est convergente alors que la série $\sum v_n$ diverge `C p 50`.

> Cet exemple montre que l'utilisation des équivalents est à proscrire dans la détermination de la nature d'une série à termes de signe non constant. Toutefois, l'emploi des développements asymptotiques permet, en général, de conclure.

Exemple 9 : pour tout entier n, on pose $u_n = \sin(\pi\sqrt{n^2+1})$.
Alors $u_n = (-1)^n \dfrac{\pi}{2n} + \underset{n\to\infty}{O}\left(\dfrac{1}{n^2}\right)$ et ainsi la série $\sum u_n$ est convergente `LS3 p 48`.

2) Le critère des séries alternées

Exemple 10 : soit $\alpha \leqslant \dfrac{1}{2}\cdot$ Alors la série alternée $\sum \dfrac{(-1)^{n-1}}{n^\alpha + (-1)^n}$ diverge `Gdy p 215`.

> Cet exemple montre que l'hypothèse de décroissance figurant dans le critère des séries alternées est loin d'être superflue.

3) La règle d'Abel

> En introduction, on pourra rappeler que la règle d'Abel permet de redémontrer une partie du critère des séries alternées.

Exemple 11 : soit $\theta \in \mathbb{R} \setminus 2\pi\mathbb{Z}$ et $\alpha > 0$. Alors la série $\sum \dfrac{e^{in\theta}}{n^\alpha}$ est convergente `Gdy p 210`.

4) Commutativité de la convergence

Exemple 12 : pour tout entier n, posons $u_n = \dfrac{(-1)^{n-1}}{n}\cdot$ On sait alors que $\sum_{n\geqslant 1} u_n = \log 2$. Par ailleurs, considérons la série obtenue en prenant, dans l'ordre où ils apparaissent, un terme positif, puis deux négatifs et formons des groupes de trois. On obtient donc

$$\left(1 - \frac{1}{2} - \frac{1}{4}\right) + \ldots + \left(\frac{1}{2n-1} - \frac{1}{4n-2} - \frac{1}{4n}\right) + \ldots$$

On montre alors que cette série est convergente et que sa somme est égale à $\dfrac{\log 2}{2}$.
Bref, un réarrangement dans l'ordre des termes de la série semi-convergente $\sum u_n$ a modifié la somme de cette série C p 57.

On pourra alors signaler qu'une série absolument convergente $\sum u_n$ est telle que pour toute permutation φ de $\mathbb{N}$, la série $\sum u_{\varphi(n)}$ converge avec de plus, $\sum\limits_{n\geqslant 0} u_n = \sum\limits_{n\geqslant 0} u_{\varphi(n)}$.

5) **Associativité de la convergence**

Exemple 13 : pour $n \in \mathbb{N}$, posons $u_n = (-1)^n$. Alors la série $\sum u_n$ diverge. Toutefois, la série $\sum(u_{2n} + u_{2n+1})$ est clairement convergente C p 58.

Cet exemple montre qu'il n'est pas toujours possible de sommer par paquets. Néanmoins, le théorème de sommation par paquets donne des conditions suffisantes permettant ce type de sommation.

Exemple 14 : si $E : \mathbb{R} \longrightarrow \mathbb{R}$ désigne la fonction partie entière, la série $\dfrac{(-1)^{E(\sqrt{n})}}{n}$ est convergente Gx3 p 53.

6) **Le produit de séries**

Exemple 15 : Posons $u_n = v_n = \dfrac{(-1)^n}{\sqrt{n}}$ pour tout $n \in \mathbb{N}^*$. La série produit $\sum(u_0 v_n + u_1 v_{n-1} + \ldots + u_n v_0)$ est divergente alors que les deux séries $\sum u_n$ et $\sum v_n$ convergent P p 144.

On pourra toutefois signaler que si la série $\sum u_n$ converge et si la série $\sum v_n$ converge absolument, alors la série produit donnée par $\sum(u_0 v_n + u_1 v_{n-1} + \ldots + u_n v_0)$ est elle aussi convergente. C'est le théorème de Cauchy-Mertens.
Bien évidemment, le produit de deux séries absolument convergentes donne une série absolument convergente.

Exemple 16 : pour tout $(z_1, z_2) \in \mathbb{C}^2$, $\exp(z_1 + z_2) = \exp z_1 \ \exp z_2$ C p 63.

D) Sommations au sens de Cesàro et d'Abel

Tout d'abord, on redéfinira rapidement les sommations au sens de Cesàro et d'Abel. Puis, on rappellera que la convergence ordinaire implique la convergence au sens d'Abel et de Cesàro, les sommes obtenues étant alors identiques. L'exemple suivant prouve que la réciproque est fausse.

Exemple 17 : la série $\sum (-1)^n$ converge au sens de Cesàro et d'Abel, mais pas au sens ordinaire. Sa somme au sens de Cesàro et sa somme au sens d'Abel sont toutes deux égales à $\frac{1}{2}$ [Ba pp 133 - 137].

> On pourra souligner l'égalité des deux sommes obtenues. En effet, une série convergente au sens de Cesàro est convergente au sens d'Abel et les sommes sont alors identiques.

REMARQUES :

• Cette leçon est relativement délicate. Il faut en effet disposer de nombreux exemples et contre-exemples afin de prouver, par exemple, l'importance de certaines hypothèses dans les théorèmes les plus classiques ou encore, afin de montrer que certaines implications n'ont pas de réciproque. A ce sujet, la lecture de [H] peut s'avérer très utile.

• On prendra bien garde à ne pas écrire les *grands* théorèmes au tableau. En effet, ceux-ci doivent uniquement être *illustrés*. Toutefois, ces théorèmes pourront bien évidemment servir de trame pour le plan de la leçon.

QUESTIONS :

• *Donner un exemple de suite positive (u_n) telle que la suite (nu_n) converge vers 0 et telle que la série $\sum u_n$ diverge.*
Donner un exemple de suite positive (v_n) telle que la suite (nv_n) ne converge pas vers 0 et telle que la série $\sum v_n$ converge.

■ Pour $n \in \mathbb{N}$ vérifiant $n \geqslant 2$, posons $u_n = \dfrac{1}{n \log n}$.
Alors la suite (u_n), positive, converge vers 0 et d'après le critère de Bertrand, la série $\sum u_n$ diverge.

■ Pour $n \in \mathbb{N}^*$, posons $v_n = \dfrac{1}{n}$ si n est une puissance de 2 et 0 sinon.
Il est clair alors que la suite (v_n) répond aux conditions imposées.

• *Soit (u_n) et (v_n) deux suites réelles vérifiant $|u_n| \leqslant |v_n|$ pour tout $n \in \mathbb{N}$. On suppose que la série $\sum v_n$ converge. Que peut-on dire de la série $\sum u_n$?*

> On serait tenté de conclure quant à la convergence de la série $\sum u_n$. Mais, ne travaillant pas avec des séries à termes de signe constant, on va en fait montrer qu'on ne peut rien conclure.

Pour $n \in \mathbb{N}^*$, posons $u_n = \dfrac{1}{n}$ et $v_n = \dfrac{(-1)^n}{n}$.
Alors $|u_n| = |v_n|$ pour tout $n \in \mathbb{N}^*$. De plus, la série $\sum v_n$ converge alors que la série $\sum u_n$ diverge.

L30 ♣ ♣

Exemples d'étude de fonctions définies par une série.

DÉVELOPPEMENTS : D44 - D45

BIBLIOGRAPHIE : [AF1] [Gdy] [K] [MVT] [QZ] [R] [RODx2]

A) Etude de la convergence (domaine de convergence, mode de convergence)

Exemple 1 : l'exponentielle complexe.

La série entière $\sum \frac{z^n}{n!}$ *a un rayon de convergence infini : la série* $\sum \frac{z^n}{n!}$ *converge donc absolument dans* $\mathbb{C}$ *et uniformément sur toute partie compacte de* $\mathbb{C}$. *Sa somme est, par définition, l'exponentielle complexe notée* $\exp(z)$ [Gdy p 240].

Il est à noter que cette fonction coïncide, sur $\mathbb{R}$, avec la fonction exponentielle classique, c'est-à-dire la bijection réciproque de la fonction logarithme.

Exemple 2 : les séries de Dirichlet.

Dans cet exemple, on s'intéresse aux séries de terme général égal à $\frac{a_n}{n^s}$, *où* $(a_n)_{n\in\mathbb{N}^*}$ *est une suite complexe et* s *est une variable complexe.*

On définit l'abscisse de convergence simple σ_c *et l'abscisse de convergence absolue* σ_a *par*

$$\sigma_c = \inf\left\{ x \in \mathbb{R} \,\middle|\, \text{la série } \sum \frac{a_n}{n^x} \text{ converge} \right\}$$

et

$$\sigma_a = \inf\left\{ x \in \mathbb{R} \,\middle|\, \text{la série } \sum \frac{|a_n|}{n^x} \text{ converge} \right\}.$$

On a alors les résultats suivants.

i) Si $\sigma_c = +\infty$ *(respectivement* $\sigma_a = +\infty$*), alors la série* $\sum \frac{a_n}{n^s}$ *ne converge (respectivement ne converge absolument) pour aucun complexe* s.

ii) Si $\sigma_c = -\infty$ *(respectivement* $\sigma_a = -\infty$*), alors la série* $\sum \frac{a_n}{n^s}$ *converge (respectivement converge absolument) pour tout complexe* s.

iii) Si $\sigma_c \in \mathbb{R}$ (respectivement $\sigma_a \in \mathbb{R}$), alors la série $\sum \frac{a_n}{n^s}$ converge (respectivement converge absolument) pour tout complexe s vérifiant $\Re(s) > \sigma_c$ (respectivement $\Re(s) > \sigma_a$) et diverge (respectivement ne converge pas absolument) pour tout complexe s tel que $\Re(s) < \sigma_c$ (respectivement $\Re(s) < \sigma_a$) `QZ pp 23 - 24`.

v) On a $\sigma_c \leqslant \sigma_a \leqslant \sigma_c + 1$, les inégalités obtenues étant optimales `QZ p 24`.

vi) Si la série $\sum \frac{a_n}{n^{z_0}}$ converge, alors la série $\sum \frac{a_n}{n^z}$ converge uniformément sur $S(z_0, \varphi) = \left\{ z \in C \;\middle|\; \Re(z) \geqslant \Re(z_0) \text{ et } |z - z_0| \leqslant \frac{\Re(z - z_0)}{\cos\varphi} \right\}$ où l'on a $0 \leqslant \varphi < \frac{\pi}{2}$ `MVT p 16`.

vii) La série des facultés $\sum \frac{a_n n!}{z \ldots (z+n)}$ converge en tout $z \in \mathbb{C} \setminus \mathbb{Z}^-$ tel que $\sum \frac{a_n}{n^z}$ converge. Réciproquement, si la série des facultés converge, alors la série de Dirichlet associée converge `K p 446`.

Exemple 3 : la série trigonométrique $\sum \frac{\sin(nt)}{\log n}$ converge pour tout $t \in \mathbb{R}$, mais ce n'est pas une série de Fourier `QZ p 117`.

Exemple 4 : la série alternée $\sum (-1)^n \frac{x}{x^2 + n^2}$ converge uniformément sur $\mathbb{R}^+$ mais ne converge pas normalement sur $\mathbb{R}^+$ `Gdy p 227`.

B) Etude de la régularité

1) Dérivabilité et holomorphie

Exemple 5 : la fonction de Weierstrass.

Soit m un entier pair $\geqslant 6$. La série $\sum \frac{\cos(m^n t)}{2^n}$ converge pour tout $t \in \mathbb{R}$. Notons $W(t)$ sa somme. Alors W est continue sur $\mathbb{R}$, dérivable en aucun point de $\mathbb{R}$ et monotone sur aucun intervalle d'intérieur non vide `RODx2 p 58`.

Exemple 6 : les séries de Dirichlet.

Soit $\sum \frac{a_n}{n^s}$ une série de Dirichlet telle que $\sigma_c < +\infty$. Alors sa somme est holomorphe dans l'ouvert $\Re(s) > \sigma_c$. En particulier, la fonction ζ de Riemann définie par $\zeta(s) = \sum_{n=1}^{\infty} \frac{1}{n^s}$ est holomorphe dans l'ouvert $\Re(s) > 1$ `QZ pp 20 - 25`.

2) Développement en série entière

Exemple 7 : pour $a \in]-1, 1[$, on peut définir $f(t) = \sum_{n=0}^{\infty} \sin(a^n t)$ pour tout réel t. Alors f est développable en série entière `MVT p 86`.

Exemple 8 : la série de Taylor associée à l'application infiniment dérivable $g : \mathbb{R} \longrightarrow \mathbb{R},\ x \longmapsto \sum_{n=0}^{\infty} e^{-n}\sin(n^2x)$ a un rayon de convergence nul R p 94.

C) Comportement au voisinage de certains points

1) Limite

Exemple 9 :

On a $\lim_{x\to+\infty} \zeta(x) = 1$ Gdy p 278.

Théorème 1 : le théorème d'Abel.

Soit $\sum a_n z^n$ une série entière de rayon de convergence $R \geqslant 1$ telle que la série $\sum a_n$ converge.

Notons f la somme de cette série sur le disque ouvert de convergence.

Alors $\lim\limits_{\substack{z\to 1\\ z\in\Delta_{\theta_0}}} f(z) = \sum_{n=0}^{\infty} a_n$ *où* $0 \leqslant \theta_0 < \dfrac{\pi}{2}$ *et*

$$\Delta_{\theta_0} = \left\{ z \in \mathbb{C} \;\middle|\; |z| < 1 \text{ et } \exists\rho \in]0, \cos\theta_0],\ \exists\theta \in [-\theta_0, \theta_0],\ z = 1 - \rho e^{i\theta} \right\}$$

Gdy p 249.

Application 1 : pour $t \in]0, 2\pi[$, on a $\displaystyle\sum_{n=1}^{\infty} \frac{\sin(nt)}{n} = \frac{\pi - t}{2}$ QZ p 43.

2) Equivalent

Exemple 10 :

Soit $f : \mathbb{R}^+ \longrightarrow \mathbb{R}$ décroissante non identiquement nulle et telle que l'intégrale $\int_0^{+\infty} f(x)\,dx$ converge.

Alors pour $x > 0$, la série $\sum f(nx)$ converge et

$$\sum_{n=1}^{\infty} f(nx) \underset{x\to 0^+}{\sim} \frac{1}{x}\int_0^{+\infty} f(t)\,dt$$

Gdy p 154.

Application 2 : on a $\displaystyle\sum_{n=1}^{\infty} x^{n^2} \underset{x\to 1^-}{\sim} \frac{\sqrt{\pi}}{2\sqrt{1-x}}$ Gdy p 154.

3) Développement asymptotique

Exemple 11 :

On a $\zeta(x) = \dfrac{1}{x-1} + \gamma + \underset{x\to 1,\ ,x>1}{o}(1)$ Gdy p 278.

D) Autres études possibles

1) Relation fonctionnelle sur la fonction Θ de Jacobi

Exemple 12 :

La série $\sum_{n\in\mathbb{Z}} x^{n^2}$ *converge pour tout* $x \in]-1,1[$. *Notons* $\Theta(x)$ *sa somme.*
Alors, pour tout $s > 0$, $\sqrt{s}\Theta(e^{-s\pi}) = \Theta(e^{\frac{-\pi}{s}})$ [Gdy p 270].

2) Compléments sur la fonction exponentielle

Théorème 2 :

L'application $t \longmapsto \exp(it)$ *est un homomorphisme continu, surjectif, du groupe additif* $(\mathbb{R},+)$ *sur le groupe multiplicatif* $(\mathbb{U},\times)$ *des nombres complexes de module* 1.
Cet homomorphisme est non injectif : son noyau est $\alpha\mathbb{Z}$ *où* $\alpha \in \mathbb{R}^+$ *est le plus petit élément de* $\{t \in \mathbb{R}_*^+ \mid \exp(it) = 1\}$ [AF1 p 226].

Application 3 : on pose alors $\pi = \inf\{t \in \mathbb{R}_*^+ \mid \exp(2it) = 1\}$ [AF1 p 226].

3) Compléments sur la fonction ζ

Exemple 13 :

Pour $\Re e(z) > 1$, *on a les relations suivantes :*
i) $\zeta(z) = \prod_{p\in\mathcal{P}} \frac{1}{1-p^{-z}}$ *où* $\mathcal{P}$ *désigne l'ensemble des nombres premiers ;*
ii) $\zeta(z) \neq 0$ *et* $\frac{1}{\zeta(z)} = \sum_{n=1}^{\infty} \frac{\mu(n)}{n^z}$ *où* μ *désigne la fonction de Möbius ;*
iii) $\zeta^2(z) = \sum_{n=1}^{\infty} \frac{\tau_n}{n^z}$ *où* τ_n *désigne le nombre de diviseurs de* n [K p 446].
iv) Ci-après se trouve l'allure du graphe de la fonction $\zeta :]1,+\infty[\longrightarrow \mathbb{R}$.

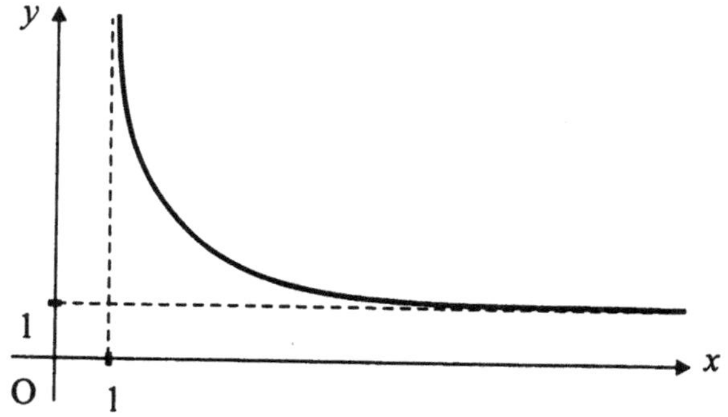

Remarques :

• Il faut bien noter que le titre de la leçon est : *exemples d'étude de fonctions définies par une série*, et non *exemples de fonctions définies par une série* ; aussi faut-il présenter ici différentes *études* possibles, comme le mode de convergence d'une série, la régularité de la somme, un équivalent de la somme... en bref, tout ce qui peut être étudié sur une fonction.

• Bien évidemment, les exemples cités ci-dessus ne sont pas des passages obligés : toutefois, la fonction exponentielle et la fonction ζ de Riemann sont des exemples intéressants car ils donnent lieu à des études variées.

QUESTIONS :

• *Soit (a_n) la suite définie par : pour tout entier $n \in \mathbb{N}$, a_n est la $n-$ème décimale dans le développement de $\sqrt{2}$. Quel est le rayon de convergence R de la série entière $\sum a_n x^n$? Que vaut $\sum_{n=0}^{\infty} a_n \frac{1}{10^n}$?*

Comme $0 \leqslant a_n \leqslant 9$ et comme la série entière $\sum x^n$ a un rayon de convergence égal à 1, on a $R \geqslant 1$.

Mais (a_n) ne tend pas vers 0 en ∞. En effet, si l'on avait $\lim_{n\to\infty} a_n = 0$, a_n serait, à partir d'un certain rang, constamment égal à 0, puisque pour tout $n \in \mathbb{N}$, $a_n \in \mathbb{N}$. Par conséquent, $\sum a_n$ diverge. Ainsi, $R \leqslant 1$.
Finalement, les deux inégalités obtenues donnent $R = 1$.
Comme $0 \leqslant \frac{1}{10} < 1$, la série $\sum a_n \frac{1}{10^n}$ converge. Notons S la somme de cette série. On a $S = a_0, a_1 a_2 a_3 \ldots$, soit, par définition de la suite (a_n), $S = \sqrt{2}$.

• *Donner un équivalent, lorsque x tend vers 1 par valeurs inférieures, de la fonction $f : [0,1[\longrightarrow \mathbb{R},\ x \longmapsto \sum_{n=1}^{\infty} \frac{x^n}{1-x^n}$.*

Posons, pour $x \in]0,1[$, $g(x) = (1-x)f(x)$. On a ainsi $g(x) = \sum_{n=1}^{\infty} \frac{x^n}{S_n(x)}$, où $S_n(x) = \sum_{k=1}^{n-1} x^k$.

> On va alors voir que $g(x) \underset{x\to 1,\, x<1}{\sim} \sum_{n=1}^{\infty} \frac{x^n}{n} = -\log(1-x)$.

Posons, pour $x \in]0,1[$, $\ell(x) = -\log(1-x)$. Soit donc $x \in]0,1[$. On a

$$0 \leqslant n - S_n(x) = \sum_{k=0}^{n-1} (1-x^k) = (1-x)\sum_{k=1}^{n-1} S_k(x) \leqslant (1-x)\sum_{k=1}^{n-1} S_n(x) \leqslant n(1-x)S_n(x).$$

Aussi, $0 \leqslant g(x) - \ell(x) = \sum_{n=1}^{\infty} \frac{n - S_n(x)}{nS_n(x)} x^n \leqslant \sum_{n=1}^{\infty} \frac{n(1-x)S_n(x)}{nS_n(x)} x^n = x \leqslant 1$.

Ainsi donc, $g(x) = \ell(x) + \underset{x\to 1,\, x<1}{O}(1)$, et finalement, $f(x) \underset{x\to 1,\, x<1}{\sim} \frac{\log(1-x)}{x-1}$.

L31 ♣ ♣

Séries entières : convergence, propriétés de la somme. Exemples.

DÉVELOPPEMENTS : D46 - D47

BIBLIOGRAPHIE : [Gdy] [MVT] [P] [Pr4] [QZ]

A) Généralités

1) Définition

Définition 1 :

Une série entière est une série de fonctions de la forme $\sum a_n z^n$ où z est une variable complexe et (a_n) une suite complexe [Gdy p 233].

2) Le rayon de convergence

a) Définitions et conséquences immédiates

Proposition 1 : le lemme d'Abel.

Soit $\sum a_n z^n$ une série entière et z_0 un point de $\mathbb{C}$ tel que la suite $(a_n z_0^n)$ soit bornée. Alors
i) pour tout $z \in D_o(|z_0|) = \{z \in \mathbb{C} \mid |z| < |z_0|\}$, la série $\sum a_n z^n$ est absolument convergente ;
ii) pour tout $r \in]0, |z_0|[$, la série de fonctions $\sum a_n z^n$ converge normalement dans $D_f(r) = \{z \in \mathbb{C} \mid |z| \leqslant r\}$ [Gdy p 233].

Définition 2 :

On appelle rayon de convergence de la série entière $\sum a_n z^n$ l'élément R de $\mathbb{R}^+ \cup \{+\infty\}$ défini par $R = \sup\{r \in \mathbb{R}^+ \mid$ la suite $(a_n r^n)$ soit bornée$\}$.
L'ensemble $D_o(R)$ est alors appelé disque ouvert de convergence [Gdy p 234].

Oralement, on pourra donner d'autres définitions, équivalentes, du rayon de convergence, comme, par exemple :

$$R = \sup\left\{ |z| \;\middle|\; z \in \mathbb{C} \text{ et la série } \sum |a_n||z|^n \text{ converge} \right\};$$

$$R = \sup\left\{ |z| \;\middle|\; z \in \mathbb{C} \text{ et la série } \sum a_n z^n \text{ converge} \right\};$$

$$R = \sup\left\{ |z| \;\middle|\; z \in \mathbb{C} \text{ et } \lim_{n\to\infty} a_n z^n = 0 \right\}.$$

> D'après le lemme d'Abel, on soulignera oralement que
> $i)$ pour tout $z \in D_o(R)$, la série $\sum a_n z^n$ converge absolument ;
> $ii)$ pour tout $z \in \mathbb{C} \setminus D_f(R)$, la série $\sum a_n z^n$ diverge.

Propriété 1 :

Soit $\sum a_n z^n$ une série entière de rayon de convergence R. Alors la série de fonctions $\sum a_n z^n$ converge normalement sur tout compact contenu dans $D_o(R)$ P p 216.

> On insistera oralement sur les faits suivants :
> $i)$ si $\sum a_n z^n$ est une série entière de rayon de convergence $R \in \mathbb{R}^+$, il n'y a pas, en général, convergence uniforme de la série $\sum a_n z^n$ sur $D_o(R)$, comme le prouve la série $\sum \frac{z^n}{n}$;
> $ii)$ si $\sum a_n z^n$ est une série entière de rayon de convergence R infini, il n'y a pas, en général, convergence uniforme de la série $\sum a_n z^n$ sur $\mathbb{C}$ P p 216.

b) Détermination pratique du rayon de convergence

Exemple 1 : pour tout entier n, on appelle a_n la $n-$ème décimale de π. Alors, le rayon de convergence de la série entière $\sum a_n z^n$ est égal à 1 P p 217.

Exemple 2 : la série $\sum \frac{\sin n}{n}$ étant semi-convergente, le rayon de convergence de la série entière $\sum \frac{\sin n}{n} z^n$ est égal à 1 P p 217.

Exemple 3 : une comparaison de fonctions montre que le rayon de convergence de la série entière $\sum(1 - \tanh n)z^n$ est égal à e^2 P p 217.

Proposition 2 : la règle de D'Alembert.

Soit $\sum a_n z^n$ une série entière de rayon de convergence R.
Si $\lim\limits_{n\to\infty} \left| \frac{a_{n+1}}{a_n} \right| = r \in \mathbb{R}^+ \cup \{+\infty\}$ alors $R = \frac{1}{r}$ Gdy p 234.

> On précisera oralement qu'on a bien-sûr convenu $\frac{1}{0} = +\infty$ et $\frac{1}{+\infty} = 0$.

Exemple 4 : la série entière $\sum \frac{z^n}{n!}$ a un rayon de convergence infini Gdy p 234.

Proposition 3 : la formule de Cauchy-Hadamard.

Soit $\sum a_n z^n$ une série entière. Alors son rayon de convergence est égal à
$$\frac{1}{\limsup\limits_{n\to\infty} | a_n |^{\frac{1}{n}}}$$
Gdy p 234.

> On pourra signaler que la formule de Cauchy-Hadamard est plus forte que la règle de D'Alembert.

Exemple 5 : la série entière $\sum \operatorname{ch}\left(\frac{1}{n}\right) z^n$ a un rayon de convergence égal à 1 [P p 217].

3) Opérations sur les séries entières

Proposition 4 :

Soit $\lambda \in \mathbb{C}^*$. Alors les deux séries entières $\sum a_n z^n$ et $\sum (\lambda a_n) z^n$ ont même rayon de convergence [Pr4 p 52].

Proposition 5 :

Soit $\sum a_n z^n$ (respectivement $\sum b_n z^n$) une série entière de rayon R_a (respectivement R_b).
Alors la série entière $\sum (a_n + b_n) z^n$ a un rayon de convergence R_s vérifiant $R_s \geqslant \min(R_a, R_b)$.
De plus, pour tout $z \in D_o(R_a) \cap D_o(R_b)$, on a

$$\sum_{n=0}^{\infty} (a_n + b_n) z^n = \sum_{n=0}^{\infty} a_n z^n + \sum_{n=0}^{\infty} b_n z^n$$

[Gdy p 235].

> En conservant les notations ci-dessus, on signalera que si $R_a \neq R_b$, alors $R_s = \min(R_a, R_b)$.
> En revanche, si les deux rayons R_a et R_b sont égaux, la minoration obtenue, à savoir $R_s = \min(R_a, R_b) = R_a$, ne peut pas être, *a priori*, améliorée. Il suffit de considérer, par exemple, les deux séries entières $\sum z^n$ et $\sum -z^n$.
> Toutefois, si les deux séries entières sont telles que pour tout entier n, $a_n b_n = 0$, alors $R_s = \min(R_a, R_b) = R_a$ [Pr4 p 53].

Exemple 6 : si (a_n) est une suite de $\mathbb{R}_*^+$ vérifiant $\lim\limits_{n \to \infty} \frac{a_{n+2}}{a_n} = 3$ alors la série entière $\sum a_n z^n$ a un rayon de convergence égal à $\frac{1}{\sqrt{3}}$ [P p 218].

Proposition 6 :

Soit $\sum a_n z^n$ (respectivement $\sum b_n z^n$) une série entière de rayon R_a (respectivement R_b). Pour tout entier n, on définit $p_n = \sum\limits_{k=0}^{n} a_k b_{n-k}$. Alors la série entière $\sum p_n z^n$ a un rayon de convergence R_p vérifiant $R_p \geqslant \min(R_a, R_b)$.
De plus, pour tout $z \in D_o(R_a) \cap D_o(R_b)$, on a

$$\sum_{n=0}^{\infty} p_n z^n = \left(\sum_{n=0}^{\infty} a_n z^n\right)\left(\sum_{n=0}^{\infty} b_n z^n\right)$$

[Gdy p 235].

> Les deux séries entières $1 - z$ et $\sum z^n$ montrent que la minoration précédente peut être stricte.

B) Propriétés de la somme

Dans cette section, on considère une série entière $\sum a_n z^n$ de rayon de convergence $R > 0$. De plus, on définit les deux applications $s : D_o(R) \longrightarrow \mathbb{C},\ z \longmapsto \sum_{n=0}^{\infty} a_n z^n$ et $f :]-R, R[\longrightarrow \mathbb{C},\ x \longmapsto \sum_{n=0}^{\infty} a_n x^n$

1) Continuité

Théorème 1 :

L'application s est continue Gdy p 235.

Application 1 : le principe des zéros isolés.

Supposons qu'il existe une suite (α_n) de complexes non nuls convergeant vers 0 et telle que pour tout entier n, $s(\alpha_n) = 0$.
Alors, pour tout $n \in \mathbb{N}$, $a_n = 0$ Gdy p 236.

2) Dérivabilité par rapport à la variable réelle

Théorème 2 :

Soit $p \in \mathbb{N}$.
Alors le rayon de convergence de la série dérivée d'ordre p, à savoir la série $\sum (n+1)\ldots(n+p)a_{n+p}z^n$, est aussi égal à R.
De plus, $f \in \mathcal{C}^\infty(]-R,R[,\mathbb{C})$ avec

$$\forall p \in \mathbb{N},\ \forall x \in]-R,R[,\ f^{(p)}(x) = \sum_{n=0}^{\infty} (n+1)\ldots(n+p)\, a_{n+p}\, x^n.$$

Enfin, pour tout $n \in \mathbb{N}$, $a_n = \dfrac{f^{(n)}(0)}{n!}$ Gdy p 236.

3) Intégrabilité

Théorème 3 :

Si $[\alpha, \beta]$ est un segment inclus dans $]-R, R[$ alors f est intégrable sur $[\alpha, \beta]$ avec $\displaystyle\int_\alpha^\beta f(x)\,\mathrm{d}x = \sum_{n=0}^{\infty} \frac{a_n}{n+1}(\beta^{n+1} - \alpha^{n+1})$ P p 222.

4) Analycité

Théorème 4 :

Soit $z_0 \in D_o(R)$.
Alors il existe $r \in [R - |z_0|, +\infty[$ et une suite complexe (α_n) tels que $s(z_0 + u) = \sum_{n=0}^{\infty} \alpha_n u^n$ pour tout $u \in D_o(r)$.
En d'autres termes, l'application s est analytique sur $D_o(R)$ MVT p 88.

5) Deux compléments

Théorème 5 : la formule de Cauchy.

Pour tout $r \in]0, R[$ et pour tout $n \in \mathbb{N}$, on a

$$2\pi r^n a_n = \int_0^{2\pi} s(re^{i\theta})e^{-in\theta}\, d\theta$$

Gdy p 237.

Application 2 : le théorème de Liouville.

Si $R = +\infty$ et si l'application s est bornée sur $\mathbb{C}$ alors s est constante.

Théorème 6 : l'égalité de Parseval.

Pour tout $r \in]0, R[$, la série $\sum |a_n|^2 r^{2n}$ est convergente avec

$$\sum_{n=0}^{\infty} |a_n|^2 r^{2n} = \frac{1}{2\pi}\int_0^{2\pi} |s(re^{i\theta})|^2\, d\theta$$

Gdy p 237.

Application 3 : si $R \geqslant 1$, si s est bornée sur $D_o(1)$ et si, pour tout entier n, $a_n \in \mathbb{Z}$, alors s est une fonction polynôme Gdy p 251.

C) Etude du comportement au bord du disque

1) Autour du théorème d'Abel

Théorème 7 :

Soit $\sum a_n z^n$ une série entière de rayon de convergence $R \geqslant 1$ telle que la série $\sum a_n$ converge.
Notons $f(z)$ la somme de cette série sur $D_o(R)$.

Alors $\displaystyle\lim_{\substack{z\to 1\\ z\in\Delta_{\theta_0}}} f(z) = \sum_{n=0}^{\infty} a_n$ où $0 \leqslant \theta_0 < \dfrac{\pi}{2}$ et

$$\Delta_{\theta_0} = \left\{ z \in \mathbb{C} \;\middle|\; |z| < 1 \text{ et } \exists \rho \in]0, \cos\theta_0],\ \exists \theta \in [-\theta_0, \theta_0],\ z = 1 - \rho e^{i\theta} \right\}$$

Gdy p 249.

Application 4 : $\displaystyle\sum_{n=1}^{\infty} \frac{(-1)^{n-1}}{n} = \log 2$ Gdy p 250.

> **Extrait du rapport du jury 1996**
>
> *Beaucoup de candidats, après avoir exposé le théorème d'Abel sur la convergence uniforme dans un domaine angulaire, sont incapables de déterminer la somme de la série de terme général* $\dfrac{(-1)^n}{n}$.

Application 5 : pour tout $t \in]0, 2\pi[$, $\displaystyle\sum_{n=1}^{\infty} \frac{\sin(nt)}{n} = \frac{\pi - t}{2}$ [QZ p 43].

Théorème 8 : un théorème taubérien faible.

Soit $\sum a_n z^n$ une série entière de rayon de convergence 1 et $f(z)$ la somme de cette série sur $D_o(1)$. On suppose
i) l'existence d'un complexe S tel que $\displaystyle\lim_{x \to 1,\ x<1} f(x) = S$;
ii) $\displaystyle\lim_{n \to \infty} n a_n = 0$.
Alors la série $\sum a_n$ converge, sa somme étant égale à S [Gdy p 251].

2) Un théorème de comparaison

Théorème 9 :

Soit $\sum a_n x^n$ et $\sum b_n x^n$ deux séries entières de rayon de convergence supérieur ou égal à 1.
On suppose de plus que pour tout entier n, $b_n > 0$ et que la série $\sum b_n$ est divergente.
Pour tout $p \in \mathbb{N}$, notons $A_p = \displaystyle\sum_{k=0}^{p} a_k$ et $B_p = \displaystyle\sum_{k=0}^{p} b_k$.
S'il existe $\ell \in \mathbb{C}$ tel que $\displaystyle\lim_{n \to \infty} \frac{a_n}{b_n} = \ell$ ou $\displaystyle\lim_{n \to \infty} \frac{A_n}{B_n} = \ell$ alors

$$\sum_{n=0}^{\infty} a_n x^n \underset{x \to 1,\ x<1}{\sim} \ell \left(\sum_{n=0}^{\infty} b_n x^n \right)$$

[Gdy p 243].

Application 6 : si $\alpha \in \mathbb{N}$ avec $\alpha \geqslant 2$ alors $\displaystyle\sum_{n=0}^{\infty} x^{\alpha^n} \underset{x \to 1,\ x<1}{\sim} -\frac{\log(1-x)}{\log \alpha}$ [Gdy p 243].

REMARQUES :

- Comme dans toute leçon sur les séries, on s'attachera ici à ne pas confondre la série entière et la somme de sa série.
- Même si aucun des deux développements proposés n'étudie la dérivabilité de la fonction somme f, il est bon de connaître le principe de la démonstration.
- On peut choisir de développer la dérivabilité par rapport à la variable complexe, mais dans ce cas, des connaissances solides sur les fonctions holomorphes et analytiques sont indispensables.
- Il n'est peut-être pas nécessaire de consacrer un paragraphe à l'intégration, celle-ci étant immédiate.
- Le développement en série entière n'a pas à être mentionné dans cette leçon.

QUESTIONS :

• *Soit $\sum a_n z^n$ une série entière de rayon $R > 0$. Montrer que le rayon R_1 de la série entière $\sum \frac{a_n}{n!} z^n$ est infini.*

Soit $z_0 \in \mathbb{C}$ et $r \in]0, R[$. Par définition du rayon de convergence, il existe $M \in \mathbb{R}^+$ tel que, pour tout $n \in \mathbb{N}$, $|a_n| r^n \leqslant M$. On a alors

$$\forall n \in \mathbb{N}, \quad \frac{|a_n z_0{}^n|}{n!} \leqslant |a_n| r^n \left(\frac{|z_0|}{r}\right)^n \frac{1}{n!} \leqslant M \left(\frac{|z_0|}{r}\right)^n \frac{1}{n!}.$$

Mais la série entière $\sum \frac{z^n}{n!}$ a un rayon de convergence infini. Ainsi, il existe une constante positive C telle que pour tout $n \in \mathbb{N}$, $\left(\frac{|z_0|}{r}\right)^n \frac{1}{n!} \leqslant C$ et finalement, pour tout $n \in \mathbb{N}$, $\frac{|a_n z_0{}^n|}{n!} \leqslant MC$.

Bref, pour tout $z \in \mathbb{C}$, la suite $\left(\frac{a_n z^n}{n!}\right)$ est bornée, d'où le résultat : $R_1 = +\infty$.

• *Soit $\sum a_n z^n$ une série entière de rayon $R > 0$. Montrer que le rayon R_2 de la série entière $\sum a_n^2 z^n$ est égal à R^2.*

Soit $r \in]0, R^2[$. Par définition du rayon de convergence, il existe $M \in \mathbb{R}^+$ tel que pour tout $n \in \mathbb{N}$, $|a_n| \sqrt{r^n} \leqslant M$. Ainsi, $|a_n{}^2| r^n \leqslant M^2$ et la suite $(a_n^2 r^n)$ est bornée donc $R_2 \geqslant R^2$.

Maintenant, si $r > R^2$, la suite $(a_n \sqrt{r^n})$ ne tend pas vers zéro : il en est donc de même de la suite $(a_n^2 r^n)$, ce qui prouve finalement que

$$R_2 = R^2.$$

> Il est à noter que la formule de Cauchy-Hadamard amène le résultat très rapidement.

L32 ♣ ♣

Développement d'une fonction en série entière. Exemples et applications.

DÉVELOPPEMENTS : D45 - D48

BIBLIOGRAPHIE : [ADF] [AF2] [Ch] [Ct] [Gdy] [K] [LS3] [LS4] [MVT] [R] [RODx2]

A) Généralités

1) Définition et première conséquence

Définition 1 :

Une fonction f de la variable réelle ou complexe, à valeurs complexes, définie dans un voisinage de zéro, est développable en série entière sur un voisinage de zéro si, sur ce voisinage, f coïncide avec la somme d'une série entière de rayon de convergence non nul [Gdy p 237].

> On précisera oralement que dans cette leçon, la variable sera uniquement réelle.

Conséquence 1 :

Soit I un intervalle de $\mathbb{R}$ contenant un voisinage de 0 et $f : I \longrightarrow \mathbb{C}$ une application.
Si f est développable en série entière sur un voisinage de zéro V_0 alors f est de classe $\mathcal{C}^\infty$ sur V_0 [Gdy p 236].

> On insistera oralement sur le fait qu'une application f soit de classe $\mathcal{C}^\infty$ est une condition nécessaire pour que f soit développable en série entière, mais cette condition est loin d'être suffisante, comme le prouvent les deux remarques ci-après.
>
> *i*) Il existe des fonctions $f \in \mathcal{C}^\infty(\mathbb{R}, \mathbb{R})$ telle que leur série de Taylor associée $\sum_{n \geqslant 0} \frac{f^{(n)}(0)}{n!} x^n$ converge vers une autre fonction que la fonction f initiale.
>
> *ii*) Il existe des fonctions $g \in \mathcal{C}^\infty(\mathbb{R}, \mathbb{R})$ telle que leur série de Taylor associée $\sum_{n \geqslant 0} \frac{g^{(n)}(0)}{n!} x^n$ ait un rayon de convergence nul.

2) Une condition nécessaire et suffisante de développement en série entière

Théorème 1 :

Soit I un intervalle de $\mathbb{R}$ contenant un voisinage de 0 et $f \in \mathcal{C}^\infty(I, \mathbb{C})$.
Pour tout $n \in \mathbb{N}$ et pour tout $x \in I$, on définit $R_n(x) = f(x) - \sum_{k=0}^{n} \frac{f^{(k)}(0)}{k!} x^k$.
Alors f est développable en série entière si et seulement si il existe $r > 0$ telle que la suite de fonctions (R_n) converge simplement vers 0 sur $]-r, r[$ Gdy p 238.

3) Des conditions suffisantes de développement en série entière

Théorème 2 :

Soit $R > 0$ et $f \in \mathcal{C}^\infty(]-R, R[, \mathbb{C})$.
Si f vérifie la proposition suivante

$$\exists r > 0,\ \exists K > 0,\ \exists \delta > 0,\ \forall n \in \mathbb{N},\ \forall x \in]-r, r[,\ |f^{(n)}(x)| \leqslant K n!\ \delta^n$$

alors f est développable en série entière MVT pp 86 - 128.

Théorème 3 :

Soit $f \in \mathcal{C}^\infty(\mathbb{R}, \mathbb{R})$. On suppose qu'il existe $M \in \mathbb{R}^+$ tel que

$$\forall x \in \mathbb{R},\ \forall n \in \mathbb{N},\ |f^{(n)}(x)| \leqslant M.$$

Alors f est développable en série entière de rayon de convergence infini MVT p 125.

> ▲ Attention : MVT ne fait qu'utiliser cette propriété. Grâce au théorème 1, la démonstration est en effet évidente.

Théorème 4 : le théorème de Bernstein pour les séries entières.

Soit $a > 0$ et soit $f \in \mathcal{C}^\infty(]-a, a[, \mathbb{R})$ telle que pour tout $p \in \mathbb{N}$ et pour tout $x \in]-a, a[$, $f^{(2p)}(x) \geqslant 0$.
Alors f est développable en série entière sur $]-a, a[$ Gdy p 248.

> On mentionnera oralement que la dérivée de l'application tan vérifie les hypothèses du théorème de Bernstein : aussi l'application tan est-elle développable en série entière.
> Les coefficients du développement en série entière seront donnés à l'exemple 14.

B) Exemples importants de développement en série entière

Exemple 1 : pour tout $x \in]-1, 1[$, $\frac{1}{1-x} = \sum_{n \geqslant 0} x^n$ Gdy p 239.

Exemple 2 : pour tout $x \in \mathbb{R}$, $\exp x = \sum_{n \geqslant 0} \frac{x^n}{n!}$ Gdy p 239.

On précisera oralement que la fonction exponentielle est définie ici comme la bijection réciproque de la fonction logarithme.

Exemple 3 : pour tout $x \in \mathbb{R}$, $\sin x = \sum_{n \geqslant 0} (-1)^n \frac{x^{2n+1}}{(2n+1)!}$ Gdy p 239.

Exemple 4 : pour tout $x \in \mathbb{R}$, $\operatorname{ch} x = \sum_{n \geqslant 0} \frac{x^{2n}}{(2n)!}$ Gdy p 239.

On précisera oralement que le développement en série entière ci-dessus est obtenu comme combinaison linéaire de deux développements en série entière.

Exemple 5 : pour tout $x \in]-1,1[$, $\frac{1}{(1-x)^p} = \sum_{n \geqslant p-1} C_n^{p-1} x^{n-p+1}$ Gdy p 237.

On précisera oralement que le développement en série entière ci-dessus est obtenu par dérivations successives de la somme d'une série entière.

Exemple 6 : pour tout $x \in]-1,1[$, $\log(1+x) = \sum_{n \geqslant 1} (-1)^{n-1} \frac{x^n}{n}$ Gdy p 239.

On précisera oralement que le développement en série entière ci-dessus est obtenu par intégration de la somme d'une série entière.
D'autre part, on mettra en avant le fait que les deux exemples suivants sont obtenus à partir d'une équation différentielle.

Exemple 7 : pour tout $\alpha \in \mathbb{R}$ et pour tout $x \in]-1,1[$, on a le développement $(1+x)^\alpha = \sum_{n \geqslant 0} \frac{\alpha \ldots (\alpha - n + 1)}{n!} x^n$ R p 100.

On pourra alors signaler, oralement, que le développemnt en série entière ci-dessus permet, par exemple, d'obtenir le développement en série entière des fonctions arcsin et arccos.

Exemple 8 : soit la fonction de Bessel définie par :

$$\forall x \in \mathbb{R}, \quad J_0(x) = \int_0^{\frac{\pi}{2}} \cos(x \sin t)\, dt.$$

Alors, pour tout $x \in \mathbb{R}$, $J_0(x) = \sum_{n \geqslant 0} (-1)^n \frac{x^{2n}}{4^n (n!)^2}$ MVT pp 93 - 149.

C) Autres exemples

1) Développement en série entière d'une fraction rationnelle

Théorème 5 :

Soit $F \in \mathbb{C}(X)$ une fraction rationnelle n'ayant pas zéro pour pôle.
Notons $(\alpha_i)_{i=1\dots n}$ l'ensemble de ses pôles.
Alors F est développable en série entière sur $]-R, R[$ où $R = \min_{i=1\dots n} |\alpha_i|$ Gdy p 237.

Exemple 9 : pour $t \in]-1,1[$, $\dfrac{\sin x}{1 - 2t\cos x + t^2} = \sum_{n\geqslant 1} \sin(nx)t^{n-1}$ LS3 p 75.

2) Exemples obtenus à partir d'un calcul direct

Exemple 10 : soit $a \in]-1,1[$.

Alors, pour tout $t \in \mathbb{R}$, on a $\sum_{p\geqslant 0} \sin(a^p t) = \sum_{k\geqslant 0} \dfrac{(-1)^k}{(2k+1)!} \dfrac{t^{2k+1}}{1-a^{2k+1}}$ MVT p 86.

Exemple 11 : si Γ désigne la fonction Gamma d'Euler, pour tout $x \in]-1,1[$,
$\Gamma(1+x) = \sum_{n\geqslant 0} \dfrac{1}{n!}\left(\int_0^{+\infty} e^{-t}(\log t)^n \, \mathrm{d}t\right) x^n$ AF2 p 667.

3) Le produit de fonctions développables en séries entières est développable en série entière.

Exemple 12 : pour $n \in \mathbb{N}$, on définit

$$p_n = \operatorname{card}\{(\alpha_1, \dots, \alpha_n) \in N^n \mid \alpha_1 + \dots + \alpha_n = n\}.$$

Alors, pour tout $t \in]-1,1[$, $\prod_{n\geqslant 1} \dfrac{1}{1-t^n} = 1 + \sum_{n\geqslant 1} p_n t^n$ AFx3 p 29.

4) Si f est développable en série entière telle que $f(0) \neq 0$ alors $\frac{1}{f}$ est développable en série entière Gdy p 249

Exemple 13 : il existe des constantes $(b_n)_{n\in\mathbb{N}}$, appelées nombres de Bernoulli, telles que, pour x assez proche de 0, $\dfrac{1}{1 + \frac{x}{2!} + \frac{x^2}{3!} + \dots} = \sum_{n\geqslant 0} \dfrac{b_n}{n!} x^n$ Gdy p 295.

Exemple 14 :

En conservant les notations précédentes, on a

$$\forall x \in \left]-\frac{\pi}{2}, \frac{\pi}{2}\right[, \ \tan x = \sum_{n\geqslant 1} (-1)^{n-1} \frac{2^{2n}}{(2n)!}(2^{2n}-1) b_{2n} x^{2n-1}$$

K p 204.

D) Applications

1) Etude de suites

Application 1 : soit une suite $(\alpha_n)_{n\in\mathbb{N}}$ telle que $(\alpha_0, \alpha_1) \in (\mathbb{R}_*^+)^2$ et pour tout $n \geqslant 1$, $\alpha_{n+1} = \alpha_n + \dfrac{\alpha_{n-1}}{n}$ alors $\lim\limits_{n\to\infty} \dfrac{\alpha_n}{n} = \alpha_0 + \dfrac{\alpha_1 - 2\alpha_0}{\mathrm{e}}$ [Ch p 166].

2) Dénombrement

Application 2 : il y a 21 façons de faire la monnaie de 100^F avec des pièces de 1^F, 5^F et 10^F [RODx2 p 95].

Application 3 : étude du problème du parenthésage de Catalan.

> *Si $P = X_1 \dots X_n$, on désigne par a_n le nombre de parenthésages différents dont on peut munir P afin de le calculer par des multiplications successives opérants sur deux facteurs adjacents.*
>
> *Alors* $a_n = \dfrac{1}{n} \mathrm{C}_{2n-2}^{n-1}$ [Ct p 64].

Application 4 : soit $n \in \mathbb{N}$. Si D_n est le nombre de partitions de $[\![1, n]\!]$ alors $D_n = \dfrac{1}{\mathrm{e}} \sum\limits_{k \geqslant 0} \dfrac{k^n}{k!}$ [MVT pp 94 - 152].

3) Calcul de sommes de séries

Application 5 : $\sum\limits_{n\geqslant 1} \dfrac{1}{n(2n+1)} = 2 - 2\log 2$ [RODx2 p 72].

4) Calculs d'intégrales

Application 6 : pour tout $a \in]-1, 1[$, $a \displaystyle\int_0^{\pi} \frac{x \sin x}{1 - 2a\cos x + a^2}\, \mathrm{d}x = \pi \log(1 + a)$ [LS3 p 94].

Application 7 : pour $n \in \mathbb{N}$, posons $I_n = \displaystyle\int_0^{+\infty} \mathrm{e}^{-t} (\log t)^n \,\mathrm{d}t$. Alors $I_1 = -\gamma$ et $I_2 = \gamma^2 + \dfrac{\pi^2}{6}$ où γ désigne la constante gamma d'Euler [AF2 p 666].

5) Etude d'une équations fonctionnelle

Application 8 : soit deux réels α et λ tels que $|\lambda| < 1$. Soit de plus $E = \{ f \in \mathcal{C}^1(\mathbb{R}, \mathbb{R}) \mid f'(x) = e^{\alpha x} f(\lambda x) \}$. Alors $\dim(E) = 1$ [MVT p 92].

6) Résolution d'une équation différentielle

Application 9 : sur $\mathbb{R}_*^+$, l'espace des solutions de l'équation différentielle homogène $xy'' + 2y' + \omega^2 xy = 0$ ($\omega \in \mathbb{R}^*$) est engendré par les deux applications f et g définies par $f : \mathbb{R}_*^+ \longrightarrow \mathbb{R}$, $x \longmapsto \dfrac{\sin(\omega x)}{x}$ et $g : \mathbb{R}_*^+ \longrightarrow \mathbb{R}$, $x \longmapsto \dfrac{\cos(\omega x)}{x}$ [LS4 p 48].

REMARQUES :

• Bien que cette leçon soit, en grande partie, une leçon d'exemples, il semble important de faire figurer initialement les exemples les plus classiques comme la fonction exponentielle, la fonction sinus... Pour la suite, les exemples dépenderont de l'expérience mathématique de chacun, mais ils seront organisés, si possible, autour de théorèmes généraux.

• Pour les applications, il est bon de couvrir des domaines très variés.

QUESTIONS :

• *Donner un exemple de fonction $f \in \mathcal{C}^{\infty}(\mathbb{R},\mathbb{R})$ telle que sa série de Taylor associée $\sum_{n\geqslant 0} \frac{f^{(n)}(0)}{n!}x^n$ converge vers une autre fonction que la fonction f initiale.*

Considérons l'application f définie sur $\mathbb{R}$ par : pour $x \leqslant 0$, $f(x) = 0$ et pour $x > 0$, $f(x) = \exp\left(\frac{-1}{x}\right)$. Alors f est de classe $\mathcal{C}^{\infty}$ et vérifie $f^{(n)}(0) = 0$ pour tout entier n.

> Nous ne redémontrerons pas ce résultat classique [Gdy p 75].

Il est alors clair que la série de Taylor associée à f converge pour tout réel x, la somme de cette série étant nulle.
Bref, f répond au problème posé.

• *Donner un exemple de fonction $g \in \mathcal{C}^{\infty}(\mathbb{R},\mathbb{R})$ telle que sa série de Taylor associée $\sum_{n\geqslant 0} \frac{g^{(n)}(0)}{n!}x^n$ ait un rayon de convergence nul.*

Considérons l'application g définie sur $\mathbb{R}$ par : pour tout réel x,

$$g(x) = \sum_{n\geqslant 0} \mathrm{e}^{-n} \sin(n^2 x).$$

On montre facilement que g est de classe $\mathcal{C}^{\infty}$ et que sa série de Taylor est $\sum_{k\geqslant 0} \frac{(-1)^k}{(2k+1)!}\left(\sum_{n\geqslant 0} \mathrm{e}^{-n} n^{4k+2}\right)x^{2k+1}$.
Puis en appliquant le théorème de Fubini, on montre que cette série n'est absolument convergente pour aucun $x \in \mathbb{R}^*$ puisque l'on a, pour $x > 0$, $\sum_{k\geqslant 0} \frac{1}{(2k+1)!}\left(\sum_{n\geqslant 0} \mathrm{e}^{-n} n^{4k+2}\right)x^{2k+1} = \sum_{n\geqslant 0} \mathrm{e}^{-n}\,\mathrm{sh}(n^2 x)$.

> Pour des calculs plus détaillés, on se reportera à [R p 94].

Finalement, la série entière $\sum \frac{g^{(n)}(0)}{n!}x^n$ a un rayon de convergence nul et l'application g répond au problème posé.

L33 ♣♣♣

Développement d'une fonction périodique en série de Fourier. Exemples et applications.

DÉVELOPPEMENTS : D49 - D50

BIBLIOGRAPHIE : [Gdy] [MVT] [QZ] [P]

Signalons tout d'abord que l'étude d'une fonction g d'une variable réelle à valeurs complexes, $T-$périodique, peut se ramener à l'étude d'une fonction f, $2\pi-$périodique : il suffit en effet de considérer $f : \mathbb{R} \longrightarrow \mathbb{K}$, $x \longmapsto g\left(\frac{T}{2\pi}x\right)$. Aussi l'exposé sera-t-il essentiellement axé sur les applications $2\pi-$périodiques [QZ p 68].

A) Généralités

1) Définitions et premières propriétés

Définition 1 :

On note $\mathcal{C}_{2\pi}$ le $\mathbb{C}-$espace vectoriel des applications d'une variable réelle à valeurs complexes, continues et $2\pi-$périodiques. On munit alors $\mathcal{C}_{2\pi}$ de la norme $\| \ \|_\infty$ [QZ p 68].

Définition 2 :

Pour $n \in \mathbb{Z}$, on définit l'élément e_n de $\mathcal{C}_{2\pi}$ par : $e_n : \mathbb{R} \longrightarrow \mathbb{C}$, $x \longmapsto e^{inx}$. On note alors $\mathcal{P} = \text{Vect}\,(e_n)_{n\in\mathbb{Z}}$: un élément de $\mathcal{P}$ est appelé polynôme trigonométrique [QZ p 68].

Définition 3 :

Pour $1 \leqslant p < +\infty$, on note $L^p_{2\pi}$ le $\mathbb{C}-$espace vectoriel des fonctions f d'une variable réelle à valeurs complexes, Lebesgue-mesurables, $2\pi-$périodiques et telles que $\| f \|_p < +\infty$ où

$$\| f \|_p = \frac{1}{2\pi}\left(\int_0^{2\pi} | f(t) |^p \, dt\right)^{\frac{1}{p}}$$

[QZ p 69].

> On signalera alors oralement que l'espace $L^2_{2\pi}$ est un espace de Hilbert pour le produit scalaire suivant : $\langle f, g\rangle = \frac{1}{2\pi}\int_0^{2\pi} f(t)\overline{g(t)}\,dt$, où f et g sont deux éléments de $L^2_{2\pi}$.

Propriété 1 :

La famille $(e_n)_{n\in\mathbb{Z}}$ est orthonormale dans $L^2_{2\pi}$ QZ p 69.

Définition 4 :

Soit $f \in L^1_{2\pi}$.
Pour $n \in \mathbb{Z}$, on définit les coefficients de Fourier de f par

$$c_n(f) = \frac{1}{2\pi}\int_0^{2\pi} f(t)\mathrm{e}^{-int}\,\mathrm{d}t.$$

Pour $N \in \mathbb{N}$, on définit alors la somme partielle de la série de Fourier de f par $S_N(f) = \sum_{k=-N}^{N} c_k(f)\, e_k$ QZ p 69.

> Oralement, on pourra signaler que pour des applications de $L^1_{2\pi}$ à valeurs réelles, il est plus agréable de travailler avec les coefficients de Fourier réels, à savoir, pour $n \in \mathbb{N}$,
>
> $$a_n(f) = \frac{1}{\pi}\int_0^{2\pi} f(t)\cos(nt)\,\mathrm{d}t \text{ et } b_n(f) = \frac{1}{\pi}\int_0^{2\pi} f(t)\sin(nt)\,\mathrm{d}t.$$
>
> En effet, la parité de l'application f a des conséquences immédiates sur les coefficients $a_n(f)$ et $b_n(f)$.
>
> La somme partielle devient alors
>
> $$S_N(f) : \mathbb{R} \longrightarrow \mathbb{R},\ x \longmapsto \frac{a_0(f)}{2} + \sum_{k=1}^{N}\big(a_n(f)\cos(nx) + b_n(f)\sin(nx)\big),$$
>
> où N désigne toujours un entier naturel Gdy p 255.

Propriété 2 :

Soit $f \in L^2_{2\pi}$. Pour $n \in \mathbb{N}$, $S_n(f)$ est le projeté orthogonal de f sur l'espace $E_n = \mathrm{Vect}(e_k)_{k\in[-n,n]}$ P p 251.

> On pourra alors signaler que $S_n(f)$ est la meilleure approximation de f sur E_n pour la norme $\|\ \|_2$.

2) Problématique QZ p 74

Les définitions précédentes amènent naturellement aux questions suivantes : si $f \in \mathcal{C}_{2\pi}$ ou $f \in L^p_{2\pi}$, avec $1 \leqslant p < +\infty$,

$Q1$: la suite de fonctions $(S_n(f))$ est-elle convergente ?

$Q2$: si oui, pour quel type de convergence ? Quel est alors le lien entre f et la limite de la suite $(S_n(f))$?

$Q3$: sinon, existe-t-il un moyen de récupérer l'application f à partir d'une suite de polynômes trigonométriques différente de la suite $(S_n(f))$?

> La problématique pourra être simplement exposée oralement. Mais elle doit impérativement être évoquée.

3) Deux noyaux trigonométriques

a) Le noyau de Dirichlet

Définition 5 :

Pour $n \in \mathbb{N}$, on définit $D_n = \sum_{k=-n}^{n} e_k$ QZ p. 74.

Propriété 3 :

Pour $n \in \mathbb{N}$, on a les propriétés suivantes :

i) D_n est une application paire vérifiant $\frac{1}{2\pi}\int_0^{2\pi} D_n(t)\,\mathrm{d}t = 1$;

ii) pour tout $x \in \mathbb{R}\setminus 2\pi\mathbb{Z}$, $D_n(x) = \dfrac{\sin\left(\frac{2n+1}{2}x\right)}{\sin\left(\frac{x}{2}\right)}$;

iii) pour $f \in L^1_{2\pi}$, $S_n(f) = f \star D_n$ QZ p 74.

b) Le noyau de Féjer

Définition 6 :

Pour $n \in \mathbb{N}^*$, on définit $K_n = \frac{1}{n}\sum_{k=0}^{n-1} D_k$.

Par ailleurs, pour $f \in L^1_{2\pi}$, on définit la somme de Féjer d'indice $n \in \mathbb{N}^*$ associée à f par $\sigma_n(f) = \frac{1}{n}\sum_{k=0}^{n-1} S_k(f)$ QZ p 76.

> On pourra noter que la somme de Féjer $(\sigma_n(f))$ est la moyenne de Cesàro associée à la suite $(S_n(f))$.

Propriété 4 :

Pour $n \in \mathbb{N}^*$, on a les propriétés suivantes :

i) pour tout $x \in \mathbb{R}\setminus 2\pi\mathbb{Z}$, $K_n(x) = \dfrac{1}{n}\left(\dfrac{\sin\left(\frac{n}{2}x\right)}{\sin\left(\frac{x}{2}\right)}\right)^2$;

ii) $\| K_n \|_1 = 1$;

iii) pour tout $\alpha \in \,]0,\pi]$, $\lim_{n\to\infty} \frac{1}{2\pi}\int_{\alpha<|t|\leqslant\pi} K_n(t)\,\mathrm{d}t = 0$;

iv) pour $f \in L^1_{2\pi}$, $\sigma_n(f) = f \star K_n$ QZ p 76.

B) Les théorèmes de convergence

1) Introduction

Théorème 1 :

Il existe une application f élément de l'espace $\mathcal{C}_{2\pi}$ telle que la suite $(S_n(f)(0))_{n\in\mathbb{N}}$ soit divergente QZ p 79.

> Ce théorème fournit donc une réponse négative à la question $Q1$.
> Le théorème suivant apporte alors un premier résultat essentiel, à savoir une réponse positive à la question $Q3$.

2) Le théorème de Féjer

Théorème 2 :

i) Pour $f \in \mathcal{C}_{2\pi}$, $\lim\limits_{n\to\infty} \| \sigma_n(f) - f \|_\infty = 0$.

ii) Pour $f \in L^p_{2\pi}$ où $1 \leqslant p < +\infty$, $\lim\limits_{n\to\infty} \| \sigma_n(f) - f \|_p = 0$ QZ p 81.

> A partir de ce théorème, nos interrogations initiales vont alors trouver de nouvelles réponses.

3) Conséquences

Théorème 3 :

L'espace $\mathcal{P}$ est dense dans les espaces $\mathcal{C}_{2\pi}$ et $L^p_{2\pi}$, pour $1 \leqslant p < +\infty$ Gdy p 83.

Application 1 :

La famille $(e_n)_{n\in\mathbb{Z}}$ est une base orthonormée de l'espace $L^2_{2\pi}$. Pour $f \in L^2_{2\pi}$, on a donc $\sum\limits_{n\in\mathbb{Z}} |c_n(f)|^2 = \|f\|_2^2$ et $\lim\limits_{n\to\infty} \| S_n(f) - f \|_2 = 0$ QZ p 83.

> **Extrait du rapport du jury 1994**
> *La convergence en moyenne quadratique est trop souvent oubliée.*

Théorème 4 :

Soit $f \in \mathcal{C}_{2\pi}$ et $a \in \mathbb{R}$ tels que la suite $(S_n(f)(a))_{n\in\mathbb{N}}$ soit convergente de limite α. Alors $\alpha = f(a)$ QZ p 83.

Théorème 5 :

Soit $f \in \mathcal{C}_{2\pi}$ une application de classe $\mathcal{C}^1$ par morceaux. Alors la série de Fourier de f converge normalement vers f QZ p 83.

Théorème 6 :

Soit $p \in \mathbb{N}^*$ et $f \in \mathcal{C}^p(\mathbb{R}, \mathbb{C})$ une application 2π-périodique.

Alors $c_n(f) = \underset{n\to\infty}{o}\left(\dfrac{1}{n^p}\right)$.

De plus, on a $\| f - S_n(f) \|_\infty = \underset{n\to\infty}{o}\left(\dfrac{1}{n^{p-1}}\right)$ MVT p 163.

Extrait du rapport du jury 1996

Le lien entre la régularité de f et la décroissance de ses cœfficients de Fourier semble ignoré, et n'est jamais cité.

4) Un théorème ponctuel : le théorème de Dirichlet

Théorème 7 :

Soit $f : \mathbb{R} \longrightarrow \mathbb{C}$ une application 2π-périodique de classe $\mathcal{C}^1$ par morceaux. Alors, pour tout réel x, $\lim\limits_{n\to\infty} S_n(f)(x) = \frac{1}{2}\big(f(x^+) + f(x^-)\big)$ `P p 256`.

C) Applications

1) Applications mathématiques

a) Calculs de sommes de séries

Application 2 : $\sum\limits_{k=1}^{\infty} \frac{1}{k^4} = \frac{\pi^4}{90}$ `Gdy p 259`.

Application 3 : pour tout $x \in]0, 2\pi[$, $\sum\limits_{k=1}^{\infty} \frac{\sin(kx)}{k} = \frac{\pi - x}{2}$ `QZ p 89`.

b) Le théorème de Weierstrass

Théorème 8 :

Soit $(a, b) \in \mathbb{R}^2$ avec $a < b$ et $f : [a, b] \longrightarrow \mathbb{C}$ une application continue. Alors il existe une suite d'applications polynomiales définies sur $[a, b]$ convergeant uniformément vers f `QZ p 83`.

c) L'inégalité de Bernstein

Application 4 :

Soit $n \in \mathbb{N}^*$, $\alpha > 0$ et $(\alpha_i)_{i=1\dots n}$ n réels distincts vérifiants $\max\limits_{1\leqslant i\leqslant n} |\alpha_i| \leqslant \alpha$.

Pour $(a_i)_{i=1\dots n} \in \mathbb{C}^n$, on définit $f : \mathbb{R} \longrightarrow \mathbb{C}$, $t \longmapsto \sum\limits_{k=1}^{n} a_k e^{i\alpha_k t}$. Alors

$\| f' \|_\infty \leqslant \alpha \| f \|_\infty$ `QZ p 100`.

2) Applications concrètes

Application 5 : l'inégalité isopérimétrique.

Soit une courbe régulière, simple, fermée et de classe $\mathcal{C}^1$. Notons L la longueur totale de cette courbe et S son aire intérieure. Alors $L^2 \geqslant 4\pi S$. De plus, l'égalité ne se produit que dans le cas du cercle `MVT pp 169 - 213`.

Application 6 : l'équation de la chaleur.

Soit T une tige métallique. On suppose qu'à un instant initial, on connaît la température en tout point de T. De plus, à tout instant, on suppose connue la température aux deux extrémités de T. Les séries de Fourier permettent alors, sous certaines conditions, de déteminer à tout instant la température en tout point de T QZ p 103.

En conclusion, on pourra signaler que l'équation de la chaleur amena Fourier à introduire les séries du même nom.

REMARQUES :

- **Extrait du rapport du jury 1996**

Les théorèmes de convergence sont mal connus, qu'il s'agisse des hypothèses ou des conclusions.

- Il existe un grand nombre d'applications des séries de Fourier. A ce sujet, on pourra d'ailleurs lire MVT pp 167 - 172. Bien évidemment, chaque candidat choisira quelques applications essentielles mais n'essaiera surtout pas d'en donner un catalogue exhaustif.

QUESTIONS :

- *Soit $(f, g) \in \mathcal{C}^2_{2\pi}$ deux applications vérifiant $c_n(f) = c_n(g)$ pour tout $n \in \mathbb{Z}$. Montrer que $f = g$.*

Soit $n \in \mathbb{N}^*$. On a $\sigma_n(f) = \frac{1}{n}\sum_{k=0}^{n-1} S_k(f)$. Mais par hypothèse sur f et g, on a $S_k(f) = S_k(g)$ pour tout $k \in \mathbb{N}$, ainsi,

$$\sigma_n(f) = \sigma_n(g). \tag{1}$$

Par ailleurs, l'inégalité triangulaire montre que

$$\| f - g \|_\infty \leqslant \| f - \sigma_n(f) \|_\infty + \| \sigma_n(f) - \sigma_n(g) \|_\infty + \| \sigma_n(g) - g \|_\infty.$$

Avec (1), on obtient donc

$$\| f - g \|_\infty \leqslant \| f - \sigma_n(f) \|_\infty + \| \sigma_n(g) - g \|_\infty. \tag{2}$$

Or, d'après le théorème de Féjer,

$$\lim_{n\to\infty} \| f - \sigma_n(f) \|_\infty = \lim_{n\to\infty} \| \sigma_n(g) - g \|_\infty = 0.$$

Bref, de l'inégalité (2), on déduit que $\| f - g \|_\infty = 0$, soit finalement, puisque les applications f et g sont continues, $f = g$.

Cette proposition se transpose facilement dans l'espace $L^1_{2\pi}$: soit f et g deux éléments de $L^1_{2\pi}$ vérifiant $c_n(f) = c_n(g)$ pour tout $n \in \mathbb{Z}$. Alors $f = g$ presque partout.

• *Soit $(\alpha_n)_{n\in\mathbb{Z}}$ une suite complexe.*

Pour $n \in \mathbb{N}$, on définit $f_n : \mathbb{R} \longrightarrow \mathbb{C}$, $t \longmapsto \sum_{k=-n}^{n} \alpha_k e^{ikt}$. On suppose que la suite de fonctions (f_n) converge uniformément vers $f : \mathbb{R} \longrightarrow \mathbb{C}$. Prouver que f - somme d'une série trigonométrique - et la somme de la série de Fourier de f coïncident sur $\mathbb{R}$.

Tout repose sur la convergence uniforme : celle-ci va en effet permettre de prouver que pour tout $j \in \mathbb{Z}$, $c_j(f) = \alpha_j$.
▲ Attention : sans cette hypothèse de convergence uniforme, il est difficile de relier la somme d'une série trigonométrique s à la somme de la série de Fourier de s.

Rappelons tout d'abord que la multiplication par une application bornée conserve la convergence uniforme.
Ainsi, si $j \in \mathbb{Z}$ est fixé, la suite de fonctions $(f_n e_{-j})_{n\in\mathbb{N}}$ converge uniformément sur $\mathbb{R}$: aussi peut-on intervertir les signes $\int$ et $\sum$ dans l'égalité suivante

$$c_j(f) = \frac{1}{2\pi}\int_0^{2\pi} \sum_{k\in\mathbb{Z}} \alpha_k e^{ikt} e^{-ijt}\, dt,$$

soit ainsi

$$c_j(f) = \frac{1}{2\pi}\sum_{k\in\mathbb{Z}} \alpha_k \int_0^{2\pi} e^{ikt} e^{-ijt}\, dt.$$

Mais pour $k \in \mathbb{Z}$, $\displaystyle\frac{1}{2\pi}\int_0^{2\pi} e^{ikt}e^{-ijt}\, dt = \langle e_k, e_j\rangle = \delta_{j,k}$.
Finalement, $c_j(f) = \alpha_j$.

Bref, la série de Fourier est convergente et sa somme est clairement égale à f.

Extrait du rapport du jury 1996

Les candidats ne font pas une distinction assez nette entre série trigonométrique et série de Fourier.

L34 ♣♣

Fonctions définies par une intégrale dépendant d'un paramètre. Exemples et applications.

DÉVELOPPEMENTS : D12 - D51

BIBLIOGRAPHIE : [Gdy] [LS3] [MVT] [P] [ROD3] [ROD4]

Dans toute cette leçon, E désignera un espace métrique, $(F, \|\ \ \|)$ un espace de Banach et I un intervalle de $\mathbb{R}$.
Par ailleurs, toute l'intégration sera faite dans le cadre de l'intégrale de Riemann.

A) Cas des intégrales simples

Dans toute cette section, a et b seront deux réels donnés vérifiant $a < b$.

1) Cas où les bornes ne dépendent pas d'un paramètre

Théorème 1 :

Soit $f \in \mathcal{C}([a,b]\times E, F)$. Alors l'application $\Theta : E \longrightarrow F$, $x \longmapsto \int_a^b f(t,x)\,\mathrm{d}t$ est continue sur E [Gdy p 157].

Théorème 2 :

Soit $f \in \mathcal{C}([a,b] \times I, F)$. On suppose que l'application $\dfrac{\partial f}{\partial x}$ existe et est continue sur $[a,b] \times I$. Alors l'application $\Theta : I \longrightarrow F$, $x \longmapsto \int_a^b f(t,x)\,\mathrm{d}t$ est de classe $\mathcal{C}^1$ sur I.
De plus, pour tout $x \in I$, $\Theta'(x) = \int_a^b \dfrac{\partial f}{\partial x}(t,x)\,\mathrm{d}t$ [Gdy p 157].

> ▲ Attention : l'énoncé proposé par [Gdy] omet l'hypothèse de continuité sur f.

Application 1 : soit $f : \mathbb{R} \longrightarrow \mathbb{R}$ une application de classe $\mathcal{C}^\infty$. Définissons alors $\varphi : \mathbb{R}^2 \longrightarrow \mathbb{R}$, $(x,y) \longmapsto \dfrac{f(x)-f(y)}{x-y}$ si $x \neq y$ et $\varphi(x,x) = f'(x)$ si $x \in \mathbb{R}$. Alors $\varphi \in \mathcal{C}^\infty(\mathbb{R}^2, \mathbb{R})$ [Gdy p 307].

> ▲ Attention : l'énoncé ci-dessus est une généralisation de celui proposé par [Gdy].

Application 2 : le lemme d'Hadamard.

Soit $n \in \mathbb{N}^*$ et $f \in \mathcal{C}^\infty(\mathbb{R}^n, \mathbb{R})$. On suppose que $f(0) = 0$ et $df_0 = 0$.
Alors, il existe des applications $(\varphi_{ij})_{(i,j)\in[\![1,n]\!]^2}$ de classe $\mathcal{C}^\infty$ sur $\mathbb{R}^n$ telles que pour tout $x = (x_1, \ldots, x_n) \in \mathbb{R}^n$, $f(x) = \sum_{(i,j)\in[\![1,n]\!]^2} x_i x_j \varphi_{ij}(x)$ [Gdy p 308].

2) Cas où les bornes dépendent d'un paramètre

Théorème 3 :

Soit $f \in \mathcal{C}([a,b], F)$ alors l'application $\varphi : [a,b] \longrightarrow F$, $x \longmapsto \int_a^x f(t)\,\mathrm{d}t$ est dérivable sur $[a,b]$. De plus, pour tout $x \in [a,b]$, $\varphi'(x) = f(x)$ [Gdy p 122].

Corollaire 1 :

Toute application continue de $[a,b]$ dans $\mathbb{R}$ admet au moins une primitive [Gdy p 122].

Théorème 4 :

Soit $f \in \mathcal{C}([a,b] \times I, F)$. On suppose que l'application $\dfrac{\partial f}{\partial x}$ existe et est continue sur $[a,b] \times I$. De plus, soit $\alpha : I \longrightarrow [a,b]$ et $\beta : I \longrightarrow [a,b]$ deux applications dérivables.
Alors l'application $\Theta : I \longrightarrow F$, $x \longmapsto \int_{\alpha(x)}^{\beta(x)} f(t,x)\,\mathrm{d}t$ est dérivable sur I.
De plus, pour tout $x \in I$,

$$\Theta'(x) = f(\beta(x), x)\beta'(x) - f(\alpha(x), x)\alpha'(x) + \int_{\alpha(x)}^{\beta(x)} \frac{\partial f}{\partial x}(t,x)\,\mathrm{d}t$$

[ROD3 p 307].

Application 3 : on a $\displaystyle\int_0^1 \frac{t-1}{\log t}\,\mathrm{d}t = \log 2$ [Gdy p 174].

B) Cas des intégrales généralisées

Dans cette partie, a et b sont deux éléments de $\overline{\mathbb{R}}$ vérifiant $-\infty < a < b \leqslant +\infty$.

1) Divers types de convergence

Dans cette section, on considère $f \in \mathcal{C}([a,b[\times E, F)$.

Définition 1 :

Pour $\lambda \in [a,b[$, on définit l'application $\varphi_\lambda : [a,b[\longrightarrow F$, $x \longmapsto \int_a^\lambda f(t,x)\,\mathrm{d}t$.

On dit alors que l'intégrale $\int_a^b f(t,x)\,\mathrm{d}t$ converge simplement (respectivement uniformément) sur E si et seulement si la famille de fonctions $(\varphi_\lambda)_{\lambda\in[a,b[}$ converge simplement (respectivement uniformément) sur E lorsque $\lambda \in [a,b[$ tend vers b [ROD4 p 70].

Propriété 1 : une condition suffisante de convergence uniforme.

On suppose qu'il existe une application $g : [a, b[\longrightarrow \mathbb{R}^+$ *telle que :*

i) l'intégrale $\displaystyle\int_a^b g(t)\,\mathrm{d}t$ *converge ;*

ii) pour tout $(t, x) \in [a, b[\times E$, $\| f(t, x) \| \leqslant g(t)$.

Alors l'intégrale $\displaystyle\int_a^b f(t, x)\,\mathrm{d}t$ *converge uniformément sur* E ROD4 p 71.

2) Etude de la régularité

Théorème 5 :

Soit $f \in \mathcal{C}([a, b[\times E, F)$.

Si l'intégrale $\displaystyle\int_a^b f(t, x)\,\mathrm{d}t$ *converge uniformément sur* E *alors l'application*

$\Theta : E \longrightarrow F$, $x \longmapsto \displaystyle\int_a^b f(t, x)\,\mathrm{d}t$ *est continue sur* E ROD4 p 72.

Théorème 6 :

Soit $f \in \mathcal{C}([a, b[\times I, F)$.

On suppose que l'application $\dfrac{\partial f}{\partial x}$ *existe et est continue sur* $[a, b] \times I$.

De plus, on suppose que :

i) l'intégrale $\displaystyle\int_a^b f(t, x)\,\mathrm{d}t$ *converge simplement sur* I *;*

ii) l'intégrale $\displaystyle\int_a^b \frac{\partial f}{\partial x}(t, x)\,\mathrm{d}t$ *converge uniformément sur* I *;*

Alors l'application $\Theta : I \longrightarrow F$, $x \longmapsto \displaystyle\int_a^b f(t, x)\,\mathrm{d}t$ *est de classe* $\mathcal{C}^1$ *sur* I, *et*

pour tout $x \in I$, $\Theta'(x) = \displaystyle\int_a^b \frac{\partial f}{\partial x}(t, x)\,\mathrm{d}t$ ROD4 p 72.

Application 4 : soit $f : \mathbb{R} \longrightarrow \mathbb{R}$, $x \longmapsto \displaystyle\int_0^{+\infty} \frac{\cos(tx)}{t^2+1}\,\mathrm{d}t$. Alors, pour tout $x \in \mathbb{R}$, $f(x) = \dfrac{\pi}{2}\exp(-|x|)$ LS3 p 154.

C) Quelques exemples classiques

1) La fonction logarithme intégral

Exemple 1 :

Soit $n \in \mathbb{N}$. *Alors,*

$$\int_2^{+\infty} \frac{1}{\log t}\,\mathrm{d}t = \frac{x}{\log x} \sum_{k=0}^{n} \frac{k!}{(\log x)^k} + \underset{x \to +\infty}{o}\left(\frac{x}{(\log x)^{n+1}}\right)$$

Gdy p 170.

2) La fonction J_0 de Bessel

Exemple 2 :

Soit la fonction de Bessel, définie sur $\mathbb{R}$ par : $J_0(x) = \int_0^{\frac{\pi}{2}} \cos(x \sin t)\, \mathrm{d}t$.
Alors, J_0 est développable en série entière sur $\mathbb{R}$ et pour tout $x \in \mathbb{R}$,

$$J_0(x) = \sum_{n \geqslant 0} (-1)^n \frac{x^{2n}}{4^n (n!)^2}.$$

De plus, $\lim_{x \to +\infty} J_0(x) = 0$ [MVT pp 93 - 149].

3) La fonction Gamma d'Euler

Exemple 3 :

Pour $x > 0$, on pose $\Gamma(x) = \int_0^{+\infty} t^{x-1} \mathrm{e}^{-t}\, \mathrm{d}t$.
Alors $\Gamma \in \mathcal{C}^\infty(\mathbb{R}_*^+, \mathbb{R})$. De plus, Γ est logarithmiquement convexe sur $\mathbb{R}^+$.
Enfin,

$$\Gamma(x) \underset{x \to 0,\ x>0}{\sim} \frac{1}{x} \quad \text{et} \quad \Gamma(1+x) \underset{x \to +\infty}{\sim} \sqrt{2\pi x}\, x^x \mathrm{e}^{-x}$$

[Gdy pp 290 - 162].

> Bien évidemment, on gardera en mémoire le fait qu'une application logarithmiquement convexe est convexe. A ce sujet, on pourra lire [Gdy p 100].

4) La transformée de Laplace

Exemple 4 :

Soit $f \in \mathcal{C}(\mathbb{R}^+, \mathbb{R})$. On a alors les résultats suivants.

i) Soit $x \in \mathbb{R}$. Supposons que l'intégrale $L_f(x) = \int_0^{+\infty} f(t) \mathrm{e}^{-xt}\, \mathrm{d}t$ converge.

Alors, pour tout $y \geqslant x$, l'intégrale $\int_0^{+\infty} f(t) \mathrm{e}^{-yt}\, \mathrm{d}t$ converge.

ii) Supposons f bornée sur $\mathbb{R}^+$.

Alors on peut définir l'application $L_f : \mathbb{R}_*^+ \longrightarrow \mathbb{R},\ x \longmapsto \int_0^{+\infty} f(t) \mathrm{e}^{-xt}\, \mathrm{d}t$.

De plus, $L_f \in \mathcal{C}^\infty(\mathbb{R}_*^+, \mathbb{R})$. Enfin, pour tout $n \in \mathbb{N}$, on a $\lim_{x \to +\infty} L_f^{(n)}(x) = 0$.

iii) Supposons que l'intégrale $\int_0^{+\infty} f(t)\, \mathrm{d}t$ converge.

Alors on peut définir l'application $L_f : \mathbb{R}^+ \longrightarrow \mathbb{R},\ x \longmapsto \int_0^{+\infty} f(t) \mathrm{e}^{-xt}\, \mathrm{d}t$.

De plus, L_f est continue en 0 [P p 197].

Application 5 : on a $\int_0^{+\infty} \frac{\sin t}{t}\, \mathrm{d}t = \frac{\pi}{2}$ [P p 199].

5) La transformée de Fourier

Exemple 5 :

Soit $f \in \mathcal{C}(\mathbb{R}, \mathbb{R})$ *une application telle que l'intégrale* $\int_{-\infty}^{+\infty} |f(t)|\,\mathrm{d}t$ *converge.*
Alors on peut définir l'application $\hat{f} : \mathbb{R} \longrightarrow \mathbb{R},\ x \longmapsto \frac{1}{\sqrt{2\pi}} \int_{-\infty}^{+\infty} f(t)\mathrm{e}^{-ixt}\,\mathrm{d}t.$
De plus, $\hat{f} \in \mathcal{C}(\mathbb{R}, \mathbb{R})$ [P p 200].

▲ Attention : les résultats sur la transformée de Fourier exposés par [P] sont proposés dans le cadre de l'intégrale de Lebesgue. Afin d'être dans le cadre choisi initialement, il faut donc modifier certains énoncés.

Toutefois, il est clair que le cadre idéal pour l'étude des transformées de Fourier est l'intégrale de Lebesgue. Cette remarque permettra, *en conclusion*, d'ouvrir l'exposé sur ce nouveau cadre d'intégration.

REMARQUES :

• L'exposé ci-dessus se place dans le cadre de l'intégrale de Riemann. Toutefois, il appartient au candidat de choisir son cadre de travail. Tout l'exposé peut entièrement être fait dans le cadre, plus délicat, de l'intégrale de Lebesgue. Dans ce cas, [QZ] donne un exposé clair des résultats essentiels.
Mais attention ! Si l'on travail dans ce cadre, certaines écritures sont à proscrire. Par exemple, on n'écrira plus $\int_0^{+\infty} \frac{\sin t}{t}\,\mathrm{d}t = \frac{\pi}{2}$ mais $\lim_{x \to +\infty} \int_0^x \frac{\sin t}{t}\,\mathrm{d}t = \frac{\pi}{2}\cdot$ En effet, la fonction $t \longmapsto \frac{\sin t}{t} \notin L^1(\mathbb{R}_*^+)$.

• Une lecture attentive du titre montre qu'il ne faut pas se limiter ici aux théorèmes de régularité des fonctions définies par une intégrale à paramètre. On pensera notamment à donner des limites, des développements asymptotiques ou encore des développements en série entière...

QUESTIONS :

• *Soit* $f \in \mathcal{C}(\mathbb{R}^+, \mathbb{R})$ *une application telle que pour tout* $x \in \mathbb{R}_*^+$, *l'intégrale* $L_f(x) = \int_0^{+\infty} f(t)\mathrm{e}^{-xt}\,\mathrm{d}t$ *converge. On suppose que* $\lim_{x \to 0,\ x>0} L_f(x)$ *existe. Que peut-on dire de l'intégrale* $\int_0^{+\infty} f(t)\,\mathrm{d}t$ *?*

C'est, bien évidemment, le genre de questions qui appellent la discussion.

■ Considérons l'application $f : \mathbb{R}^+ \longrightarrow \mathbb{R},\ x \longmapsto \cos x.$

Alors $f \in \mathcal{C}(\mathbb{R}^+, \mathbb{R})$.

Par ailleurs, pour tout $x > 0$, l'intégrale $\displaystyle\int_0^{+\infty} f(t)\mathrm{e}^{-xt}\,\mathrm{d}t = \Re\mathrm{e}\left(\int_0^{+\infty} \mathrm{e}^{(-x+\mathrm{i})t}\,\mathrm{d}t\right)$ est convergente. Mais, on a

$$\forall x > 0,\ \int_0^{+\infty} \mathrm{e}^{(-x+\mathrm{i})t}\,\mathrm{d}t = \left[\frac{1}{-x+\mathrm{i}}\mathrm{e}^{(-x+\mathrm{i})t}\right]_0^{+\infty} = \frac{1}{x-\mathrm{i}} = \frac{x+\mathrm{i}}{x^2+1}.$$

Ainsi donc, pour tout $x \in \mathbb{R}_*^+$, $L_f(x) = \dfrac{x}{x^2+1}$.

Finalement, $\displaystyle\lim_{x\to 0,\ x>0} L_f(x) = 0$. Mais il est clair que l'intégrale $\displaystyle\int_0^{+\infty} f(t)\,\mathrm{d}t$ n'existe pas.

■ Par ailleurs, considérons maintenant l'application $f : \mathbb{R}^+ \longrightarrow \mathbb{R},\ x \longmapsto \dfrac{\sin x}{x}$ si $x \neq 0$ et 1 sinon.

Alors f vérifie toutes les hypothèses proposées et $\displaystyle\int_0^{+\infty} f(t)\,\mathrm{d}t$ existe.

■ En conclusion, la question proposée est sans réponse catégorique !

> **Cette question prouve d'ailleurs que la réciproque de la proposition *iii*) de l'exemple 4 est fausse. Elle devient exacte si l'on ajoute l'hypothèse $\displaystyle\lim_{x\to+\infty} xf(x) = 0$. A ce sujet, on pourra lire** LS3 p 144.

• ***Déterminer les applications $f \in \mathcal{C}([0,1], \mathbb{R})$ telles que pour toute application g de $\mathcal{C}^2([0,1], \mathbb{R})$ vérifiant $g(0) = g(1) = 0$, on ait $\displaystyle\int_0^1 f(x)g(x)\,\mathrm{d}x = 0$.***

■ Soit f une application répondant au problème posé.

Puisque f est continue sur $[0,1]$, f possède des primitives. Soit φ l'une d'entre elles. Pour tout $x \in [0,1]$, écrivons alors $\varphi(x) = \displaystyle\int_0^x f(t)\,\mathrm{d}t + a$ où a est une constante réelle.
Soit alors F une primitive de l'application continue φ. Il existe donc une constante réelle b telle que pour tout $x \in [0,1]$,

$$(\star)\qquad F(x) = \int_0^x \left(\int_0^u f(t)\,\mathrm{d}t\right)\mathrm{d}u + ax + b.$$

Choisissons alors les constantes a et b de telle sorte que $F(0) = F(1) = 0$. La formule $(\star)$ prouve en effet qu'un tel choix est possible.

Soit alors $g \in \mathcal{C}^2([0,1],\mathbb{R})$ une application vérifiant $g(0) = g(1) = 0$. En intégrant deux fois par parties, on obtient alors

$$0 = \int_0^1 f(t)g(t)\,\mathrm{d}t = [\varphi(t)g(t)]_0^1 - \int_0^1 \varphi(t)g'(t)\,\mathrm{d}t$$

$$0 = -\int_0^1 \varphi(t)g'(t)\,\mathrm{d}t = -[F(t)g'(t)]_0^1 + \int_0^1 F(t)g''(t)\,\mathrm{d}t$$

$$0 = \int_0^1 F(t)g''(t)\,\mathrm{d}t. \tag{1}$$

Mais par un raisonnement analogue à celui fait précédemment, il existe une primitive d'une primitive de F qui s'annule en 0 et en 1. Notons Ψ cette application. Finalement, comme $\Psi \in \mathcal{C}^2([0,1],\mathbb{R})$ vérifie $\Psi(0) = \Psi(1) = 0$, on peut prendre $g = \Psi$ dans l'égalité (1). Il vient alors $\int_0^1 F(t)\Psi''(t)\,\mathrm{d}t = \int_0^1 F^2(t)\,\mathrm{d}t = 0$. Bref, comme F^2 est une application continue et positive sur $[0,1]$, on obtient donc $F = 0$. Ainsi donc $f = F'' = 0$.

■ Si f est nulle, f répond bien évidemment à la question posée.

■ En conclusion, il n'existe qu'une application répondant à la question posée, à savoir l'application identiquement nulle.

L35 ♣♣

Exemples de problèmes d'interversion de limites.

DÉVELOPPEMENTS : D39 - D46

BIBLIOGRAPHIE : [AF2] [C] [Gdy] [H] [LS3] [MVT] [P] [RODx2]

Deux limites ne peuvent s'intervertir sans précaution, comme le montrent, par exemple, les deux situations suivantes.

• Soit $(u_{n,p})$ la suite double définie par :

$$\forall (n,p) \in \mathbb{N}^2,\ u_{n,n} = 1,\ u_{n,p} = 0 \text{ si } n > p \text{ et } u_{n,p} = -\frac{1}{2^{p-n}} \text{ si } n < p.$$

Alors $\displaystyle\sum_{n=0}^{\infty}\sum_{p=0}^{\infty} u_{n,p} = 0 \neq 2 = \sum_{p=0}^{\infty}\sum_{n=0}^{\infty} u_{n,p}$.

Les deux limites *sous-jacentes* ne peuvent donc être interverties [H p 100].

• Pour $n \in \mathbb{N}^*$, définissons l'application $f_n : \mathbb{R}^+ \longrightarrow \mathbb{R}$ par : $f_n(x) = 0$ si $x \notin [n^2 - n, n^2 + n]$, $f_n(n^2) = \dfrac{1}{n}$ et f_n est affine sur les deux segments $[n^2 - n, n^2]$ et $[n^2, n^2 + n]$. Alors la suite de fonctions (f_n) converge uniformément vers l'application nulle, notée N, et pourtant,

$$(\star) \qquad \lim_{n\to\infty} \int_0^{+\infty} f_n(t)\,\mathrm{d}t = 1 \neq 0 = \int_0^{+\infty} N(t)\,\mathrm{d}t.$$

Là encore, les deux limites *sous-jacentes* ne peuvent pas être interverties [H p 109].

> Signalons dès maintenant *un point essentiel.*
> Dans la suite de la leçon, comme pour les deux exemples précédents, les deux limites en présence seront, la plupart du temps, *implicites*. Toutefois, il faut *savoir exhiber* ces deux limites afin de mettre en évidence le problème soulevé.
> Par exemple, s'il fallait expliciter l'égalité $(\star)$ afin d'être véritablement au cœur de la leçon, il faudrait écrire
>
> $$\lim_{n\to\infty}\lim_{X\to+\infty} \int_0^{X} f_n(t)\,\mathrm{d}t \neq \lim_{X\to+\infty}\lim_{n\to\infty} \int_0^{X} f_n(t)\,\mathrm{d}t.$$
>
> C'est ce genre de transformations d'écriture qu'il faut être capable de faire rapidement, sur demande du jury.

La leçon va alors s'intéresser à différentes conditions suffisantes permettant d'intervertir deux limites.

A) Limites et continuité

1) Continuité de la limite uniforme d'une suite de fonctions

Théorème 1 :

Toute limite uniforme de fonctions continues est continue `Gdy p 222`.

Exemple 1 : continuité de la somme d'une série entière sur le disque ouvert de convergence.

Soit $\sum a_n z^n$ *une série entière de rayon de convergence* $R > 0$. *Alors l'application* $s : D_o(R) \longrightarrow \mathbb{C},\ z \longmapsto \sum_{n=0}^{\infty} a_n z^n$ *est continue* `Gdy p 235`.

2) Une application essentielle : le théorème de la double limite

Théorème 2 :

Soit X *une partie de* $\mathbb{K}$, a *un point adhérent à* X *et* F *un espace de Banach.*
Pour tout $n \in \mathbb{N}$, *considérons* $f_n : X \longrightarrow F$.
Supposons que la suite (f_n) *converge uniformément vers* f *sur* X *et que, pour tout* $n \in \mathbb{N}$, *la limite de* $f_n(x)$ *quand* x *tend vers* a *dans* X *existe et vaut* ℓ_n.
Alors la suite (ℓ_n) *est convergente. De plus, si l'on désigne par* ℓ *sa limite, on a* $\lim\limits_{\substack{x \to a \\ x \in X}} f(x) = \ell$ `C p 85`.

Autrement dit, on peut inverser les deux limites et écrire

$$\lim_{n\to\infty} \lim_{\substack{x \to a \\ x \in X}} f_n(x) = \lim_{\substack{x \to a \\ x \in X}} \lim_{n\to\infty} f_n(x).$$

Exemple 2 :

Soit E *un espace de Banach et* $u \in L_c(E)$.

Alors $\lim\limits_{n\to\infty} \left(1 + \dfrac{u}{n}\right)^n = \exp u$ `RODx2 p 50`.

Exemple 3 : le théorème d'Abel.

Soit $\sum a_n z^n$ *une série entière de rayon de convergence* $R \geqslant 1$ *telle que la série* $\sum a_n$ *converge.*
Notons $f(z)$ *la somme de cette série sur le disque ouvert de convergence.*

Alors $\lim\limits_{\substack{z \to 1 \\ z \in \Delta_{\theta_0}}} f(z) = \sum_{n=0}^{\infty} a_n$ où $0 \leqslant \theta_0 < \dfrac{\pi}{2}$ *et*

$$\Delta_{\theta_0} = \left\{ z \in \mathbb{C} \;\middle|\; |z| < 1 \text{ et } \exists \rho \in]0, \cos\theta_0],\ \exists \theta \in [-\theta_0, \theta_0],\ z = 1 - \rho e^{i\theta} \right\}$$

`Gdy p 249`.

Application 1 : on a $\log 2 = \sum_{n \geqslant 1} \frac{(-1)^{n-1}}{n}$ [Gdy p 250].

Exemple 4 : si γ (respectivement ζ) désigne la constante d'Euler (respectivement la fonction zêta de Riemann), alors $\gamma = \sum_{n \geqslant 1} \sum_{k \geqslant 2} \frac{(-1)^k}{kn^k} = \sum_{k \geqslant 2} \frac{(-1)^k}{k} \zeta(k)$ [AF2 pp 651 - 652].

B) Limites et dérivation

1) Dérivation de la limite d'une suite de fonctions

Théorème 3 :

Soit $(a, b) \in \mathbb{R}^2$ avec $a < b$. Soit de plus (f_n) une suite de fonctions de classe $\mathcal{C}^1$ sur $[a, b]$.
Supposons qu'il existe $x_0 \in [a, b]$ tel que la suite $(f_n(x_0))$ soit convergente.
Supposons de plus que la suite de fonctions (f_n') converge uniformément vers $g : [a, b] \longrightarrow \mathbb{K}$.
Alors (f_n) converge uniformément vers une application $f \in \mathcal{C}^1([a, b], \mathbb{K})$ vérifiant $f' = g$ [Gdy p 224].

Exemple 5 : dérivabilité de la somme d'une série entière sur l'intervalle ouvert de convergence.

Soit $\sum a_n z^n$ une série entière de rayon de convergence $R > 0$.
Alors l'application $f :]-R, R[\longrightarrow \mathbb{C},\ x \longmapsto \sum_{n=0}^{\infty} a_n x^n$ est de classe $\mathcal{C}^\infty$ [Gdy p 236].

Exemple 6 : la fonction ζ de Riemann est infiniment dérivable sur $]1, +\infty[$ [Gdy p 278].

2) Le théorème de Schwarz

Théorème 4 :

Soit V un ouvert de $\mathbb{R}^2$ et $g : V \longrightarrow \mathbb{R}$ une application admettant des dérivées partielles $\frac{\partial^2 g}{\partial x \partial y}$ et $\frac{\partial^2 g}{\partial y \partial x}$ sur V, continues en $a \in V$. Alors $\frac{\partial^2 g}{\partial x \partial y}(a) = \frac{\partial^2 g}{\partial y \partial x}(a)$ [Gdy p 302].

C) Limites et intégration

Exemple 7 : on a $\int_0^1 \frac{\log t}{t} \log(1-t)\,\mathrm{d}t = \zeta(3)$ [LS3 p 85].

> Dans cet exemple, les limites en question sont loin d'être explicites ! Aussi est-il bon d'avoir à l'esprit la preuve de cette égalité, preuve qui fait apparaître une interversion de limites.

Exemple 8 : le théorème de Hardy.

Soit $\sum c_n$ une série numérique convergente. Alors la fonction $g : \mathbb{R}^+ \longrightarrow \mathbb{R}$, $t \longmapsto \sum_{n=0}^{\infty} \frac{c_n}{n!} t^n$ est bien définie.

De plus, g est continue sur $\mathbb{R}^+$ et $\int_0^{+\infty} g(t) e^{-t} dt = \sum_{n=0}^{\infty} c_n$ AF2 p 661.

Exemple 9 : sur la transformée de Laplace en 0.

Soit $f : \mathbb{R}^+ \longrightarrow \mathbb{R}$ une application telle que l'intégrale $\int_0^{+\infty} f(t)\, dt$ converge.

Alors $\lim_{x \to 0,\ x>0} \int_0^{+\infty} f(t) e^{-xt}\, dt = \int_0^{+\infty} f(t)\, dt$ P p 198.

Application 2 : on a $\int_0^{+\infty} \frac{\sin t}{t}\, dt = \frac{\pi}{2}$ P p 199.

Théorème 5 :

Soit (f_n) une suite de fonctions de $\mathcal{C}(\mathbb{R}^+, \mathbb{R})$.
On suppose que la suite de fonctions (f_n) converge uniformément sur tout segment de $\mathbb{R}^+$ vers une fonction $f : \mathbb{R}^+ \longrightarrow \mathbb{R}$.
De plus, on suppose qu'il existe une application $g \in \mathcal{C}(\mathbb{R}^+, \mathbb{R})$ telle que l'intégrale $\int_0^{+\infty} g(t)\, dt$ converge et telle que $|f_n(t)| \leqslant g(t)$ pour tout entier naturel n.
Alors l'intégrale $\int_0^{+\infty} f(t)\, dt$ converge et $\lim_{n \to \infty} \int_0^{+\infty} f_n(t)\, dt = \int_0^{+\infty} f(t)\, dt$ P p 206.

> Le deuxième exemple vu dans l'introduction montre l'importance de l'hypothèse de domination. En effet, sans cette hypothèse, l'interversion limite-intégrale est loin d'être acquise.

Application 3 : la formule d'Euler.

Pour $x > 0$, on a

$$\Gamma(x) = \lim_{n \to \infty} \frac{n^x n!}{x(x+1)\dots(x+n)}$$

P p 208.

D) Autres exemples d'interversion

1) Un théorème taubérien faible

Théorème 6 :

Soit $\sum a_n z^n$ une série entière de rayon de convergence 1 et $f(z)$ la somme de cette série sur le disque unité ouvert. On suppose
i) l'existence d'un complexe S tel que $\lim_{x \to 1,\ x<1} f(x) = S$;
ii) $\lim_{n \to \infty} n a_n = 0$.
Alors la série $\sum a_n$ converge, sa somme étant égale à S Gdy p 251.

2) Les séries doubles

Théorème 7 :

Soit $(u_{n,p})$ une suite double de nombres complexes. On suppose que la série $\sum_n \left(\sum_p |u_{n,p}|\right)$ est convergente. Alors les séries $\sum_n \sum_p u_{n,p}$ et $\sum_p \sum_n u_{n,p}$ sont convergentes et ont même somme [P p 212].

Application 4 : un développement en série entière.

Pour tout $x \in \mathbb{R}$, on a $\exp(e^x - 1) = \frac{1}{e} \sum_{n \geqslant 0} \frac{1}{n!} \left(\sum_{p \geqslant 0} \frac{p^n}{p!} \right) x^n$ [MVT p 152].

> On pourra signaler que ce développement en série entieère est utile lors de la détermination du nombre de partitions de l'ensemble $[\![1, n]\!]$ où $n \in \mathbb{N}^*$.

REMARQUES :

• Au cours de l'exposé, il est essentiel d'avoir toujours présent à l'esprit les différentes limites mises en jeu. En effet, faute de temps et de place, les résultats ne peuvent pas toujours être exprimés sous la forme d'une interversion de limites. Bref, il faut être capable de justifier ses choix par rapport au titre de la leçon.

QUESTIONS :

• *Donner un exemple de suite de réels $(u_{n,p})$ telle que la double limite $\lim_{n\to\infty} \lim_{p\to\infty} u_{n,p}$ existe alors que la double limite $\lim_{p\to\infty} \lim_{n\to\infty} u_{n,p}$ n'existe pas.*

Pour $(n, p) \in \mathbb{N} \times \mathbb{N}^*$, posons $u_{n,p} = \dfrac{(-1)^n}{p}$.
Alors, la double limite $\lim_{n\to\infty} \lim_{p\to\infty} u_{n,p}$ existe et vaut 0.
Toutefois, à p fixé dans $\mathbb{N}^*$, la suite $(u_{n,p})_{n\in\mathbb{N}}$ est divergente. Aussi la double limite $\lim_{p\to\infty} \lim_{n\to\infty} u_{n,p}$ ne peut-elle exister.

• *Calculer, après avoir justifié sa convergence,* $\displaystyle\sum_{p\geqslant 2} \sum_{q\geqslant 2} \frac{(-1)^p}{q^p}$.

> Tout va bien évidemment reposer sur le théorème des séries doubles.

Soit q un entier supérieur ou égal à 2 fixé. Alors la série géométrique $\sum_p \left| \dfrac{(-1)^p}{q^p} \right|$ est convergente et $\displaystyle\sum_{p\geqslant 2} \left| \frac{(-1)^p}{q^p} \right| = \frac{1}{q^2\left(1 - \frac{1}{q}\right)} = \frac{1}{q(q-1)}$.

Mais, d'après le critère de Riemann, la série $\sum \frac{1}{q(q-1)}$ est convergente.

Finalement, la série double $\sum_q \left(\sum_p \left| \frac{(-1)^p}{q^p} \right| \right)$ est convergente et le théorème des séries doubles s'applique.

Les séries $\sum_q \sum_p \frac{(-1)^p}{q^p}$ et $\sum_p \sum_q \frac{(-1)^p}{q^p}$ sont donc convergentes. De plus, les deux sommes sont égales. Il vient alors

$$\sum_{p\geqslant 2} \sum_{q\geqslant 2} \frac{(-1)^p}{q^p} = \sum_{q\geqslant 2} \sum_{p\geqslant 2} \left(\frac{-1}{q} \right)^p = \sum_{q\geqslant 2} \frac{1}{q(q+1)} = \sum_{q\geqslant 2} \left(\frac{1}{q} - \frac{1}{q+1} \right) = \frac{1}{2}.$$

Equations différentielles $y' = f(x, y)$; exemples d'étude qualitative des solutions.

DÉVELOPPEMENTS : D52 - D53

BIBLIOGRAPHIE : AF3 Gdy Gx3 P Q

Dans toute cette leçon, $(E, \| \ \|)$ désignera un $\mathbb{K}$−espace vectoriel normé de dimension finie, O un ouvert non vide de $\mathbb{R} \times E$ et $f : O \longrightarrow E$ une application. De plus, on s'intéressera à l'équation différentielle d'ordre 1

$$(\mathcal{E}) \qquad y'(t) = f(t, y(t)).$$

> Dès l'introduction, on signalera oralement que toute équation différentielle d'ordre $n \in \mathbb{N}^*$ peut être ramenée à une équation d'ordre 1. Bien évidemment, il est indispensable de connaître le cheminement qui fait passer d'une équation d'ordre n à une équation d'ordre 1, même si celui-ci n'est pas exposé au tableau.

A) Définitions et premières conséquences

Définition 1 :

On appelle solution locale de $(\mathcal{E})$ de donnée initiale $(t_0, y_0) \in O$ tout couple (I, g) où I est un intervalle ouvert de $\mathbb{R}$ contenant t_0 et $g : I \longrightarrow E$ une application dérivable vérifiant

$$g(t_0) = y_0 \ \text{ et } \ \forall t \in I, \ (t, g(t)) \in O \text{ et } g'(t) = f(t, g(t))$$

Gx3 p 395.

> Par la suite, pour désigner une solution de $(\mathcal{E})$, on écrira souvent g et non (I, g).

Définition 2 :

On dit que l'application f est localement lipschitzienne en la seconde variable au point $(t_0, y_0) \in O$ s'il existe un voisinage V_0 de (t_0, y_0) dans O et une constante $k \in \mathbb{R}^+$ tels que

$$\forall (t, y) \in V_0, \ \forall (t, z) \in V_0, \ \| f(t, y) - f(t, z) \| \leqslant k \| y - z \|$$

Gx3 p 395.

Propriété 1 : si $f \in \mathcal{C}^1(O, E)$ alors f est localement lipschitzienne en la seconde variable en tout point de O `Gdy p 349`.

Définition 3 :

Soit (I, g) et (J, h) deux solutions de $(\mathcal{E})$.
On dit alors que (I, g) prolonge (J, h) si $J \subset I$ et si $g_{|J} = h$ `Gx3 p 398`.

Définition 4 :

Une solution de $(\mathcal{E})$ est dite maximale s'il n'existe pas de solution la prolongeant `Gx3 p 398`.

Définition 5 :

On appelle courbes intégrales de $(\mathcal{E})$ les graphes des solutions maximales de $(\mathcal{E})$ `P p 304`.

B) De l'existence et de l'unicité des solutions

1) Un théorème local

Théorème 1 : le théorème de Cauchy-Lipschitz.

Soit (t_0, y_0) un point de O.
On suppose que f est une application continue sur O, localement lipschitzienne en la seconde variable au point (t_0, y_0).
Alors l'équation $(\mathcal{E})$ possède une unique solution locale de donnée initiale (t_0, y_0) `Gx3 pp 396 - 398`.

Exemple 1 : soit $F : \mathbb{R} \longrightarrow \mathbb{R}$, $x \longmapsto \sqrt{|x|}$ et $(\mathcal{E}1)$ l'équation différentielle $y'(t) = F(y(t))$. Alors, pour tout $a \in \mathbb{R}$, il existe une infinité de solutions de $(\mathcal{E}1)$ de donnée initiale $(a, 0)$ `P p 303`.

> Cet exemple montre que sans l'hypothèse f *lipschitzienne en la seconde variable*, l'unicité du théorème 1 tombe en défaut.
>
> On pourra toutefois signaler que si l'application f est seulement supposée continue, l'équation $(\mathcal{E})$ admet encore des solutions locales : c'est le théorème - difficile - de Cauchy-Arzela.

2) Un théorème global

Théorème 2 :

Soit f une application continue sur O, localement lipschitzienne en la seconde variable en tout point de O.
Alors, pour tout $(t_0, y_0) \in O$, l'équation $(\mathcal{E})$ possède une unique solution maximale de donnée initiale (t_0, y_0).
De plus, cette solution est définie sur un intervalle ouvert `Gx3 p 398`.

Corollaire 1 :

Soit f une application continue sur O, localement lipschitzienne en la seconde variable en tout point de O.
Alors les courbes intégrales de $(\mathcal{E})$ forment une partition de l'ouvert O `P p 304`.

3) Un cas particulier important : les équations différentielles linéaires

Théorème 3 :

Soit I un intervalle ouvert non vide de $\mathbb{R}$, $a \in \mathcal{C}(I, L(E))$ et $b \in \mathcal{C}(I, E)$. Soit de plus $(t_0, y_0) \in I \times E$.
Soit enfin $(\mathcal{L})$ l'équation différentielle linéaire $y'(t) = a(t)(y(t)) + b(t)$. On a alors les résultats suivants :
i) l'équation $(\mathcal{L})$ possède une unique solution définie sur I et de donnée initiale (t_0, y_0) ;
ii) les solutions de l'équation $(\mathcal{L})$ forment un espace affine de direction l'espace $\mathcal{H}$ des solutions de l'équation homogène associée $y'(t) = a(t)(y(t))$; de plus, $\mathcal{H}$ est isomorphe à E `Gx3 pp 402 - 406`.

> On pourra insister sur le fait suivant : dans le cadre d'une équation différentielle linéaire, les solutions maximales sont définies sur l'intervalle *I tout entier*, ce qui n'a rien d'évident - *a priori* !

C) Comportement aux bornes

Dans cette section, on suppose que $E = \mathbb{R}^n$ avec $n \in \mathbb{N}^*$.

Théorème 4 : le principe de majoration *a priori*.

Soit $I =]a, b[$ un intervalle ouvert non vide de $\mathbb{R}$, Ω un ouvert de E et $O = I \times \Omega$.
On suppose que f est une application continue sur O, localement lipschitzienne en la seconde variable en tout point de O.
Soit alors $g : J =]\alpha, \beta[\longrightarrow E$ une solution maximale de $(\mathcal{E})$.
Si $\beta < b$ alors, pour tout compact K de Ω, il existe un voisinage V de β dans J tel que pour tout $t \in V$, $g(t) \notin K$ `Gdy p 374`.

Corollaire 2 :

Soit $I =]a, b[$ un intervalle ouvert non vide de $\mathbb{R}$ et $O = I \times \mathbb{R}^n$.
On suppose que f est une application continue sur O, localement lipschitzienne en la seconde variable en tout point de O.
Soit alors $g : J =]\alpha, \beta[\longrightarrow E$ une solution maximale de $(\mathcal{E})$.
Si $\beta < b$ alors $\lim_{t \to \beta,\ t < \beta} \| g(t) \| = +\infty$ `Gdy p 374`.

> On pourra alors signaler que ce corollaire permet de retrouver le fait que les solutions maximales des équations différentielles linéaires sont définies sur l'intervalle ouvert initial *tout entier*.
>
> On pourra aussi noter que ce corollaire possède la version plus faible suivante :
> *Soit $I =]a, b[$ un intervalle ouvert non vide de $\mathbb{R}$ et $O = I \times \mathbb{R}^n$. On suppose que f est une application continue sur O, localement lipschitzienne en la seconde variable en tout point de O. Soit alors $g : J =]\alpha, \beta[\longrightarrow E$ une solution maximale de $(\mathcal{E})$. Si $\beta < b$ alors l'application g n'est pas bornée au voisinage de β* `Gdy p 375`.
>
> Notons que cette version est très souvent suffisante dans l'étude qualitative d'équations différentielles.

D) Exemples

Exemple 2 : soit $\varphi \in \mathcal{C}^1(\mathbb{R}, \mathbb{R})$ une application croissante, possédant un unique zéro α. Soit alors $(\mathcal{E}2)$ l'équation différentielle $y'(t) = \varphi(y(t))$. Alors
i) l'application constante $g : \mathbb{R} \longrightarrow \mathbb{R}$, $t \longmapsto \alpha$ est une solution maximale de $(\mathcal{E}2)$;
ii) les graphes des solutions maximales non constantes de $(\mathcal{E}2)$ sont
soit dans le demi-plan $\mathcal{P}_{\alpha^+} = \{ (x,y) \in \mathbb{R}^2 \mid y > \alpha \}$,
soit dans le demi-plan $\mathcal{P}_{\alpha^-} = \{ (x,y) \in \mathbb{R}^2 \mid y < \alpha \}$;
iii) soit (I, g) une solution maximale de $(\mathcal{E}2)$ dont le graphe est contenu dans $\mathcal{P}_{\alpha^+}$. Notons $I =]a, b[$, où $-\infty \leqslant a < b \leqslant +\infty$. Alors $a = -\infty$ et $\lim\limits_{t \to -\infty} g(t) = \alpha$.

▲ Attention : [P] ne signale pas, lors de l'étude du cas *iii*), que $\lim\limits_{t \to -\infty} g(t) = \alpha$. Or ce résultat est évident. En effet, par croissance de g, la limite de g en $-\infty$ existe bien. Si l'on désigne par ℓ cette limite, on a $\ell \geqslant \alpha$. Mais si $\ell > \alpha$ alors $\lim\limits_{t \to -\infty} g'(t) = \varphi(\ell) > 0$, ce qui contredit la limite *finie* de g en $-\infty$. Bref, $\ell = \alpha$.

De plus, $\lim\limits_{t \to b,\ t<b} g(t) = +\infty$. Enfin, $b < +\infty$ si et seulement si l'intégrale $\displaystyle\int_{\star}^{+\infty} \frac{1}{\varphi(t)}\,\mathrm{d}t$ est convergente
iv) ci-après se trouve l'allure des courbes intégrales de $(\mathcal{E}2)$ [P p 306] :

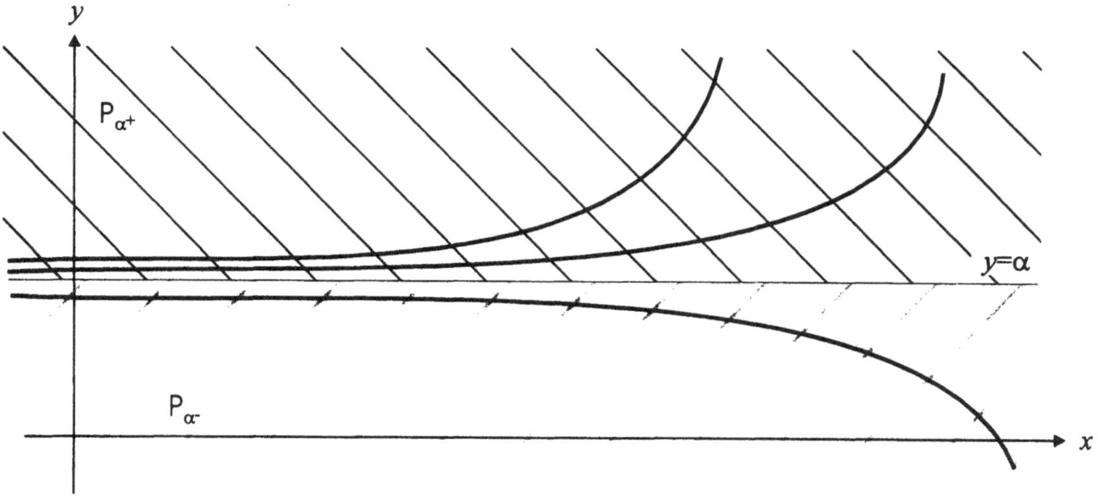

Exemple 3 : soit $(\mathcal{E}3)$ l'équation différentielle $y''(t) + 2\big(y(t)\big)^3 = 0$. Alors les solutions maximales de $(\mathcal{E}3)$ sont définies sur $\mathbb{R}$, possèdent une infinité de zéros et sont périodiques. De plus, les zéros d'une solution non identiquement nulle de $(\mathcal{E}3)$ sont isolés [P p 311].

Exemple 4 : on s'intéresse ici à l'interaction de deux espèces, l'une étant le prédateur et l'autre la proie. Le mathématicien Volterra modélisa le problème de la croissance des deux espèces de la manière suivante.
Désignons par $n(t)$ (respectivement $P(t)$) le nombre de proies (respectivement prédateurs) au temps t : on supposera ces fonctions à valeurs réelles - alors qu'elles

sont initialement à valeurs dans $\mathbb{N}$ - et dérivables. Sous certaines hypothèses, l'interaction proies-prédateurs peut se modéliser par

$$(S) \qquad \begin{cases} n'(t) = an(t) - bn(t)P(t) \\ P'(t) = -cP(t) + dn(t)P(t) \end{cases}$$

où a, b, c, d désignent des constantes strictement positives. De plus, à un instant initial t_0, $n(t_0)$ et $P(t_0)$ sont supposés strictement positifs. Alors
i) aucune des deux espèces ne s'éteint ni ne prolifère à l'infini ;
ii) les applications n et P sont copériodiques ;
iii) les valeurs moyennes de n et P sur une période sont indépendantes des valeurs initiales $n(t_0)$ et $P(t_0)$;
iv) un prédateur extérieur provoque une diminution (respectivement une augmentation) du nombre moyen de prédateurs (respectivement proies) ;
v) voici enfin l'allure de la trajectoire du système (S) AF3 p 486 - Q p 35 :

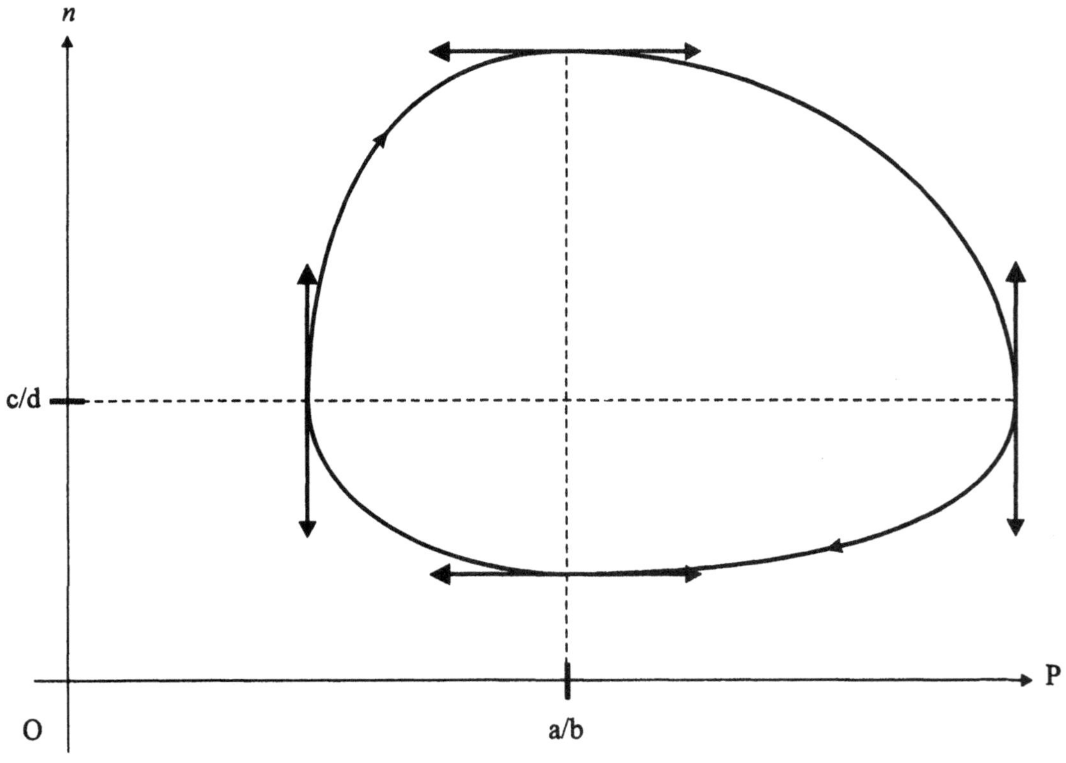

REMARQUES :

- **Extrait du rapport du jury 1993**

Cette leçon est difficile. Les énoncés proposés sont souvent faux, concernant la condition de Lipschitz, l'existence et l'unicité des solutions locales et des solutions maximales... Si le cas des équations linéaires peut bien sûr figurer dans le plan, il ne doit pas en constituer une grande partie.

• Même si cette leçon doit mettre l'accent sur *l'étude qualitative* des solutions des équations différentielles, il est toutefois indispensable de connaître *les méthodes pratiques* de résolution des équations différentielles.

• Dans cette leçon doivent impérativement figurer des dessins, notamment des courbes intégrales ou encore des trajectoires.

QUESTIONS :

• *Soit* $n \in \mathbb{N}^*$ *et* $E = \mathbb{R}^n$ *muni d'une norme quelconque. Soit de plus* $f \in \mathcal{C}^1(E, E)$ *une application bornée. Montrer que toute solution maximale de :*

$$(\mathcal{E}4) \qquad y'(t) = f(y(t))$$

est définie sur $\mathbb{R}$.

Soit $g : I \longrightarrow E$ une solution maximale de $(\mathcal{E}4)$.
Notons $I =]a, b[$ où $-\infty \leqslant a < b \leqslant +\infty$.

Supposons $b < +\infty$, ainsi, d'après le principe de majoration *a priori*,

$$(1) \qquad \lim_{t \to b,\ t<b} \| g(t) \| = +\infty.$$

Par ailleurs, par hypothèse sur f, il existe $M \in \mathbb{R}^+$ tel que pour tout $x \in E$, $\| f(x) \| \leqslant M$.
Ainsi, d'après l'équation vérifiée par g, pour tout $t \in I$, $\| g'(t) \| \leqslant M$.

Soit alors $t_0 \in I$.
D'après l'inégalité des accroissements finis, on a donc $\| g(t) - g(t_0) \| \leqslant M | t - t_0 |$ pour tout $t \in I$.
Finalement, pour tout $t \in [t_0, b[$, on a

$$\| g(t) \| \leqslant \| g(t) - g(t_0) \| + \| g(t_0) \| \leqslant M(t - t_0) + \| g(t_0) \| \leqslant M(b - t_0) + \| g(t_0) \|.$$

Aussi l'application g est-elle bornée au voisinage de b, ce qui contredit (1).

Bref, $b = +\infty$ et de même, $a = -\infty$.

• *Soit* $(\mathcal{E}5)$ *l'équation différentielle* $y''(t) - p(t)y(t) = 0$ *où* $p \in \mathcal{C}(\mathbb{R}, \mathbb{R}_*^+)$. *Montrer que toute solution maximale de* $(\mathcal{E}5)$*, bornée, est identiquement nulle.*

Soit $g : I \longrightarrow \mathbb{R}$ une solution maximale de $(\mathcal{E}5)$, bornée sur I.

D'après le théorème 3, on sait déjà que $I = \mathbb{R}$.
Définissons alors $c : \mathbb{R} \longrightarrow \mathbb{R}$, $t \longmapsto (g(t))^2$: $c \in \mathcal{C}^2(\mathbb{R}, \mathbb{R})$ et pour tout $t \in \mathbb{R}$,

$$c''(t) = 2\big(g(t)g''(t) + (g'(t))^2\big) = 2\big(p(t)(g(t))^2 + (g'(t))^2\big) \geqslant 0.$$

Ainsi, l'application c est convexe.

Mais, g étant bornée sur $\mathbb{R}$, c est aussi bornée sur $\mathbb{R}$.

Bref, l'application c, définie sur $\mathbb{R}$ tout entier, est convexe et bornée : c est donc constante. L'application g, continue, est alors elle aussi constante.
Mais la seule application constante solution de $(\mathcal{E}5)$ est l'application nulle.

Finalement, g est identiquement nulle.

L37 ♣ ♣

Equations différentielles linéaires. Exemples.

DÉVELOPPEMENTS : D54 - D55

BIBLIOGRAPHIE : [Gdy] [Gx3] [P]

Dans toute cette leçon, $(E, \| \ \|)$ désignera un $\mathbb{K}$–espace vectoriel normé de dimension finie $n \in \mathbb{N}^*$, $\mathcal{B}$ une base quelconque de E et I un intervalle ouvert non vide de $\mathbb{R}$.
Soit de plus $a \in \mathcal{C}(I, L(E))$ et $b \in \mathcal{C}(I, E)$.
Soit enfin l'équation différentielle linéaire

$$(\mathcal{L}) \qquad y'(t) = a(t)(y(t)) + b(t).$$

Son équation homogène associée est alors

$$(\mathcal{H}) \qquad y'(t) = a(t)(y(t)).$$

A) Etude générale

1) Existence et unicité des solutions

Théorème 1 : le théorème de Cauchy-Lipschitz linéaire.

Soit $(t_0, y_0) \in I \times E$.
Alors l'équation $(\mathcal{L})$ possède une unique solution définie sur I et de donnée initiale (t_0, y_0) [Gx3 p 402].

> On pourra insister, oralement, sur la différence majeure entre les équations différentielles linéaires et les équations différentielles générales de la forme $y'(t) = f(t, y(t))$.
> Les solutions maximales des équations différentielles linéaires sont en effet définies sur l'intervalle I *tout entier*, alors qu'il n'en est rien - *a priori* - pour les équations différentielles les plus générales.

Exemple 1 : soit $(\mathcal{L}1)$ l'équation $y'(t) + \alpha(t)y(t) = 0$ où $\alpha \in \mathcal{C}(I, \mathbb{K})$. Soit de plus $(t_0, y_0) \in I \times \mathbb{K}$. Alors $g : I \longrightarrow \mathbb{K},\ t \longmapsto y_0 \exp\left(-\int_{t_0}^{t} \alpha(u)\, du\right)$ est l'unique solution de $(\mathcal{L}1)$ définie sur I et vérifiant $g(t_0) = y_0$ [Gx3 p 407].

2) Structure de l'espace des solutions

Théorème 2 :

Les solutions de l'équation ($\mathcal{L}$) forment un espace affine de direction l'espace F_H des solutions de l'équation homogène associée ($\mathcal{H}$).
De plus, pour tout $t_0 \in I$, l'application $\varphi_{t_0} : F_H \longrightarrow E$, $g \longmapsto g(t_0)$ est un isomorphisme de F_H sur E [Gx3 p 406].

3) Conséquences

Définition 1 :

Soit $(S) = (g_1, \ldots, g_n)$ un système de n solutions de ($\mathcal{H}$).
Soit $t \in I$. On appelle matrice wronskienne de (S) en t la matrice des composantes de $(g_1, \ldots, g_n)$ dans $\mathcal{B}$. Cette matrice est notée $W_S(t)$.
On appelle alors wronskien du système (S) l'application

$$\mathcal{W}_S : I \longrightarrow \mathbb{K},\ t \longmapsto \det(W_S(t))$$

[Gdy p 352].

Théorème 3 :

Soit $(S) = (g_1, \ldots, g_n)$ un système de n solutions de ($\mathcal{H}$). Les propositions suivantes sont équivalentes :
i) $(S) = (g_1, \ldots, g_n)$ est une base de F_H ;
ii) il existe $t_0 \in I$ tel que $\mathcal{W}_S(t_0) \neq 0$;
iii) pour tout $t \in I$, $\mathcal{W}_S(t) \neq 0$ [Gdy p 353].

> On pourra alors insister sur le point suivant.
> Si $(S) = (g_1, \ldots, g_n)$ est un système de n solutions de ($\mathcal{H}$), alors
> - ou bien $\mathcal{W}_S$ est l'application identiquement nulle ;
> - ou bien $\mathcal{W}_S$ ne s'annule pas sur I.

Propriété 1 : la méthode de variation des constantes.

Soit $(S) = (g_1, \ldots, g_n)$ une base de solutions de ($\mathcal{H}$).
Définissons l'application $D : I \longrightarrow E$, $t \longmapsto \left(W_S(t)\right)^{-1} b(t)$. Pour $t \in I$, notons $(d_1(t), \ldots, d_n(t))$ les coordonnées de $D(t)$ dans $\mathcal{B}$. Enfin, pour tout $i \in [\![1, n]\!]$, considérons une primitive α_i de $d_i \in \mathcal{C}(I, \mathbb{K})$.
Alors l'application

$$f : I \longrightarrow E,\ t \longmapsto \sum_{i=1}^{n} \alpha_i(t) g_i(t)$$

est une solution de ($\mathcal{L}$) [Gx3 p 411].

> Cette méthode montre donc qu'il est essentiel de déterminer une base de l'équation homogène.

Application 1 : soit $\varphi \in \mathcal{C}^1(\mathbb{R}^+, \mathbb{K})$ vérifiant $\lim_{x \to +\infty} (\varphi(x) + \varphi'(x)) = 0$. Alors φ possède une limite en $+\infty$, cette limite étant nulle [P p 327].

B) Cas des équations différentielles linéaires scalaires d'ordre n

Dans cette section, on s'intéresse à l'équation différentielle

$$(\mathcal{L}2) \qquad y^{(n)}(t) + a_{n-1}(t)y^{(n-1)}(t) + \ldots + a_0(t)y(t) = b(t)$$

où $a_1, \ldots, a_n$ et b sont des applications continues de I dans $\mathbb{K}$.
De plus, on notera $(\mathcal{H}2)$ l'équation différentielle homogène associée.

Enfin, $\mathcal{K}$ désignera la base canonique de $\mathbb{K}^n$.

1) Passage de l'ordre n à l'ordre 1

Propriété 2 :

Pour $t \in I$, soit $Y(t)$ le vecteur de $\mathbb{K}^n$ dont les composantes dans $\mathcal{K}$ sont $(y(t), y'(t), \ldots, y^{(n-1)}(t)) \in \mathbb{K}^n$.
Soit de plus $a : I \longrightarrow L(\mathbb{K}^n)$ l'application vérifiant

$$\forall t \in I,\ \mathrm{Mat}_{\mathcal{K}}(a(t)) = \begin{pmatrix} 0 & 1 & \ldots & 0 \\ \vdots & \ddots & \ddots & \vdots \\ 0 & \ldots & 0 & 1 \\ -a_0(t) & \ldots & \ldots & -a_{n-1}(t) \end{pmatrix}$$

Soit enfin $b : I \longrightarrow \mathbb{K}^n$ l'application telle que pour tout $t \in I$, les composantes dans $\mathcal{K}$ de $b(t)$ soient $(0, \ldots, 0, b(t))$.
Alors l'équation $(\mathcal{L}2)$ est équivalente à l'équation différentielle linéaire $Y'(t) = a(t)(Y(t)) + b(t)$ `Gx3 p 416`.

2) Conséquences

Théorème 4 :

i) Soit $(t_0, y_0, y_1, \ldots, y_{n-1}) \in I \times \mathbb{K}^n$. Alors l'équation $(\mathcal{L}2)$ possède une unique solution définie sur I vérifiant $y^{(i)}(t_0) = y_i$ pour tout $i \in [\![0, n-1]\!]$ `Gdy p 352`.
ii) Les solutions de $(\mathcal{L}2)$ forment un espace affine de dimension n, de direction l'espace F_{H2} des solutions de $(\mathcal{H}2)$ `Gx3 p 417`.
iii) La famille $(g_1, \ldots, g_n)$ est une base de F_{H2} si et seulement si il existe $t_0 \in I$ tel que

$$\begin{vmatrix} g_1(t_0) & \ldots & g_n(t_0) \\ g_1'(t_0) & \ldots & g_n'(t_0) \\ \vdots & \ddots & \vdots \\ g_1^{(n-1)}(t_0) & \ldots & g_n^{(n-1)}(t_0) \end{vmatrix} \neq 0$$

`Gx3 p 417`.

On pourra enfin signaler que la méthode de variation des constantes existe aussi pour les équations différentielles d'ordre n : là encore, tout consiste à utiliser la propriété 2.

3) Etude de quelques équations d'ordre 2

Exemple 2 : pour $p,\ q \in \mathcal{C}(I, \mathbb{R})$, on considère l'équation

$$(\mathcal{L}3) \qquad y''(t) + p(t)y'(t) + q(t)y(t) = 0.$$

i) Si $g : I \longrightarrow \mathbb{R}$ est une solution non identiquement nulle de $(\mathcal{L}3)$, l'application g n'a qu'un nombre fini de zéros dans tout segment de I.

ii) Soit (g_1, g_2) une base de l'espace des solutions de $(\mathcal{L}3)$. On suppose que g_1 possède au moins deux zéros. Notons α et β deux zéros consécutifs de g_1 dans I tels que $\alpha < \beta$. Alors il existe un unique zéro de g_2 dans l'ouvert $]\alpha, \beta[$ [Gdy p 369].

Exemple 3 : pour $q \in \mathcal{C}(I, \mathbb{R})$, on considère l'équation

$$(\mathcal{L}q) \qquad y''(t) + q(t)y(t) = 0.$$

i) Soit $a,\ b \in \mathcal{C}(I, \mathbb{R})$ deux applications vérifiant $a(t) \leqslant b(t)$ pour tout $t \in I$.
On considère alors une solution non nulle g_a (respectivement g_b) de $(\mathcal{L}a)$ (respectivement $(\mathcal{L}b)$). Supposons que g_a possède au moins deux zéros. Notons α et β deux zéros consécutifs de g_a dans I tels que $\alpha < \beta$. Supposons que g_b ne s'annule pas sur l'ouvert $]\alpha, \beta[$.
Alors il existe $c \in \mathbb{R}^*$ tel que pour tout $t \in [\alpha, \beta]$, $g_a(t) = c g_b(t)$.

> ▲ Attention : *l'énoncé* proposé par [Gdy] évoque une unicité qui n'a pas lieu d'être.

ii) Soit $q \in \mathcal{C}(I, \mathbb{R})$. Supposons que pour tout $t \in I$, $q(t) \leqslant M^2$ où $M \in \mathbb{R}_*^+$.
Alors, toute solution non nulle de $(\mathcal{L}q)$ possédant plusieurs zéros dans I est telle que deux zéros consécutifs sont distants d'au moins $\dfrac{\pi}{M}\cdot$

iii) Soit $q \in \mathcal{C}(I, \mathbb{R})$. Supposons que pour tout $t \in I$, $q(t) \geqslant m^2$ où $m \in \mathbb{R}_*^+$.
Supposons qu'il existe, dans I, un segment J de longueur $\dfrac{\pi}{m}\cdot$
Alors toute solution non nulle de $(\mathcal{L}q)$ possède au moins un zéro dans J [Gdy p 370].

C) Un cas particulier important : les équations linéaires homogènes à cœfficients constants

1) Cas des équations d'ordre 1

Dans cette section, on s'intéresse à l'équation différentielle homogène

$$(\mathcal{L}4) \qquad y'(t) = a(y(t))$$

où $a \in L(E)$.

> On pourra alors signaler que les solutions maximales de $(\mathcal{L}4)$ sont définies sur tout $\mathbb{R}$.

a) Cas où a est diagonalisable

Théorème 5 :

Supposons a diagonalisable. Soit alors $(e_i)_{i=1\dots n}$ une base de vecteurs propres de a associés aux valeurs propres $(\lambda_i)_{i=1\dots n}$.
Pour $i \in [\![1,n]\!]$, on définit $g_i : \mathbb{R} \longrightarrow E,\ t \longmapsto e^{\lambda_i t} e_i$.
Alors $(g_1, \dots, g_n)$ est une base de solutions de $(\mathcal{L}4)$ `Gx3 p 422`.

b) Cas général

Théorème 6 :

Soit $(t_0, y_0) \in \mathbb{R} \times E$.
Alors l'unique solution de $(\mathcal{L}4)$ valant y_0 en t_0 est définie par

$$g : \mathbb{R} \longrightarrow E,\ t \longmapsto \left(\exp((t - t_0)a)\right)(y_0)$$

`Gx3 p 421`.

Théorème 7 :

Soit $(\lambda_i)_{i=1\dots k}$ les valeurs propres distinctes de a de multiplicité $(m_i)_{i=1\dots k}$. De plus, pour tout $i \in [\![1,k]\!]$, on note $(h_{p,i})_{p=1\dots m_i}$ une base de l'espace caractéristique $\ker(a - \lambda_i id)^{m_i}$.
Alors les applications

$$\left(g_{p,i} : \mathbb{R} \longrightarrow E,\ t \longmapsto e^{\lambda_i t}\left(\sum_{\ell=0}^{m_i-1} \frac{t^\ell}{\ell!}(a - \lambda_i id)^\ell\right)(h_{p,i})\right)_{1 \leqslant i \leqslant k,\ 1 \leqslant p \leqslant m_i}$$

forment une base de l'espace des solutions de l'équation $(\mathcal{L}4)$ `Gx3 p 423`.

2) Cas des équations d'ordre n

Propriété 3 :

Soit $(a_0, \dots, a_{n-1}) \in \mathbb{C}^n$. Soit alors l'équation

$$(\mathcal{L}5) \qquad y^{(n)}(t) + a_{n-1}y^{(n-1)}(t) + \dots + a_0 y(t) = 0.$$

Soit $P = X^n + \sum_{i=0}^{n-1} a_i X^i \in \mathbb{C}[X]$.
Ecrivons $P = \prod_{i=1}^{r} (X - \lambda_i)^{m_i}$ avec $r \in \mathbb{N}^*$ et où pour tout $i \in [\![1,r]\!]$, $\lambda_i \in \mathbb{C}$ est racine de P de multiplicité $m_i \in \mathbb{N}^*$.
Alors toute solution de $(\mathcal{L}5)$ est de la forme

$$g : \mathbb{R} \longrightarrow \mathbb{C},\ t \longmapsto \sum_{i=1}^{r} P_i(t) e^{\lambda_i t}$$

où, pour tout $i \in [\![1,r]\!]$, $P_i \in \mathbb{C}[X]$ avec $\deg P_i < m_i$ `Gdy p 355`.

> On pourra insister sur le fait que la résolution proposée ci-dessus est uniquement valable pour le cas complexe.

REMARQUES :

- Le plan proposé ci-dessus considère une équation différentielle utilisant un endomorphisme $a(t)$ de E. Il est évident que toute la leçon pourrait être présentée à l'aide de matrices de $M_n(\mathbb{K})$ et de vecteurs de $\mathbb{K}^n$.

- **Extrait du rapport du jury 1993**

Contrairement à la leçon [Equations différentielles $y' = f(x,y)$; exemples d'étude qualitative des solutions], cette leçon devrait être facile. Pourtant, elle est souvent traitée dans un très grand désordre : on dit d'emblée que l'espace des solutions est un espace affine, ou vectoriel, de dimension n, puis on énonce le théorème de Cauchy-Lipschitz... Le cas d'un système à cœfficients constants est souvent oublié ; il est bon d'écrire la solution à l'aide d'exponentielle de matrices, mais il faut savoir calculer ep(a).

- Non seulement la théorie des équations différentielles linéaires doit-elle être parfaitement maîtrisée pour cette leçon, mais il est bien-sûr indispensable de savoir résoudre une équation standard.

- Notons que les les équations de Bernoulli $y'(t) = a(t)y(t) + b(t)(y(t))^\alpha$ où a, $b \in \mathcal{C}(I,\mathbb{R})$ et $\alpha \in \mathbb{R} \setminus \{0,1\}$, peuvent très bien être proposées dans cette leçon, bien qu'elles ne soient pas linéaires. En effet, leur résolution fait appel à une équation différentielle linéaire [Gdy p 365].

QUESTIONS :

- *Résoudre l'équation* $(\mathcal{E}1)$: $y''(t) + y(t) = \cos t$.

Notons tout d'abord que l'application cosinus est définie sur $\mathbb{R}$. Aussi les solutions maximales de $(\mathcal{E}1)$ sont-elles définies sur $\mathbb{R}$ tout entier.
Soit $g_1 : \mathbb{R} \longrightarrow \mathbb{R},\ t \longmapsto \cos t$ et $g_2 : \mathbb{R} \longrightarrow \mathbb{R},\ t \longmapsto \sin t$. Il est clair que (g_1, g_2) forme une base de l'équation différentielle homogène associée à $(\mathcal{E}1)$.
Soit alors λ_1 et λ_2 deux applications de l'espace $\mathcal{C}^1(\mathbb{R},\mathbb{R})$. D'après la méthode de variation des constantes, l'application $g = \lambda_1 g_1 + \lambda_2 g_2$ est donc solution de $(\mathcal{E}1)$ si et seulement si , pour tout réel t,

$$\begin{pmatrix} g_1(t) & g_2(t) \\ g_1'(t) & g_2'(t) \end{pmatrix} \begin{pmatrix} \lambda_1'(t) \\ \lambda_2'(t) \end{pmatrix} = \begin{pmatrix} 0 \\ \cos t \end{pmatrix},$$

soit encore

$$\begin{cases} \lambda_1'(t)\cos t & + & \lambda_2'(t)\sin t & = & 0 \\ -\lambda_1'(t)\sin t & + & \lambda_2'(t)\cos t & = & \cos t. \end{cases}$$

Ainsi, pour tout $t \in \mathbb{R}$,

$$\begin{pmatrix} \lambda_1'(t) \\ \lambda_2'(t) \end{pmatrix} = \begin{pmatrix} \cos t & -\sin t \\ \sin t & \cos t \end{pmatrix} \begin{pmatrix} 0 \\ \cos t \end{pmatrix} = \begin{pmatrix} -\sin t\cos t \\ \cos^2 t \end{pmatrix}.$$

Il existe donc $(\alpha_1, \alpha_2) \in \mathbb{R}^2$ tel que

$$\forall t \in \mathbb{R},\ \lambda_1(t) = \frac{1}{4}\cos(2t) + \alpha_1 \text{ et } \lambda_2(t) = \frac{1}{4}\sin(2t) + \frac{t}{2} + \alpha_2.$$

Finalement, l'ensemble des solutions de $(\mathcal{E}1)$ est exactement l'ensemble des applications g de la forme

$$g : \mathbb{R} \longrightarrow \mathbb{R},\ t \longmapsto \left(\frac{\cos(2t)}{4} + \alpha_1\right)\cos t + \left(\frac{\sin(2t)}{4} + \frac{t}{2} + \alpha_2\right)\sin t,$$

où $(\alpha_1, \alpha_2) \in \mathbb{R}^2$.

Extrait du rapport du jury 1996

Rares sont les candidats qui savent appliquer la méthode de variation des constantes, même dans le cas d'une équation d'ordre 2.

• *Soit $(\mathcal{E}2)$ l'équation différentielle $y'(t) = a(t)y(t)$ où $a : \mathbb{R} \longrightarrow M_n(\mathbb{C})$ est une application continue et $T-$périodique. Montrer qu'il existe une solution non nulle s de $(\mathcal{E}2)$ pour laquelle il existe $\lambda \in \mathbb{R}$ tel que $s(t+T) = \lambda s(t)$ pour tout $t \in \mathbb{R}$.*

Tout va consister à regarder cette égalité en termes d'endomorphisme et de valeur propre.

Soit $\mathcal{S}$ l'ensemble des solutions de $(\mathcal{E}2)$. Notons que ces solutions sont bien définies sur $\mathbb{R}$. L'espace $\mathcal{S}$ est donc un $\mathbb{K}-$espace vectoriel de dimension n.
Par ailleurs, si $g \in \mathcal{S}$ alors, comme $a : \mathbb{R} \longrightarrow M_n(\mathbb{C})$ est $T-$ périodique, l'application $g_T : \mathbb{R} \longrightarrow \mathbb{C}^n,\ t \longmapsto g(t+T)$ est elle aussi dans $\mathcal{S}$. On peut donc définir l'endomorphisme de $\mathcal{S}$ suivant :

$$\varphi : \mathcal{S} \longrightarrow \mathcal{S},\ g \longmapsto g_T.$$

Mais $\mathcal{S}$ est un $\mathbb{K}-$espace vectoriel de dimension finie. Aussi l'endomorphisme φ possède-t-il une valeur propre $\lambda \in \mathbb{C}$. Soit s un vecteur propre associé à la valeur propre λ. Alors $s \neq 0$ et $\varphi(s) = \lambda s$ soit encore

$$\forall t \in \mathbb{R},\ s(t+T) = \lambda s(t).$$

L38 ♣♣♣

Exemples d'étude de problèmes conduisant à des équations différentielles.

DÉVELOPPEMENTS : D48 - D53

BIBLIOGRAPHIE : [AF3] [AF4] [BBR] [CMOS2] [Gdy] [LS4] [MVT] [P] [Q]

A) Equations différentielles provenant de problèmes mathématiques abstraits

1) En analyse

a) Etude de fonctions

Problème 1 :

> *Soit $f \in \mathcal{C}^1(\mathbb{R}^+, \mathbb{C})$ une application vérifiant $\lim_{t \to +\infty} f(t) + f'(t) = 0$. Que dire de $\lim_{t \to +\infty} f(t)$?*

Considérons $g : \mathbb{R}^+ \longrightarrow \mathbb{C}$, $t \longmapsto f(t) + f'(t)$. Alors $\lim_{t \to +\infty} g(t) = 0$. Par ailleurs, f vérifie l'équation différentielle $y(t) + y'(t) = g(t)$.

En utilisant la méthode de la variation de la constante, on montre finalement que $\lim_{t \to +\infty} f(t) = 0$ [P p 327].

b) Résolution d'équations fonctionnelles

Problème 2 :

> *Soit à déterminer les applications f et g continues sur $\mathbb{R}$ et à valeurs réelles vérifiant*
>
> $$\forall x \in \mathbb{R}, \quad f(x) = \int_0^x g(t)\,\mathrm{d}t \quad \text{et} \quad g(x) = \int_0^x f(t)\,\mathrm{d}t.$$

Après avoir montré que les applications f et g sont dérivables sur $\mathbb{R}$, on prouve alors que $f - g$ vérifie l'équation différentielle $y'(t) + y(t) = 0$.

On en déduit alors que $f = g = 0$ [CMOS2 p 27].

Problème 3 :

> *Soit à déterminer les applications $f \in \mathcal{C}(\mathbb{R}, \mathbb{R})$ vérifiant*
>
> $$\forall x \in \mathbb{R}, \forall y \in \mathbb{R}, \quad f(x+y) + f(x-y) = 2f(x)f(y).$$

Après avoir écarté le cas de l'application identiquement nulle, qui est évidemment solution du problème, on montre que toute autre solution est paire, de classe $\mathcal{C}^2$ sur $\mathbb{R}$ et vérifie de plus l'équation différentielle $y''(t) = y''(0)y(t)$.

Bref, l'ensemble des solutions du problème est $\mathcal{S} = \{0\} \cup \{ f_a, g_a \mid a \in \mathbb{R} \}$, où pour tout $a \in \mathbb{R}$ et pour tout $t \in \mathbb{R}$, $f_a(t) = \text{ch}(at)$ et $g_a(t) = \cos(at)$ BBR p 97.

Problème 4 :

Soit à déterminer les applications $f : \mathbb{R}_*^+ \longrightarrow \mathbb{R}$, dérivables, et vérifiant

$$\forall t \in \mathbb{R}_*^+,\ f'(t) = f\left(\frac{1}{t}\right).$$

Après avoir montré que $f \in \mathcal{C}^2(\mathbb{R}_*^+, \mathbb{R})$, on montre que f est solution, sur $\mathbb{R}_*^+$, de l'équation d'Euler $t^2 y''(t) + y(t) = 0$.

Ceci permet alors de déterminer l'ensemble $\mathcal{S}$ des solutions du problème : si l'on pose $\varphi : \mathbb{R}_*^+ \longrightarrow \mathbb{R},\ t \longmapsto \sqrt{t}\cos\left(\frac{\sqrt{3}}{2}\log t - \frac{\pi}{6}\right)$ alors $\mathcal{S} = \{ \lambda\varphi \mid \lambda \in \mathbb{R} \}$ Gdy p 359.

c) Calculs d'intégrales

Problème 5 :

Soit $\alpha > 0$. Pour $x \geqslant 0$, on se propose de calculer

$$I(x) = \int_0^{+\infty} e^{-t} e^{ixt} t^{\alpha-1}\, dt.$$

Une fois prouvée la dérivabilité sur $\mathbb{R}^+$ de l'application I, on montre que I est solution sur $\mathbb{R}^+$ de l'équation différentielle $y(t) + \frac{i+t}{\alpha} y'(t) = 0$.

Finalement, si Γ désigne la fonction Gamma d'Euler, pour tout $x \in \mathbb{R}^+$, on obtient $I(x) = \Gamma(\alpha)(x^2+1)^{-\frac{\alpha}{2}} e^{i\alpha \arctan x}$ Gdy p 165.

Problème 6 :

Soit à calculer la transformée de Fourier $\hat{\phi}$ de l'application $\phi \in L^1(\mathbb{R})$ définie par $\phi : \mathbb{R} \longrightarrow \mathbb{R},\ t \longmapsto e^{-\frac{t^2}{2}}$.

Après avoir établi la dérivabilité de $\hat{\phi}$, on prouve que $\hat{\phi}$ vérifie l'équation différentielle $y'(t) + ty(t) = 0$.

Finalement, on montre que $\hat{\phi} = \phi$ P p 200.

d) Calculs de développements en série entière

Problème 7 :

Soit $\alpha > 0$. On se propose de calculer le développement en série entière de l'application

$$f_\alpha :]-1, +\infty[\longrightarrow \mathbb{R},\ x \longmapsto (1+x)^\alpha.$$

Si f_α est développable en série entière, l'équation différentielle vérifiée par f_α, à savoir $(1+t)y'(t) - \alpha y(t) = 0$, impose certaines relations sur les cœfficients de ce développement.

Finalement, f_α est développable en série entière sur $]-1,1[$ et, pour tout $x \in]-1,1[$, $f_\alpha(x) = \sum_{n \geqslant 0} \left(\prod_{i=0}^{n-1} (\alpha - i) \right) \frac{x^n}{n!}$ Gdy p 239.

Problème 8 :

Soit à déterminer le développement en série entière de la fonction de Bessel définie par

$$\forall x \in \mathbb{R},\ J_0(x) = \frac{2}{\pi} \int_0^{\frac{\pi}{2}} \cos(x \sin t)\, \mathrm{d}t.$$

Après avoir prouvé que J_0 est de classe $\mathcal{C}^2$ sur $\mathbb{R}$, on montre que J_0 est solution de l'équation différentielle $ty''(t) + y'(t) + ty(t) = 0$.

Bref, $J_0(x) = \sum_{n \geqslant 0} \frac{(-1)^n}{4^n (n!)^2} x^{2n}$ pour tout réel x MVT pp 93 - 148.

2) En algèbre

a) A propos de dénombrement

Problème 9 :

Pour $n \in \mathbb{N}$, on cherche à calculer le nombre D_n de partitions de l'ensemble $[\![1, n]\!]$.

On s'intéresse alors à la série entière $\sum \frac{D_n}{n!} x^n$, de rayon de convergence $R \geqslant 1$. Si l'on note f la somme de cette série sur $]-R, R[$, on prouve ensuite que f est solution de l'équation différentielle $y'(t) - \mathrm{e}^t y(t) = 0$.

Finalement, en résolvant cette équation, on obtient $D_n = \frac{1}{\mathrm{e}} \sum_{k \geqslant 0} \frac{k^n}{k!}$ pour tout entier n MVT pp 94 - 151 .

b) Calculs d'éléments propres

Problème 10 :

Notons $E = \mathcal{C}([0,1], \mathbb{R})$.
Soit à déterminer les éléments propres de l'endomorphisme $\Psi : E \longrightarrow E$, où pour tout $f \in E$ et pour tout $x \in \mathbb{R}$, $\Psi(f)(x) = \int_0^1 K(t,x) f(t)\, \mathrm{d}t$ avec de plus,

$$\forall (x,y) \in [0,1]^2,\quad K(x,y) = x(1-y)\mathbf{1}_{\mathbb{R}^+}(y-x) + y(1-x)\mathbf{1}_{\mathbb{R}_*^+}(x-y).$$

Si $f \in E$ est un vecteur propre de Ψ associé à la valeur propre $\lambda \in \mathbb{R}$, on montre que f est deux fois dérivable sur $[0,1]$, vérifiant de plus l'équation différentielle $\lambda y''(t) + y(t) = 0$.

Finalement, on démontre que l'ensemble des valeurs propres de Ψ est exactement $\left\{ \frac{1}{n^2 \pi^2} \,\middle|\, n \in \mathbb{N}^* \right\}$ LS4 p 99.

3) En géométrie

Problème 11 :

> *Soit à déterminer l'ensemble $(\mathcal{G})$ des courbes à courbure algébrique constante.*

Si $\mathcal{C}$ est une courbe de $(\mathcal{G})$ alors l'angle φ entre l'axe des abscisses et la tangente de $\mathcal{C}$, fonction de la variable abscisse curviligne s, vérifie l'équation différentielle $y'(t) = 0$.

Ainsi, $(\mathcal{G})$ est l'ensemble des cercles et des droites `AF4 p 393`.

B) Equations différentielles provenant de problèmes concrets

1) En économie

Problème 12 :

> *Soit à étudier le remboursement d'un emprunt portant sur un capital $C > 0$, souscrit pour une période $T > 0$, au taux d'intérêt $\tau > 0$.*

On suppose que pour tout $t \in [0, T] = I_T$, le remboursement par unité de temps, $\rho(t)$, vérifie $\rho(t) = at + R_0$ où $a \in \mathbb{R}$: si $a = 0$ (respectivement $a > 0$, $a < 0$), alors le remboursement est dit constant (respectivement progressif, dégressif). Soit alors $d(t)$ la dette restante à l'instant $t \in I_T$. En supposant d continue sur I_T, on montre que d est dérivable sur I_T et vérifie, sur I_T, l'équation différentielle $y'(t) - \tau y(t) = -\rho(t) = -at - R_0$.

Finalement, en notant $r_0 = \tau C \dfrac{e^{\tau T}}{e^{\tau T} - 1}$, on montre que si $R_0 = r_0$ (respectivement $R_0 < r_0$, $R_0 > r_0$), alors le remboursement par unité de temps est constant (respectivement progressif, dégressif) `AF3 p 381 - CMOS2 p 137`.

2) En biologie

Problème 13 :

> *Soit à étudier l'interaction de deux espèces, l'une étant la proie et l'autre le prédateur.*

Le mathématicien Volterra modélisa alors le problème de la croissance des deux espèces de la manière suivante. Appelons $n(t)$ (respectivement $P(t)$) le nombre de proies (respectivement prédateurs) au temps t : on supposera ces fonctions à valeurs réelles - alors qu'elles sont initialement à valeurs dans $\mathbb{N}$ - et dérivables.

Admettons alors que les proies ne sont pas concurrentes pour leur alimentation. Ainsi, en l'absence de prédateurs, n vérifierait l'équation $n'(t) = an(t)$. En supposant alors que l'unique cause de décès des proies est la destruction par un prédateur, n vérifie finalement l'équation $n'(t) = an(t) - bn(t)P(t)$. De même, en l'absence de proies, P vérifierait l'équation $P'(t) = -cP(t)$, mais la présence de proies favorise la quantité de jeunes prédateurs. Ainsi, P est solution de l'équation $P'(t) = -cP(t) + dn(t)P(t)$.

En résumé, sous certaines hypothèses, l'interaction proies-prédateurs peut se modéliser par

$$(S) \qquad \begin{cases} n'(t) &= an(t) &- bn(t)P(t) \\ P'(t) &= -cP(t) &+ dn(t)P(t) \end{cases}$$

où a, b, c, d désignent des constantes strictement positives. De plus, à un instant initial t_0, $n(t_0)$ et $P(t_0)$ sont supposés strictement positifs.

A partir de là, on peut montrer qu'un prédateur extérieur, par exemple la pêche, provoque une diminution (respectivement une augmentation) du nombre moyen de prédateurs (respectivement proies) [Q p 35].

3) En physique

Problème 14 :

> *Soit à étudier le mouvement du pendule simple, lancé sans vitesse initiale et soumis à aucun frottement.*

En appelant φ l'angle fait par le pendule avec la verticale, on montre que φ vérifie l'équation $y''(t) + \sin(y(t)) = 0$, les conditions initiales étant $\varphi(t_0) = \varphi_0 \in]-\pi, \pi[$ et $\varphi'(t_0) = 0$.

A partir de là, on montre que le mouvement du pendule est périodique [BBR p 188].

REMARQUES :

• Pour chaque exemple, on décrira rapidement le problème à étudier. Puis, on mettra en évidence l'équation différentielle à laquelle on aboutit. Enfin, on en tirera les conclusions attendues.

• Bien évidemment, les exemples proposés dans cette leçon dépendent de la culture mathématique de chacun. L'essentiel est d'essayer de couvrir des domaines aussi variés que possible.

• Dans le domaine de la physique, les exemples, même les plus classiques, sont bien trop nombreux pour être *tous* cités : on pourra notamment penser à l'étude les circuits (R, L, C) ou bien encore à celle des ressorts.

QUESTIONS :

• ***Dans une culture de microbes, on suppose que la vitesse de prolifération des microbes est proportionnelle à leur quantité actuelle. Si, au bout de deux heures, la quantité de microbes a quadruplé, qu'en est-il au bout de trois heures ?***

Soit $N(t)$ le nombre de microbes à l'instant t, où t représente le temps exprimé en heures. On va bien évidemment supposer N, à valeurs réelles - et non entières - et de plus, dérivable.

L'hypothèse faite sur la vitesse de prolifération implique donc qu'il existe $c \in \mathbb{R}$ tel que $N'(t) = cN(t)$.

Bref, en appelant N_0 le nombre, non nul, de microbes présents initialement, on obtient donc $N(t) = N_0 e^{cT}$ pour tout $t \geqslant 0$.

Par ailleurs, on sait que $N(2) = 4N_0$, soit $N_0 e^{2c} = 4N_0$, et finalement, $e^{2c} = 4$. Comme $N(1) = N_0 e^c > 0$, il vient ainsi $e^c = 2$.
Bref, au bout de trois heures, $N(3) = (e^c)^3 N_0 = 2^3 N_0 = 8N_0$ et la quantité de microbes a été multipliée par 8.

• *Soit* $u \in \mathcal{C}(\mathbb{R}^+, \mathbb{R}^+)$ *et* $v \in \mathcal{C}(\mathbb{R}^+, \mathbb{R})$ *deux applications telles que*

$$(\star) \qquad \exists K \in \mathbb{R},\ \forall x \in \mathbb{R}^+,\ v(x) \leqslant K + \int_0^x u(s)v(s)\,\mathrm{d}s.$$

Montrer alors que pour tout $x \in \mathbb{R}^+$, $v(x) \leqslant K \exp\left(\int_0^x u(s)\,\mathrm{d}s\right)$.

Définissons $F : \mathbb{R}^+ \longrightarrow \mathbb{R},\ x \longmapsto \int_0^x u(s)v(s)\,\mathrm{d}s$.

> Afin de majorer judicieusement F, on va rechercher une *inéquation différentielle* satisfaite par F.

L'application F est dérivable sur $\mathbb{R}^+$. De plus, pour $x \geqslant 0$, en multipliant l'inégalité $(\star)$ par le réel positif $u(x)$, il vient $F'(x) \leqslant Ku(x) + u(x)F(x)$.
Bref, sur $\mathbb{R}^+$, F vérifie l'inéquation différentielle

$$(\mathcal{I}) \qquad y'(t) - u(t)y(t) \leqslant Ku(t).$$

> L'idée est alors d'employer la technique de la variation de la constante.

On écrit donc F, solution de $(\mathcal{I})$, sous la forme : $F(x) = \lambda(x) \exp\left(\int_0^x u(s)\,\mathrm{d}s\right)$ où $x \in \mathbb{R}^+$ et $\lambda \in \mathcal{C}(\mathbb{R}^+, \mathbb{R})$ est une application dérivable.
Notons $U : \mathbb{R}^+ \longrightarrow \mathbb{R},\ x \longmapsto \int_0^x u(s)\,\mathrm{d}s$.
Pour tout $x \in \mathbb{R}^+$, on a donc $F(x) = \lambda(x)\exp(U(x))$ et ainsi,

$$F'(x) = \lambda'(x)\exp(U(x)) + \lambda(x)u(x)\exp(U(x)).$$

Mais F vérifie l'inéquation $(\mathcal{I})$: ainsi, si $t \geqslant 0$, $\lambda'(t)\exp(U(t)) \leqslant Ku(t)$ soit encore $\lambda'(t) \leqslant K\big(u(t)\exp(-U(t))\big)$.

Intégrons cette inéquation entre 0 et $x \geqslant 0$. Il vient

$$\lambda(x) - \lambda(0) \leqslant K\big(-\exp(-U(x)) + \exp(-U(0))\big).$$

Mais $U(0) = 0$ et $\lambda(0) = F(0) = 0$, ainsi $\lambda(x) \leqslant K - K\exp(-U(x))$ pour tout $x \geqslant 0$.

Finalement, pour tout réel positif x,

$$F(x) = \lambda(x)\exp(U(x)) \leqslant \big(K - K\exp(-U(x))\big)\exp(U(x)) = K\exp(U(x)) - K.$$

Mais par hypothèse, pour tout $x \in \mathbb{R}^+$, $v(x) \leqslant K + F(x)$.
Finalement, on obtient la majoration souhaitée, à savoir

$$\forall x \in \mathbb{R}^+,\ v(x) \leqslant K\exp\left(\int_0^x u(s)\,\mathrm{d}s\right).$$

Cet exercice est une des multiples versions du lemme de Gronwall.

INDEX DES NOTATIONS

$\approx$ homéomorphe.

$p \wedge q$ PGCD de p et q.

$\mathbf{1}_A$ fonction caractéristique de A.

$\| \ \|_{\mathrm{L}}$ norme linéaire.

$[a, b]$ segment réel d'extrémités a et b, avec $a \leqslant b$.

$B(x, r)$ boule ouverte de centre x et de rayon $r > 0$.

$B_E(x, r)$ boule ouverte de E, de centre x et de rayon $r > 0$.

$B_E^f(x, r)$ boule fermée de E, de centre x et de rayon $r \geqslant 0$.

$\mathcal{C}(E, F)$ ensemble des applications continues de E dans F.

$\mathcal{C}^n(E, F)$ ensemble des applications de E dans F de classe $\mathcal{C}^n$.

$\mathcal{C}^\infty(E, F)$ ensemble des applications de E dans F de classe $\mathcal{C}^\infty$.

$D_o(R)$ disque ouvert de $\mathbb{C}$ de centre O et de rayon $R > 0$.

$E(x)$ partie entière du réel x.

E' dual topologique de E.

$E^\star$ dual algébrique de E.

$f(x^-)$ la limite, lorsqu'elle existe, de $f(y)$ lorsque y tend vers x par valeurs strictement inférieures.

$f(x^+)$ la limite, lorsqu'elle existe, de $f(y)$ lorsque y tend vers x par valeurs strictement supérieures.

γ constante γ d'Euler.

Γ fonction Γ d'Euler.

$GL_c(E, F)$ groupe des applications linéaires de E dans F, bijectives et bicontinues.

$GL_n(\mathbb{K})$ groupe des matrices carrées d'ordre n, à coefficients dans $\mathbb{K}$, inversibles.

$GL_n^-(\mathbb{R})$ ensemble des matrices carrées d'ordre n, à coefficients réels, inversibles, dont le déterminant est strictement négatif.

$GL_n^+(\mathbb{R})$ groupe des matrices carrées d'ordre n, à coefficients réels, inversibles, dont le déterminant est strictement positif.

$\mathfrak{Im}(z)$ partie imaginaire du complexe z.

$\mathbb{K}$ corps des réels ou des complexes.

ℓ^1 $\mathbb{K}$–espace vectoriel des suites (u_n) à valeurs dans $\mathbb{K}$, telles que la série $\sum |u_n|$ converge.

$\ell^2 = \ell^2(\mathbb{N})$ $\mathbb{K}$–espace vectoriel des suites (u_n) à valeurs dans $\mathbb{K}$, telles que la série $\sum |u_n|^2$ converge.

ℓ^∞ $\mathbb{K}$–espace vectoriel des suites à valeurs dans $\mathbb{K}$, convergentes.

$L_c(E,F)$ $\mathbb{K}$–espace vectoriel des applications linéaires de E dans F, continues.

L^p pour $p \in [1,+\infty[$, $\mathbb{K}$–espace vectoriel des applications f de $\mathbb{R}$ dans $\mathbb{K}$, mesurables et telles que $\int_{\mathbb{R}} |f(x)|^p \,\mathrm{d}x < +\infty$.

$L^p_{2\pi}$ pour $p \in [1,+\infty[$, $\mathbb{K}$–espace vectoriel des applications f de $\mathbb{R}$ dans $\mathbb{K}$, mesurables, 2π–périodiques et telles que $\int_0^{2\pi} |f(x)|^p \,\mathrm{d}x < +\infty$.

$O(n)$ groupe orthogonal.

$\mathfrak{Re}(z)$ partie réelle du complexe z.

S^n sphère unité de $\mathbb{R}^{n+1}$.

S_n^+ ensemble des matrices carrées d'ordre n, à coefficients réels, symétriques et positives.

S_n^{++} ensemble des matrices carrées d'ordre n, à coefficients réels, symétriques et définies positives.

$SL_n(\mathbb{C})$ groupe spécial unitaire.

$U(n)$ groupe unitaire.

ζ fonction ζ de Riemann.

LISTE DES LEÇONS

L01. Utilisation de la notion de compacité en analyse.

L02. Espaces connexes. Exemples et applications.

L03. Espaces homéomorphes. Exemples et contre-exemples.

L04. Espaces complets. Exemples et applications.

L05. Théorème(s) du point fixe. Applications.

L06. Prolongement de fonctions. Exemples.

L07. Utilisation de la continuité uniforme en analyse.

L08. Utilisation de la dénombrabilité en analyse.

L09. Utilisation de la notion de partie dense en analyse.

L10. Espaces vectoriels normés, applications linéaires continues. Exemples et applications.

L11. Espaces vectoriels normés de dimension finie. Exemples et applications.

L12. Espaces de Hilbert. Exemples et applications.

L13. Propriétés topologiques de $\mathbb{R}$ et sous-ensembles remarquables de $\mathbb{R}$ (une construction de $\mathbb{R}$ étant admise).

L14. Différentiabilité d'une application définie sur un ouvert de $\mathbb{R}^n$. Exemples et applications.

L15. Formules de Taylor pour les fonctions d'une ou plusieurs variables réelles. Applications.

L16. Extrema d'une fonction d'une ou plusieurs variables réelles. Exemples et applications.

L17. Difféomorphismes, théorème d'inversion locale. Applications en analyse et en géométrie différentielle.

L18. Théorème des fonctions implicites. Applications en analyse et en géométrie différentielle.

L19. Suites de nombres réels ou complexes : convergence, théorèmes d'existence d'une limite. Exemples et applications.

L20. Comportement d'une suite définie par une itération $u_{n+1} = f(u_n)$. Exemples.

L21. Exemples d'obtention et d'emploi de développements asymptotiques.

L22. Continuité et dérivabilité des fonctions réelles d'une variable réelle. Exemples et contre-exemples.

L23. Fonctions convexes d'une variable réelle. Exemples et applications.

L24. Suites et séries de fonctions : différentes notions de convergence, propriétés de la limite. Exemples et contre-exemples.

L25. Interversion d'une limite et d'une intégrale. Exemples et applications.

L26. Exemples de calcul d'intégrales.

L27. Séries de nombres réels ou complexes : convergence, convergence absolue, sommation des relations de comparaison. Exemples.

L28. Comparaison d'une série et d'une intégrale. Exemples et applications.

L29. Illustrer par des exemples et des contre-exemples la théorie des séries numériques.

L30. Exemples d'étude de fonctions définies par une série.

L31. Séries entières : convergence, propriétés de la somme. Exemples.

L32. Développement d'une fonction en série entière. Exemples et applications.

L33. Développement d'une fonction périodique en série de Fourier. Exemples et applications.

L34. Fonctions définies par une intégrale dépendant d'un paramètre. Exemples et applications.

L35. Exemples de problèmes d'interversion de limites.

L36. Equations différentielles $y' = f(x, y)$; exemples d'étude qualitative des solutions.

L37. Equations différentielles linéaires. Exemples.

L38. Exemples d'étude de problèmes conduisant à des équations différentielles.

BIBLIOGRAPHIE

Bibliographie principale

Cette liste propose l'ensemble des références bibliographiques utilisées dans ce livre.

[ADF] Arnaudiès, Delezoide et Fraysse - *Exercices résolus d'analyse du cours de mathématiques - 3* - Dunod.

[AF1] Arnaudiès et Fraysse - *Cours de Mathématiques - 1 - Algèbre* - Dunod (1990).

[AF2] Arnaudiès et Fraysse - *Cours de Mathématiques - 2 - Analyse* - Dunod (1989).

[AF3] Arnaudiès et Fraysse - *Cours de Mathématiques - 3 - Compléments d'analyse* - Dunod (1989).

[AF4] Arnaudiès et Fraysse - *Cours de Mathématiques - 4 - Algèbre bilinéaire et géométrie* - Dunod (1990).

[B] Buchwalter - *Variations sur l'analyse - Maîtrise de Mathématiques* - Ellipses.

[BBR] Bonnault, Burnol et Roche - *Analyse - Math Sup et Math Spé - J'intègre 104* - Dunod.

[BDFG] Balabane, Duflo, Frisch et Guegan - *Maths en kit 2 - Sommes : séries* - Vuibert Université.

[Bz] Brézis - *Analyse fonctionnelle - Théorie et applications* - Masson.

[C] Combes - *Suites et séries* - PUF.

[Ch] Chenevier - *Exercices corrigés de mathématiques posés à l'oral des concours de Polytechnique et des ENS* - Ellipses.

[CMOS1] Chevalier, Méléard, Ozérée et Salon - *Les bases de l'analyse 1* - Dunod.

[CMOS2] Chevalier, Méléard, Ozérée et Salon - *Les bases de l'analyse 2* - Dunod.

[Ct] Comtet - *Analyse combinatoire - Tome premier* - PUF.

[D] Dieudonné - *Calcul infinitésimal* - Collection Méthodes - Hermann.

[DB] De Bruijn - *Asymptotic methods in analysis* - Dover.

[FG] Francinou et Gianella - *Exercices de mathématiques pour l'agrégation - Algèbre 1* - Masson.

[Gdg] Gourdon - *Les maths en tête - Algèbre* - Ellipses.

[Gdy] Gourdon - *Les maths en tête - Analyse* - Ellipses.

[Gx2] Gostiaux - *Cours de mathématiques spéciales - Tome 2* - PUF.

[Gx3] Gostiaux - *Cours de mathématiques spéciales - Tome 3* - PUF.

[H] Hauchecorne - *Les contre-exemples en mathématiques* - Ellipses.

[K] Knopp - *Theory and application of infinite series* - Blackie and Son Limited.

[KF] Kolmogorov et Fomine - *Eléments de la théorie des fonctions et de l'analyse fonctionnelle* - Editions de Moscou.

[LFA] Lelong-Ferrand et Arnaudiès - *Cours de mathématiques - Tome 2 - Analyse* - 4ème édition.

[LS3] Leichtnam et Schauer - *Exercices corrigés de mathématiques - option M', P' - Tome 3* - Ellipses.

[LS4] Leichtnam et Schauer - *Exercices corrigés de Mathématiques - option M', P' - Tome 4* - Ellipses.

[M] Meyer - *Polycopié de l'Ecole Polytechnique.*

[MCDT] Moisan, Chanet, Delmas et Tosel - *Mathématiques supérieures - Analyse* Ellipses.

[MT] Mnéimné et Testard - *Groupes de Lie classiques* - Hermann.

[MV] Moisan et Vernotte - *Topologie et séries* - Ellipses.

[MVT] Moisan, Vernotte et Tosel - *Suites et séries de fonctions* - Ellipses.

[P] Pommellet - *Agrégation de Mathématiques - Cours d'analyse* - Ellipses.

[Pr3] *Précis de Mathématiques - Tome 3 - Analyse 1* - Bréal (1990).

[Pr4] *Précis de Mathématiques - Tome 4 - Analyse 2* - Bréal (1990).

[Pr5] *Précis de Mathématiques - Tome 5 - Géométrie* - Bréal (1990).

[Q] *Quadrature* $n^0 10$ - Septembre Octobre 1991.

[QZ] Queffélec et Zuily - *Eléments d'analyse pour l'agrégation* - Masson.

[R] Rolland - *Théorie des séries - Séries entières* - Cédic - Fernand Nathan.

[RMS6] *Les blocs Vuivert - Les cahiers de la RMS 6 - 115 exercices d'analyse* - Vuibert.

[ROD3] Ramis, Odoux et Deschamps - *Cours de mathématiques spéciales - Tome 3 - Topologie et éléments d'analyse* - Masson.

[ROD4] Ramis, Odoux et Deschamps - *Cours de mathématiques spéciales - Tome 4 - Séries et équations différentielles* - 2ème édition - Masson.

[RODx1] Ramis, Odoux et Deschamps - *Analyse 1 - Exercices avec solutions* - Masson.

[RODx2] Ramis, Odoux et Deschamps - *Analyse 2 - Exercices avec solutions* - Masson.

[S] Schwartz - *Analyse - Topologie générale et analyse fonctionnelle* - Hermann.

[T] Tauvel - *Mathématiques générales pour l'agrégation* - Masson.

[W] Wagschal - *Topologie et analyse fonctionnelle* - Collection Méthodes - Hermann.

[Wx] Wagschal - *Livret d'exercices - Topologie* - Hermann.

Bibliographie complémentaire

Cette liste propose de nouvelles références bibliographiques non utilisées dans ce livre, mais utiles à la préparation des leçons.

- Arnold - *Equations différentielles ordinaires* - Mir - 1974.
- Cartan - *Calcul différentiel* - Collection Méthodes - Hermann.
- Dieudonné - *Eléments d'analyse* - *Tome 1* - Gauthiers - Villars - 1970.
- Hardy, Littlewood et Polya - *Inequalities*- Cambridge University Press 1951.
- Körner - *Fourier analysis* - Cambridge University Press - 1988.
- Lang - *Analysis 1* - Addison - Wesley - 1968.
- Polya et Szego - *Problems and theorems in analysis* - 2 volumes - Springer 1976.
- Rudin - *Analyse réelle et complexe* - Masson - 1975.

Index

S

T

V

W

Cet ouvrage a été imprimé par CPI Firmin Didot à Mesnil-sur-l'Estrée en juin 2017
Dépôt légal : février 2012 - N° d'impression : 142247 - Imprimé en France